水族馆运营管理与操作实务

水族馆安全、服务与综合保障管理

胡维勇　主编

北京交通大学出版社

·北京·

内 容 简 介

本书对水族馆安全、服务与综合保障管理进行了详细的描述，共分为五篇：第一篇为水族馆概述；第二篇为水族馆安全运营管理；第三篇为设备、设施与工程管理；第四篇为服务提供；第五篇为综合保障。本书编写时，注重理论性与实用性相结合。

本书由水族馆主要负责领导和一线管理人员及实际操作技术骨干编写，是水族馆行业管理人员工作、学习的重要参考资料，也可作为学校教学的参考书目。

图书在版编目（CIP）数据

水族馆安全、服务与综合保障管理 / 胡维勇主编. —北京：北京交通大学出版社，2018.4

（水族馆运营管理与操作实务）

ISBN 978–7–5121–3495–9

Ⅰ. ① 水… Ⅱ. ① 胡… Ⅲ. ① 水族馆–管理 Ⅳ. ① Q178.53

中国版本图书馆 CIP 数据核字（2018）第 028374 号

水族馆安全、服务与综合保障管理
SHUIZUGUAN ANQUAN，FUWU YU ZONGHE BAOZHANG GUANLI

出 版 人：章梓茂
责任编辑：叶　霖
出版发行：北京交通大学出版社　　　　　　电话：010–51686414
地　　址：北京市海淀区高梁桥斜街 44 号　邮编：100044
印 刷 者：艺堂印刷（天津）有限公司
经　　销：全国新华书店
开　　本：165 mm×237 mm　印张：24.5　字数：494 千字
版　　次：2018 年 4 月第 1 版　2018 年 4 月第 1 次印刷
书　　号：ISBN 978–7–5121–3495–9/Q • 5
定　　价：98.00 元

本书如有质量问题，请向北京交通大学出版社质监组反映。

投诉电话：010-51686043，51686008；传真：010-62225406；E-mail：press@bjtu.edu.cn。

编 委 会

前　言

　　中国水族行业正快速发展，近二十年来，已形成一个新的旅游景区业态。在这个过程中，我们深刻体会到，水族馆的发展和可持续运营，绝不是养鱼、养动物那么简单。为推动水族行业的健康和可持续发展，提高水族馆的品质形象，需要探索建立一套行之有效的管理服务和运营操作规范。

　　编者和业内一些资深人士，经过长期摸索、探讨，汇集众人的智慧结晶，本着"陶怡大众、教益学生、维系生态"的宗旨和"关爱海洋动物，保护地球家园"的生态环保理念，编纂了"水族馆运营管理与操作实务"这套丛书。

　　这套丛书主要内容是水族馆的水生哺乳动物驯养与兽医管理；水族养殖与维生系统运营管理；水族馆安全、服务与综合保障管理。各专业内容独立成书。编写中，注重了系统性、可操作性和实用性。

　　希望"水族馆运营管理与操作实务"丛书，能够成为水族行业管理人员工作、学习和交流使用的参考书目，为水族行业的发展贡献绵薄之力。

　　随着对水族行业发展的深入认知，希望业界同人对本套丛书存在的一些不足给予意见和建议。

　　谨以此书，献给正在蓬勃发展的中国水族事业！

水建勇

2017 年 9 月 1 日

目　　录

第一篇
水族馆概述

一、水族馆简介

水族馆也称为公共水族馆，是水生生物饲养、培育和展示的平台，也是用来科普教育、资源保护和科学研究的场所。

我们的地球家园 71% 以上为海水所覆盖，陆地上遍布着众多的江河湖泊，它们饲育着无数的水中生灵，这些生灵是我们人类的伙伴和朋友。认识它们、了解它们、保护它们，与它们和谐相处、共同生存，已经逐渐成为人类社会的基本共识。

中国的水族馆最早诞生于 1932 年。20 世纪 90 年代是中国水族馆建设大发展的时期，数量达到 40 多家。21 世纪初，水族馆建设在我国快速发展，目前数量已突破 150 家。在当代人造景观中，水族馆已成为各地景区亮点之所在，深受广大游客的喜爱。

水族馆作为一个载体，将众多水中生灵汇聚一堂，为人们展示了一个色彩斑斓的水中世界，成为人们认识海洋、了解海洋和保护海洋的平台。

水族馆目前所展示的物种，涵盖了自然界众多有观赏价值的水生生物，主要有水生哺乳动物类、鱼类、贝类及水生植物等。未来的水族馆展示物种，除了展示门类将更全面外，还会展演水生生物的前世今生、水生生物的微观世界与微观结构、水生生物相关的海水环境、地质地貌等，并将揭示水生生物未来可能的变化趋势与变异形态。

水族馆的展陈形式一直处在变化中。经历了早期的水族箱式、大型洄游水槽式、圆柱式、隧道式和大型综合式等。未来的水族馆，将趋向于由多种科技展演手段支撑，自然与虚拟形态相结合，科幻、仿真、展陈与互动体验相结合，实物与线上、线下相结合的展示形态。

水族馆水生生物生命支持系统或曰水族维生设备系统，为水族馆水生生物的生存提供了基本相适应的水体，包括淡水、海水、海淡水和水环境。

水族馆一般建在陆地上，因此，其水体绝大多数是封闭循环式的。未来的水族馆水体不仅有可能与自然水域水体直接相连，还有可能深入海洋之中。固定的水族馆水体还可能实现海洋中整体移动巡展的状态，甚至成为太空水族生态研究的一种形式。

由上文可以看出，水族馆本质上是一个人造的仿生态生命维持系统工程，大量高新技术元素组成的核心技术，有效支撑了水族生物的展演，支撑着水族生命的保护性研究进程。因此，水族馆的运营与管理，需要以系统的思维来驾

3

驭。随着人类活动范围、形式的扩大与变化，随着水族馆在各地数量的大幅增加，科学管理水族馆的要求已经摆在我们面前。

水族馆是一个综合体，展示内容主要包括鱼类展示、水生动物驯养展演、水生物标本展示。现在，陆生动物、两栖爬行类、禽类等，正成为综合性水族馆的新宠；各种自然环境中存在的奇异生物物种，也会逐步进入水族馆；科普教育、游客体验、游艺活动、商品餐饮及科研活动等都已成为水族馆综合体的一部分。在水族馆的发展与演变分化中，各水族馆正逐步实现各有特色和各有重点的展示。

水族馆运营管理是一门科学。

水族馆是社会企业之一，无论是企业法人还是水族从业人士，都应具有最基本的社会责任感和使命感，具有水生生物的保护意识。这种保护不应狭隘，应同保护生态环境，保护地球家园相联系，并将这种理念体现在经营活动和动物保护的活动当中。

二、水族馆的运营

水族馆产品运营管理活动的关系可用图 1-1 来表示。

图 1-1 表示，水族馆产品是系统化的，各个环节虽有轻重之分，但任一环节不能缺失。每一个部门都应成为下一个部门服务的提供者，同时，每一个部门对上一个部门提出工作要求，除了部门职能的合理划分外，部门之间的有效合作应当是一盘棋，因此，协调、规范在企业建设中十分重要。

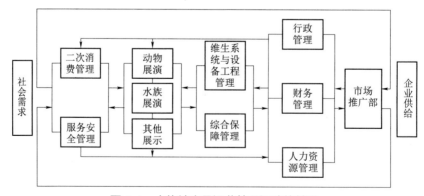

图 1-1　水族馆产品运营管理活动的关系

水族馆内部通力合作打造的产品是直接面向游客需求的。在提供产品与服务时，水族馆必须注意收集了解游客所需要服务的信息，以促进工作的二次改进，这种改进是没有尽头的。

三、水族馆的组织结构

（一）组织结构的概念

企业的组织结构是企业按照国家有关法律、法规和企业章程等，结合企业实际，明确企业内部各层级机构设置、职责权限、人员编制、工作程序等相关要求的制度安排。

组织结构是指企业对工作任务进行分工、协调和控制的一种运营管理状态，是组织内部门间相互关系的一种模式；是企业组织的全体成员为实现组织目标，在职务范围内，依照一定的工作规范形成的团队结构体系；组织结构应随着组织的战略改变而调整。

（二）水族馆的组织架构及职责

1. 水族馆组织结构图（图1-2）

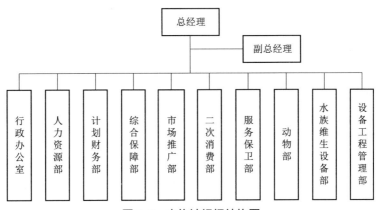

图1-2　水族馆组织结构图

2. 部门职责

✧ 行政办公室

负责部门间工作协调、秘书管理、企业规划与规范管理、网络运营建设与网络安全管理、企业外部环境营造与联络沟通及技术引进。

✧ 人力资源部

负责人力资源规划、招聘与配置、培训与开发、绩效管理、薪酬福利管理、劳动关系与社群关系管理和工伤事故管理。

◇ 计划财务部

负责企业有价票证的管理、企业会计核算、资金调动和资金运营。

◇ 综合保障部

负责各类物资的采购、供应、仓储和房屋、场地使用。

◇ 市场推广部

负责市场营销、品牌策划和推广管理。

◇ 二次消费部

负责馆内商餐对外经营、产品开发和食品安全管理。

◇ 服务保卫部

负责游客服务与咨询接待；馆内治安与消防管理；馆内外环境绿化与清洁卫生管理。

◇ 动物部

负责动物的驯养、展演、医疗保健及生存环境的维护和清洁等。

◇ 水族维生设备部

负责鱼类的养殖管理；饵料制作与使用管理；鱼类展演、繁殖、医疗、检疫、暂养等管理；水质管理；水族维生系统设备的运行、维护和更新改造的管理。

◇ 设备工程管理部

负责设备与设施的运行、维护、更新改造和管理；能源管理；各项施工工程的监理；强弱电管理；设备、设施安全与施工质量、安全管理。

四、工作规范

工作规范通常建立在企业各项工作业务流程基础上，但通常我们关注制度建设比较多，细致研究工作业务流程比较少。"水族馆运营管理与操作实务"这套丛书在编写中，采取先介绍工作规范，后介绍工作流程的方法。

工作规范的形式有多种。这套丛书借鉴了国家旅游局和国家质量技术监督局推荐的旅游服务企业标准体系编制模式。通过建立一套完整的工作规范体系，对水族馆的各项工作进行规范，从而实现企业制度的系统性、规范性和可操作性。水族馆工作规范标准体系结构图如图1-3所示。

"水族馆运营管理与操作实务"所述的工作规范，是根据该体系并以水族馆核心产品所涉及的工作文件为主，概要进行的介绍。内容主要包括水生哺乳动物驯养与兽医管理；水族养殖与维生系统运营管理；水族馆安全、服务与综合保障管理等工作规范。

这些工作规范是水族馆运营管理机制的主要部分，是水族馆向社会提供产品时，对产品质量的基本保障要求。

图 1-4 为服务通用基础标准体系结构图，图 1-5 为服务保障标准体系结构图，图 1-6 为服务提供标准体系结构图，图 1-7 为岗位工作标准体系结构图。

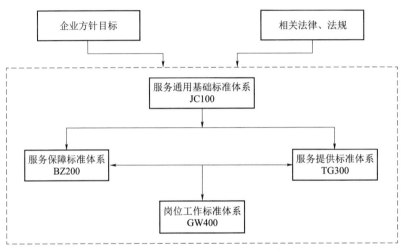

图 1-3　水族馆工作规范标准体系结构图

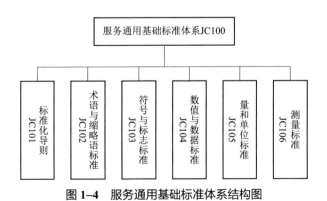

图 1-4　服务通用基础标准体系结构图

7

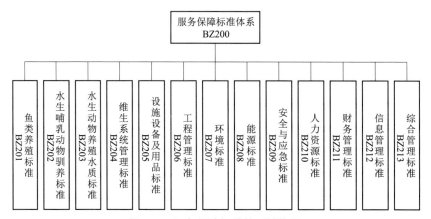

图 1–5　服务保障标准体系结构图

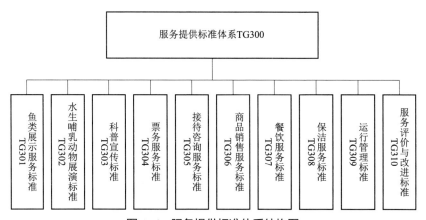

图 1–6　服务提供标准体系结构图

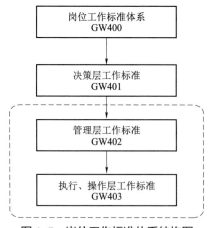

图 1–7　岗位工作标准体系结构图

五、工作流程

水族馆运营采用流程管理方式，有很好的实用价值：一是工作目标指向清楚；二是可以有效地优化资源配置；三是能够促进企业扁平化管理；四是可强化部门间、班组间、项目间的协同；五是对工作进行了清晰的梳理与简化，可提高工作运营效率；六是成为企业管理、员工培训、绩效考核的重要内容。

工作流程是指工作事项的流向顺序，工作流程包括实际工作过程中的工作环节和程序。工作流程图通过适当的符号记录全部工作事项并描述工作活动流向的顺序。在工作流程的组织系统中，各项工作之间的逻辑关系是一种动态关系。

任务流向：指明任务的传递方向与次序。

任务交接：指明任务交接标准与过程。

推动力量：指明流程的内在协调与控制机制。

工作流程一般分为业务工作流程和生产工艺流程等。水族馆的工作流程基本属于前者，涉及的多是常规性的作业程序描述。

业务工作流程还可分为系统流程和以相对独立的项目活动为单位的业务工作流程。前者以企业或一个部门为单位，对其工作任务、职责范围、分工方式、内外关系等内容进行动态刻画，是企业级或部门级工作的整体示意性流程图。后者是具体业务性的，它用标准图例和简单说明，将其业务内容、步骤、要求和涉及的部门绘制出来，并明确地指出各部门在相关业务中的工作衔接顺序、衔接点和衔接方式。只要依照流程图开展工作，就可以明确各自的职责和权力，避免工作中推诿扯皮的现象。系统流程图是在业务流程图的基础上综合而成的，它体现了部门内信息流、物质流、资源流的运动，体现了本部门与外单位的关系及本部门工作过程与管理制度的关系。如财务部门的系统流程图就反映了财务制度与财务管理、财务部内外的联系（信息的输入、转换、输出）等。

科学合理的流程设计，是以提高管理效率，达成管理目标为先的。本套丛书所列的流程可供参考或借鉴，使用时应结合实际需要，注重系统性、可操作性和实用性。

流程技术的发展，大致经历了 4 个阶段。

1.0 阶段：流程图的设计是在时间维度上进行工作步骤的分解，将业务拆分并进行线性表达，理清业务的时序概念。

2.0 阶段：流程图的设计是在完成任务过程时，可以追究部门或岗位责任，既有线性的表达，也有对结果负责的理念，在时序的基础上明确了角色概念。

3.0 阶段：流程设计以时空交织成流程的经纬线，工作时序与角色的概念更加明晰，确立了二维管理的思想。这是到目前为止，国际上最先进的流程设计主流思想。在 3.0 版流程图设计中，流程的目的、流程的使用范围、流程执行的文件、流程涉及的相关部门、流程执行的主体与协助关系都十分清楚。

4.0 阶段：企业根据各自特点，进入流程自主设计阶段。如在 3.0 版流程基础上，自主设计、加入流程的使用说明、关键要素考核点等内容，从而使工作流程具有培训、考核等功能，更具有实用性和可操作性。

流程设计不是一成不变的。实践中，应注意结合企业运营工作的变化，及时对流程进行调整和改造，以适应工作的变化需要。

"水族馆运营管理与操作实务"丛书是对水族馆自身工作所做的一次比较系统的梳理、总结和规范，对整个水族行业的管理运营将具有参考价值。

第二篇
水族馆安全运营管理

第一章　安全管理体系

水族馆是游客高度密集的场所，"保安全、保服务、保秩序"是各项工作的重中之重。必须始终如一地贯彻"安全生产、预防为主、综合治理"的工作方针，并应建立完善的"一体化"安全管理组织体系。

水族馆安全管理组织体系如图2-1所示。

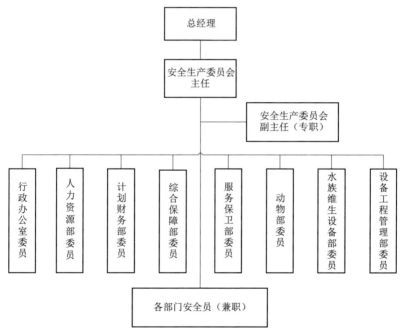

图2-1　水族馆安全管理组织体系

安全生产委员会职责如下。

① 落实安全生产责任制。

② 安全宣传管理。

③ 安全培训：公司培训、部门培训、班组培训、新员工培训、专项培训、反恐应急演练、防汛应急演练、消防应急演练、紧急疏散演练等。

④ 安全检查：公司检查、部门检查、班组检查、专项检查。

⑤ 特种设备管理：配电设备、自动人行步道、吊机、避雷器等特殊设备年检等。

⑥ 消防安全管理：全馆日巡检、消防设备年检、防雷设备年检、灭火器更换、消防设备、设施管理、禁烟区管理等。

⑦ 治安安全管理。

⑧ 游客安全管理。

⑨ 反恐防暴。

⑩ 预防食物中毒。

⑪ 生物资产安全管理。

⑫ 企业财产安全管理。

⑬ 安全生产标准化管理。

安全员职责：落实安全生产委员会相关安全指令。

第二章　展 演 安 全

一、动物部表演工作安全规范

动物部表演工作安全规范

1　范围

本规范规定了动物部动物表演安全工作的相关要求。

2　工作职责

驯养人员在表演过程中，负责应对突发情况，确保表演工作按照要求予以完成。

3　工作要求

① 严格按照本规范进行操作，保障动物安全和表演人员人身安全。

② 在表演过程中，发现动物行为及精神状态出现异常时，不得强迫动物继续完成表演行为，应在第一时间停止该动物的表演，并立即对其进行检查，以排除动物的健康隐患。

③ 表演池内出现异物时，发现者应第一时间入水，将异物取出，其他人员迅速将动物带回生活区。主持人应进行补场并向游客说明情况，并以科普形式宣讲吞食异物对动物可能造成的影响。

④ 在表演过程中，表演场内发生异常情况时，表演人员应迅速将动物带回生活区，由动物部安全负责人启动剧院安全应急预案，表演主持人应对游客进行解释及说明。

⑤ 在表演过程中，动物表演行为出现突发情况时，驯养师应迅速将动物带回生活区，主持人视情况向观众说明，并尽快恢复正常表演。

⑥ 当表演人员出现突发情况时，主持人应迅速补场。

二、水下作业安全规范

水下作业安全规范

1 范围

本规范规定了水族维生设备部潜水员水下作业的管理要求。

2 操作要求

① 必须有潜水执照，经过专业潜水训练并能熟练掌握潜水技能的人方可下水。

② 必须身体健康，患感冒、慢性鼻炎或其他病症及体内外有伤者禁止下水。

③ 身体涂抹化学药品者禁止下水。

④ 下水前认真检查装备是否完备。

⑤ 下水前必须先冲澡，着装整齐后方可下水，夜间捕鱼进行水下着装。

⑥ 水中作业时必须小心避让，避免破坏水中造景。

⑦ 下水人员必须熟悉本区鱼类的习性，水中作业时躲避危险鱼类，若有受伤，应立即上岸，进行相关治疗。

⑧ 水下作业必须先经主管同意方可进行，禁止自行下水作业。

⑨ 下水后要小心，不要踩到尾部有毒刺的鱼，更不要尝试用手去接触鱼尾部的毒刺。

⑩ 水下作业分为：水下清洁、水下表演、水下喂食三大部分，要求在没有特殊工作的情况下，只允许1人水中作业。

⑪ 作业时要注意下水轻，动作小，避免引起对鱼的惊吓。

⑫ 水下作业应在喂食之后。

⑬ 工作完毕后，及时将潜水用具用淡水冲洗干净并放回存放位置，地上积水用拖把拖干。

⑭ 注意不要被大型鱼类咬到；不要被篮子鱼的背鳍、刺尾鱼的尾刺刺到。当受到攻击时，不要慌张，如手部被咬，不要急于抽出以免手部被牙齿撕伤，应握拳，当动物感到物体过大无法吞咽时会主动张口，这时再将手拿出，会减小伤害。

3　检查和考核

①　潜水员应严格执行《水下作业安全规范》，自觉遵守各项管理制度。

②　养殖主管每天根据本规范检查潜水员的水下作业情况，对查出的问题进行处理，对改进情况进行跟踪检验和记录。

③　水族维生设备部依据本规范，对潜水员进行检查和考核。

三、动物生活区域安全管理规范

动物生活区域安全管理规范

1　范围

本规范规定了动物生活区域安全检查及管理的要求。

2　工作职责

动物部安全干事负责动物生活区域的安全检查与管理工作。

3　工作要求

3.1　池体内异物处置

发现池体内存在异物时，应迅速捞出，并做好异物类别状况记录。

3.2　设施损毁现象处置

每天定时检查动物娱乐设施的安全状况，并做好相关记录。发现设施有损坏现象时，应迅速上报给部门经理或主管申请维修，记录损坏原因及损坏程度。

3.3　动物区域内施工安全

①　应在开工前将动物移出预计施工可能发生危险的区域。

②　施工过程中的管理：设专人对动物生活现场进行盯守，以保证动物安全，并要求施工方采取相应的安全措施。

③　临时增加的设施应每日进行检查，以确保工作正常。

④　工作人员在水池周边和上方施工，不能随身携带多余物品。如有物品掉落必须告知主管，组织打捞。

⑤　防止施工中使用的物品对水质的污染。

⑥　施工中使用的电线应无破损，沿规定的路线铺设。

⑦ 工具安全检查：使用前应对工具进行安全检查，包括内容、数量。

⑧ 每日检查水池上空的安全情况，防止气球等物品对动物造成危害。

⑨ 在工作时间内，给动物的玩具应经过安全检查，确保动物安全。

⑩ 下班前，主管人员应对动物生活区进行安全巡视，确定笼门锁好，池子的隔离门按要求放好，确保动物生活区无潜在危险。

⑪ 下班前，主管人员应进行水、电的安全检查。

4 检查和考核

① 动物部全体人员应认真执行本规范，对查出的问题进行处理和改进，并进行记录。

② 动物部依本规范对相关责任人进行检查和考核，对查出有问题者按部门员工考核规定进行处罚。

5 工作记录

动物部安全检查记录日志和动物部安全巡查表由部门日常工作负责人或指定人员负责填写。

四、展缸安全事故应急处理预案

展缸安全事故应急处理预案

1 范围

本预案规定了展缸出现漏水事故的操作要求。

2 操作要求

FRP 缸体出现漏水现象，主要是亚克力密封胶老化失效造成的展窗漏水或 FRP 缸体与预埋管连接的树脂漆出现老化造成的漏水。如果疑似点主要集中在展窗，首先要进行水下修补，此方法虽然成功率在 50% 左右，但是这种方式可以大幅地降低施工工期，还可以减少养殖物种转移过程中的安全隐患。如果水下修补不成功，将转入对缸体清空后的彻底修补工作，因现有 FRP 缸体已有 15 年以上的使用期，因为已经对缸体进行了清空，所以将对 FRP 缸体及亚克力胶缝进行一次性修补维护工作。

3　漏水疑似点排查

3.1　系统检查

检查缸体周边设备系统有无漏水现象，如果发现有漏水的设备应先进行维修，再将地面积水清理干净，24 小时后再进行检查，如果系统设备没有明显漏水问题，将进行下一步检查。

3.2　展窗检查

水下检查亚克力密封胶是否有疑似漏水点。

3.3　情况上报

将该缸体使用年限、漏水点排查状况分析、修补计划及物资提报计划一并以报告形式提报，待批复后进入执行阶段。

4　施工步骤

① 养殖物种中转池系统、水质调整。

② 施工缸体养殖物种停喂，根据物种特性停喂 1～4 天。

③ 养殖物种转移工具准备。

④ 养殖物种转移至中转池。

⑤ 养殖物种转移后，排空缸内海水。

⑥ 张贴维修通告。

⑦ 清空缸内造景、格栅、管路等附属设施。珊瑚砂清洗、装袋后备用。

⑧ 打磨 FRP 缸内原有树脂漆后，用淡水进行清洗。

⑨ 晾干后，用树脂将龟裂部位进行修补。

⑩ 涂刷树脂漆两遍。

⑪ 待树脂漆干后，将亚克力密封胶清除。

⑫ 重新完成密封胶的填充。

⑬ 晾干 15～30 天后，倒入淡水。

⑭ 如无状况，将淡水排空后，进行相关组件安装、恢复工作，如有状况将重复⑦～⑫的步骤。

⑮ 加注海水后进行水质调整。

⑯ 养殖物种放养。

5 检查和考核

① 展缸发生安全事故时，养殖主管应依据本规范对展缸进行应急处理，对查出的问题进行处理，对改进情况进行跟踪检验，做好记录。

② 水族维生设备部依据本规范，对养殖主管和养殖员进行检查和考核。

第三章　服　务　安　全

一、黄金周服务管理规范

黄金周服务管理规范

1　范围

本规范规定了黄金周期间检票服务、游客中心服务、展区服务、游客接待室服务、咨询中心服务等工作要求。

2　工作职责

服务保卫部负责黄金周期间的服务保卫工作。

3　工作要求

3.1　服务工作

3.1.1　检票服务

① 合理调配人员岗位，保证游客顺畅、有序地检票入馆。

② 服务按照《检票服务规范》执行。

③ 馆入口当班主管根据客流量，合理安排闸机开启情况，并安排人员进行疏导，避免闸口拥堵。

④ 团队入口安排专人负责，与市场部配合，负责旅行社团队的检票工作和团队入口的正常秩序。

3.1.2　游客中心服务

① 服务按照《游客中心服务规范》执行。

② 根据当日表演场次，在首场及末场表演前 30 分钟，播放广播，提醒游客前往海洋剧院观看表演。

③ 如多批游客在游客中心进行咨询，应做到"一接、二问、三照顾"。即接待第一批游客；询问第二批游客的需要；照顾到第三批游客。

④ 整点时间按时完成入馆人数统计及相关数据统计，向总经理办公室及部门第一责任人通报入馆人数。

3.1.3 展区服务

① 服务按照《展区服务规范》执行。

② 馆内重要区域设置固定岗位，提示游客注意安全，劝阻游客逆行，指引正确的参观方向，对客流进行疏导等，保障该区域的参观秩序和安全。

③ 在馆内重点时间段，如剧院散场时，提示游客注意安全，指引正确的参观方向，对客流进行疏导，保障参观秩序和安全。

3.1.4 游客接待室服务

① 服务按照《游客接待室服务规范》执行。

② 如多批游客在游客接待室解决问题，应做到"一接、二问、三照顾"。即接待第一批游客；询问第二批游客的需要；照顾到第三批游客。

③ 黄金周期间剧院散场通道增加，遇到没有参观完毕即随人流出馆，想再次回馆参观的游客，首先问清游客何时从馆内走出，并问清游客在馆内看到了什么，如确认无误，请示当班主管批准后，由游客接待室工作人员将游客带回馆内继续参观。

④ 黄金周期间游客之间易发生冲突，双方游客由工作人员带到游客接待室解决问题，工作人员要安抚游客双方的情绪，防止事态进一步恶化。如事态有恶化趋势，应立即通知警卫人员及当班主管予以控制和解决。

3.1.5 咨询中心服务要求

① 服务按照《咨询中心服务规范》执行。

② 黄金周期间按时上报游客来访数据。

③ 如多批游客在咨询中心进行咨询，应做到"一接、二问、三照顾"。即接待第一批游客；询问第二批游客的需要；照顾到第三批游客。

3.2 支援人员管理

① 服务保卫部提前与人力资源部沟通，提出黄金周期间所需支援的岗位及人员数量。

② 服务保卫部根据人力资源部配备的支援人员，合理安排岗位，按区域部署人员，设定区域负责人。

③ 服务保卫部配合人力资源部对支援人员进行前期培训，明确岗位职责、岗位要求、到岗时间及岗位服务规范。

4 检查和考核

① 服务保卫部全体员工及支援人员应认真执行本管理规范。

② 服务保卫部依据本规范，对全体人员及支援人员进行检查和考核。

二、餐饮部食品卫生安全管理规范

餐饮部食品卫生安全管理规范

1 范围

本规范规定了餐饮经营食品的采购、加工、储存等卫生要求。

2 工作职责

餐饮部负责食品安全的日常管理工作。

3 工作要求

3.1 食品采购

① 审查供货商资格，从正规渠道购买食品。

② 向供货单位索取发票等购物凭证。

③ 不得采购腐败变质或《中华人民共和国食品安全法》禁止经营的食品。不得采购亚硝酸盐。

④ 建立食品采购与验收台账，入库时对食品外观、数量、票据等进行检查，并如实记录。

3.2 库房卫生

储藏食品应隔墙离地、分类分架。冷藏、冷冻食品的温度符合要求，库房内要通风良好。

3.3 粗加工间卫生

① 在使用各种食品原料前，应将其清洗干净，动物性食品、植物性食品应分池清洗，水产品宜在专用水池清洗，禽蛋在使用前应对外壳进行清洗，必要时做消毒处理。

② 切配好的半成品应避免污染，与原料分开存放，并根据性质分类存放。

③ 尽量缩短易腐食品在常温下的存放时间，加工后应及时使用或冷藏。

④ 切配好的食品应按照加工操作规程，在规定时间内使用。

⑤ 已盛装食品的容器不得直接置于地上，以防止食品被污染。

3.4 热菜烹调间卫生

① 食品应当烧熟煮透，加工时食品中心温度应不低于 70 ℃。

② 加工后的成品应与半成品、原料分开存放。

③ 需要冷藏的熟制品，应尽快冷却后再冷藏。

④ 不得将回收后的食品（包括辅料）经烹调加工后再次供应。

⑤ 不得使用亚硝酸盐。

⑥ 加工扁豆应烧熟煮透，严防食物中毒。

⑦ 盛放热加工食品的容器使用后应洗刷干净，每次使用前进行消毒。

3.5 冷荤间卫生

① 做到"专人、专室、专工具、专消毒、专冷藏"。

② 非冷荤间人员不准擅自进入冷荤间。冷荤间人员进入冷荤间前应更换洁净的工作服，并将手洗净、消毒，每次操作前应再次洗手消毒。

③ 加工食品的工具、容器定位存放，使用后洗干净，每次使用前进行消毒。

④ 冷荤间装有紫外线消毒灯。

⑤ 室温应低于 25 ℃，设有与食品数量相适应的冷藏设备。

⑥ 应将蔬菜、水果择好洗净后带入冷荤间。

⑦ 制作好的凉菜应尽量当餐用完，剩余尚可使用的食品应存放于专用冰箱内保存。

3.6 主食面点间卫生

① 制作面点的工具、工作台、容器等要专用。

② 使用食品添加剂要符合国家卫生标准。

③ 面肥（引子）不得变质、发霉，做馅用的肉、蛋、水产品、蔬菜等要符合相应的卫生要求。

④ 需要进行热加工的应彻底加热。

3.7 洗刷消毒间卫生

① 严禁使用未经消毒的餐饮用具。

② 食（饮）具进行消毒、清洗应严格执行"一洗、二清、三消毒、四保洁"制度。

③ 消毒方法。

- 物理消毒法：煮沸消毒保持 100 ℃ 10 分钟以上。
- 红外线消毒：保持 120 ℃ 10 分钟以上。
- 洗碗机消毒：水温控制在 85 ℃，冲洗消毒 40 秒以上。
- 化学消毒法：餐饮用具浸泡在有效氯浓度达 250 mg/L 的消毒液中 5 分钟以上。

④ 餐饮用具经物理消毒后应达到光、洁、涩、干的要求，经化学消毒后应达到光、洁、无异味的要求。

⑤ 消毒后的餐饮用具不应使用手巾、餐巾擦干，以避免受到再次污染。应及时将消毒后的餐饮用具放入张贴有"已消毒"标志的专用保洁柜内。

3.8　食品从业人员个人卫生

① 从业人员应每年进行健康体检，持健康证上岗。新员工必须体检、培训合格后才能上岗。

② 从业人员有发热、腹泻、皮肤有伤口或伤口感染、咽部炎症等有碍食品卫生病症的，应立即脱离工作岗位，待查明原因，排除有碍食品卫生的病症或治愈后，方可重新上岗。

③ 应保持良好的个人卫生，操作时应穿戴清洁的工作服、工作帽，头发不得外露，不得留长指甲，涂指甲油，佩戴饰物。

④ 操作前手部应洗净，操作时手部应保持清洁。

⑤ 自觉接受企业内部的健康晨检制度，并熟记本岗位卫生知识及应知应会的内容。

3.9　餐厅卫生

① 卫生许可证、卫生等级标志摆放应符合规定。

② 餐厅要达到窗明几净，地面清洁。

③ 餐具摆台后或员工就餐时不得清扫地面。

④ 当发现或被员工告知所提供的食品确有异常或有可疑变质时，餐厅服务员应当立即撤换该食品并查找原因，作出相应处理。

⑤ 供员工自取的调味料，应当符合相应的食品卫生要求。

⑥ 餐具摆台超过当次就餐时间后未使用的应当回收消毒保洁。

⑦ 有员工洗手设施。

3.10　厨房卫生

① 加工前应认真检查待加工食品，发现腐败变质或者其他异常的，不得加工和使用。

② 接触原料、半成品和成品的工具、容器和设备应通过颜色、大小、材质、文字等形式做到标志清楚，分开使用。食品盖布要专用，正反面分开，并有标记。

③ 所有的工具、容器和设备应做到使用后清洗干净，并保持清洁，接触直接入口食品的工具、容器和设备在使用前还应进行消毒。

④ 收工后，应做到地面整洁无油污，容器清洁无残渣，刀墩洁净无霉斑。

⑤ 严禁采购、加工和使用亚硝酸盐。

⑥ 加工场所内的垃圾桶应及时清运。

3.11 餐厨废弃物（垃圾）管理

① 厨房内可能产生餐厨废弃物（垃圾）的场所均应设有专用的餐厨废弃物（垃圾）存放容器。

② 餐厨废弃物（垃圾）存放容器应配有以坚固及不透水的材料制成的盖子。

③ 餐厨废弃物（垃圾）至少应每天清除 1 次，清除后的容器应及时清洗，必要时进行消毒。

④ 餐厨废弃物（垃圾）放置场所应防止有害昆虫的滋生，防止污染食品。

⑤ 废弃的食用油脂应集中存放在有明显标志的容器内，定期按照相关规定予以处理。

⑥ 餐厨废弃物（垃圾）的处理应妥善，符合市政管理部门和环保部门的要求。

4 检查和考核

① 餐饮部相关工作人员必须严格按照此标准进行处理，在考核检查时作为重要的工作内容进行考核。

② 餐饮部负责人考核时对查出的问题按规定进行处理和记录。

③ 部门依据本规范，对餐饮部工作人员进行检查和考核，对查出的问题按部门员工考核规定进行处理，对改进情况进行跟踪、验证。

三、展区清洁工作流程

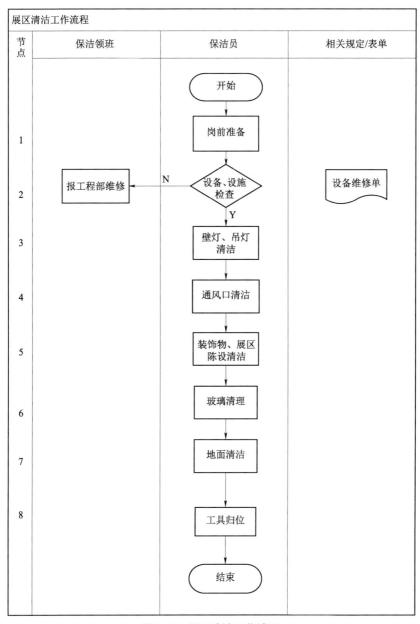

图 2-2　展区清洁工作流程

表 2-1　展区清洁工作流程说明

	流程节点	责任人	工作说明	流程节点审核要点
1	岗前准备	保洁员	1. 工具准备：水桶一个，抹布两块（一干一湿）、手刷、墩布、消毒水、清洁剂 2. 工作期间，行为执行公司《员工行为规范》的要求	
2	设备、设施检查		1. 检查有无损坏的设备、设施，如有，应及时向领班报告，由领班负责向工程部报修 2. 不能使用的，粘贴提示牌	
3	壁灯、吊灯清洁		1. 用湿、干抹布擦去灰尘，使其无灰尘，光亮，无污迹、水迹，检查能否正常工作 2. 接受保洁负责人清洁工作抽查，不达标的重新做	
4	通风口清洁		1. 先用湿抹布擦拭，再用干抹布擦干，使其无灰尘，无污迹、水迹 2. 接受保洁负责人清洁工作抽查，不达标的重新做	
5	装饰物、展区陈设清洁		1. 保证无灰尘、无水迹、无破损 2. 接受保洁负责人清洁工作抽查，不达标的重新做	
6	玻璃清洁		1. 用玻璃刮刀将擦满清洁剂的玻璃由上至下地刮一遍，用抹布将玻璃框及底部水迹擦干净 2. 接受保洁负责人清洁工作抽查，不达标的重新做	
7	地面清洁		1. 先扫净地面，用湿、干墩布各墩一遍（必要时墩两遍或更多遍）。定期为地面打蜡，保持其光泽度。边角用手刷仔细清洗 2. 接受保洁负责人清洁工作抽查，不达标的重新做 3. 水族馆开放时间地面须清洁，现场应安放提示牌，设置隔离带，不得阻碍游客正常通过	
8	工具归位		保洁结束后，擦干所有使用过的工具，工具整理好后，归位到工具指定存放地点	

四、治安突发事件应急处置流程

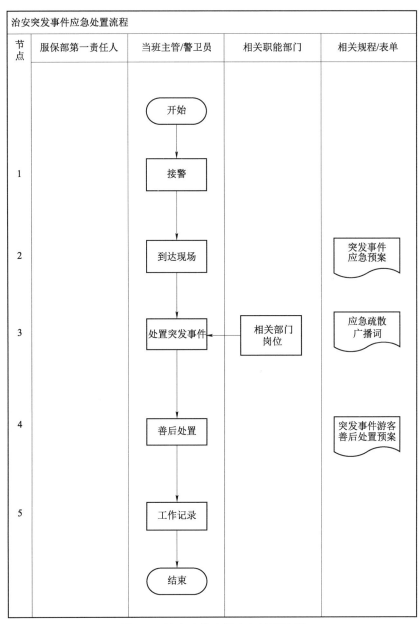

图 2–3　治安突发事件应急处置流程

表2-2 治安突发事件应急处置流程说明

	流程节点	责任人	工作说明	流程节点检核要点
1	接警	警卫员	1. 警情范围：馆内治安突发事件 2. 接警方式：接警电话鸣响三声内应当接听 3. 接警内容：发生地点、内容（如：斗殴、滋扰；爆炸事件、疑似爆炸物；踩踏事件） 4. 接警内容记录在值班登记本上 5. 重大警情应立即通知处理突发事件小组成员做好准备（见：成员联络方式）	
2	到达现场	当班主管	1. 接警后3分钟内，带领处理突发事件小组成员到达现场 2. 处理突发事件小组成员迅速穿戴全套防暴服、防弹衣等个人防暴防护装备，携带防暴、防弹盾牌、对讲机、甩棍、防刺手套等 3. 立即通知部门第一责任人，上报情况 4. 根据公司授权对外报警：110	
3	处置突发事件	警卫员/当班主管/处理突发事件小组成员	1. 发生斗殴滋事 ① 处理突发事件小组成员到达案发现场，控制事态，疏散游客 ② 将肇事双方带到服务保卫部或游客接待室进行处理 ③ 保卫人员在现场检查是否有遗留物品，检查馆内设施是否受到损坏 ④ 在将斗殴人员带往服务保卫部途中，保卫人员要提高警惕，注意对方身上有无凶器，如发现应及时收缴，以免发生伤害或肇事者逃跑 2. 发生爆炸事件 ① 处理突发事件小组成员到达案发现场，派警卫人员设置警戒线，维护现场秩序，并向部门第一责任人报告情况 ② 服务保卫部第一责任人接到报告后，应立即到现场，对各种应急措施进行决策 ③ 通过紧急广播系统稳定游客情绪、指导游客疏散；各区域警卫及服务保卫部人员应迅速有序地通过安全出口疏散游客 ④ 由主管通知入口暂停游客入馆 ⑤ 对馆内各出入口进行严密控制，发现可疑人员应盘查、控制 ⑥ 向事发在场人员询问情况，并做好记录 ⑦ 协助公安机关破案 3. 发生踩踏事件 ① 处理突发事件小组成员到达案发现场，派警卫人员对现场人员进行疏导（口头疏导、广播疏导），抢救伤员（根据伤情，由当班主管确认是否对外报120）；对非现场游客进行阻隔、分流，并向服务保卫部第一责任人报告情况 ② 服务保卫部第一责任人接到报告后，立即到现场，对各种应急措施进行决策 4. 遇到突发事件将游客疏散到馆外时，应将游客疏散到馆外安全、可控的区域，警卫人员可使用警戒线围好指定区域，等待公司对被疏散游客的善后处置安排	
		服务保卫部第一责任人	1. 到达现场后，负责现场指挥 2. 向公司报告情况	

流程节点		责任人	工作说明	流程节点检核要点
4	善后处置	处理突发事件小组成员等	1. 封闭现场：警卫员保护现场，防止现场遭到破坏；无关人员禁止进入封闭现场 2. 相关人员现场拍摄存留证据 3. 协同政府专业部门迅速对事故进行调查，查明原因，为善后处理做好准备	
		相关岗位人员	等候询问：所有事故现场人员必须对调查人员讲明现场情况，如实陈述所发生的事实与经过	
		服务保卫部第一责任人	下达工作指令： 1. 疏散游客处置：由服务保卫部组织公司工作人员对疏散到馆外的游客进行安抚，并执行《突发事件游客善后处置预案》 2. 受伤游客处置：由服务保卫部安排工作人员对受伤游客做善后处置	
5	工作记录	当班主管	1. 填写应急事件处置工作记录：发生事故的时间、地点、事件简述、处置结果、事故原因初步分析等 2. 向主管领导报告	

第四章 消防安全

一、消防安全工作管理规范

消防安全工作管理规范

1 范围

本规范规定了对火源火种、消防设备等消防安全的工作要求。

2 工作职责

① 公司安全生产委员会负责人应为安全防火责任人，全面负责公司的防火安全工作。

② 全面执行政府相关部门规定的逐级防火责任制，各部门经理为部门防火责任人，并逐级签订防火安全责任书。

③ 服务保卫部设定专人负责管理消防器材、设备、自动报警系统、自动喷淋系统。

④ 建立群众性的义务消防组织，根据防火安全工作的需要配备专兼职防火员。

⑤ 建立、健全防火档案。

⑥ 提供紧急疏散方案等预案，做好防火宣传教育工作，提高全员防火意识。

⑦ 对员工进行经常性的防火灭火技术培训。新员工到岗必须经过消防知识培训，并进行考核，达不到要求的不能上岗。

3 火源、火种控制

① 水族馆为禁烟场所，展区内严禁游客吸烟，重点地段严禁携带火柴、打火机及其他火源、火种进入。

② 馆内严禁动用明火，需要动用明火作业的要认真执行动用明火审批制

度。动用明火作业应当经公司安全防火管理人批准，在消防中控室填报水族馆动火证，经消防中控室专职人员到现场检查合格，并配备足够的灭火器材和工具时，方可作业。

③ 作业时要有专人监护，作业完要清理现场，认真检查确保无问题时方可离去。（如在室外遇特殊天气时，要停止作业）

④ 违反规定明火作业，根据情节轻重给予经济处罚和纪律处分，造成后果的追究责任。

4　消防设备管理

① 根据各部位灭火工作的需要，合理配备消防器材设备。

② 消防器材设备应放置在明显和便于取用的地方。消防器材设备附近严禁堆放其他物品。

③ 所有消防器材、设备、自动报警系统、自动喷淋系统等均由服务保卫部设定专人负责管理，定期检查、维护、保养，以保证设备能正常使用。

④ 寒冷季节要对室外消防设施进行防冻处理，以防受冻影响使用。

⑤ 所有消防设备、器材等均不得用于与消防工作无关的地方，对随便挪用、损坏消防器材设备的行为，对相关责任人予以严肃处理。

5　检查和考核

服务保卫部依据本规范，对消防安全工作及其责任人进行检查和考核。

水族馆动火证如表 2-3 所示。

表 2-3　水族馆动火证

申请部门		日期	
操作人		监护人	
地点数量			
施工内容			
消防设施			
申请人		签发人	

二、消防设备日常检查工作流程

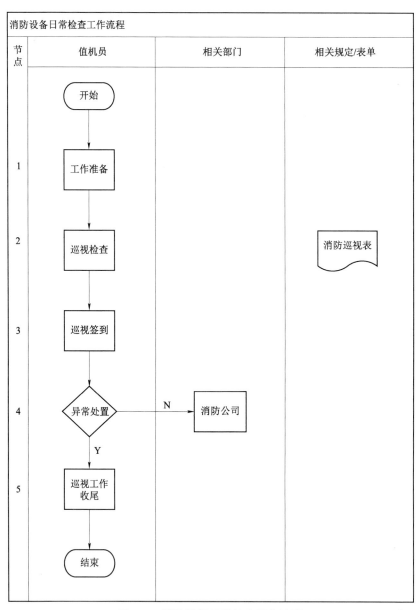

图 2-4　消防设备日常检查工作流程

表 2-4　消防设备日常检查工作流程说明

	流程节点	责任人	工作说明	流程节点检核要点
1	工作准备		准备内容：对讲机、矿泉水 1 瓶、签到笔	
2	巡视检查	值机员	1. 馆内消防设备检查要求 ① 消防设备正常，符合专业消防设备相关要求，检查部位：消防设备工作状态、消防安全状态 ② 现场无消防安全隐患：应急灯完好、消防通道无堵塞、设备配置符合现场要求 2. 巡视路线 ① 馆外围（消防泵房、洗衣房、直燃机房、配电室、一号楼、地库、员工食堂、北门办公区、车场） ② 馆内（七个展区、各工作间） 3. 巡视时间 9:30—11:00/14:00—16:30 4. 夜间检查时间及内容 由夜班领班安排 5. 专业消防设备要求 ① 灭火器设备：灭火器完好有效，数量符合位置规定要求，摆放位置正确 ② 喷淋设备：无异常出水情况 ③ 烟感探测器：设备完好有效，定期进行测试，无人为及自然原因损坏 ④ 泵房：消防泵完好有效，压力正常；消防水池内水位正常；定期排放喷淋管，确保管道压力正常	
3	巡视签到		每到一处巡视地点时，要在检查现场墙上的消防巡视表中签署检查时间，记录现场情况并签名，表示此处检查工作完成	
4	异常处置		① 消防设备损坏：值机员可以现场处置时，立即处置，要达到完好状态；无法处置时，及时上报给消防主管，并根据消防主管指示，通报消防公司 ② 安全门堵塞：值机员立即上报给消防主管 ③ 火灾隐患：值机员能够立即排除时，立即排除；无法立即排除时，立即上报给消防主管	
5	巡视工作收尾		巡视完成返回后，物品放回原处，做巡视情况登记	

三、消防突发事件应急处置流程

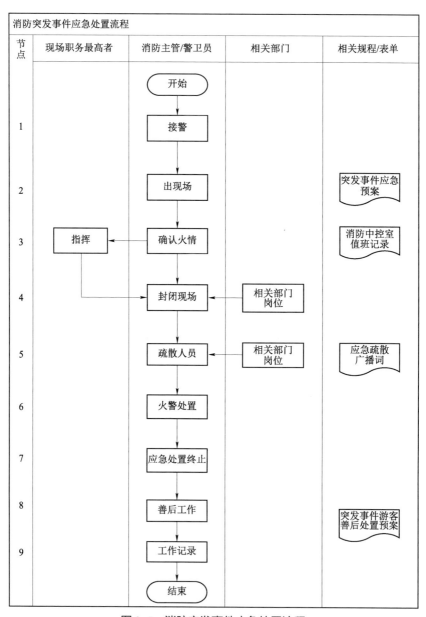

图2-5 消防突发事件应急处置流程

表 2-5　消防突发事件应急处置流程说明

流程节点		责任人	工作说明	流程节点检核要点
1	接警	警卫员/消防员	1. 警情范围：消防突发事故 2. 接警方式：接警电话鸣响三声内应当接听 3. 接警内容：火情发生地点、火情内容、火势情况、报警人联系电话及等待地点、报警人的部门、岗位、联系电话等 4. 接警内容记录在值班登记本上 5. 根据公司授权对外报警 119 6. 根据公司授权启动消防设备及消防警铃	
2	出现场		1. 接火警后 3～5 分钟内，必须到达现场 2. 出火警应携带装备：对讲机，应急电话，消防应急包	
3	确认火情	警卫员	1. 了解情况、判定火情：燃烧原因、燃烧部位地点、燃烧物、现场有无被困人员、火情类型，根据对火势大小的判断，迅速进行火势控制，并首先引导、帮助被困人员撤离现场 2. 立即向主管领导上报情况，根据主管领导指令开展工作 3. 通知本馆应急救援队伍，部分或全部应急救援队伍负责人，应 5 分钟内到达事故现场，依照火警应急处置方案实施灭火和应急救援 4. 对无法自行处置的火情，应报火警求援。报火警内容：发生事故的时间、地点；事故原因、性质、危害程度的初步判断；已采取的应急措施 5. 在现场监控时，应注意个人人身安全，火情未得到控制前，未经领导同意，不得擅自离开火情现场 6. 火情如属误报，检查确认无状况后，做好登记，方可离开	
		现场职务最高者	1. 立即向现场职务最高者报告情况 2. 根据现场职务最高者的指令工作 3. 到达现场指挥	
4	封闭现场	警卫员	1. 按预案执行：接到指令，马上到达现场，按指挥员分配工作到达各岗位，封闭现场 2. 按上级指令随时准备启用消防设备	
5	疏散人员	警卫员/岗位人员	根据现场职务最高者的指令操作： 1. 疏散游客：在接到疏散游客及人员的指示后，立即开启消防疏散安全门；中控室值机员按指令要求立即播放《应急疏散广播》(双语)；现场工作人员就近从各展区消防安全门迅速、有序地疏散游客至馆外安全区域；如有受伤人员要集中安置在指定地点，由指挥员派遣物资保障部车辆送伤者至附近的医院进行救治 2. 当馆内日常电源关闭时，按照安全应急指示灯方向指引，迅速撤离 3. 疏散员工：各部位员工应迅速、有序地按照指定路线就近疏散；财务人员疏散时，应注意保护好现金和票据，减少损失，尽全力控制事态	

续表

流程节点		责任人	工作说明	流程节点检核要点
6	火警处置	副总指挥	1. 现场指挥由现场职务最高者或到达现场职务最高者负责 2. 现场人员必须听从指挥调度	
		警卫员	配合外部消防人员控制火情，全馆人员共同参与	
7	应急处置终止	副总指挥	火警事故得到控制，现场已经没有危险、人员已经处于安全状态时，副总指挥下达火灾应急处置终止命令	
8	善后工作	警卫员等	1. 封闭现场：警卫员保护现场，防止被破坏，无关人员禁止进入封闭现场 2. 工程部人员现场拍摄，留存证据 3. 消防主管协同外部消防专家迅速对事故进行调查，查访知情人，查明起火原因，为善后处理做好准备	
		相关岗位人员	等候询问：所有事故现场人员必须对调查人员讲明现场情况，如实陈述所发生的事实与经过	
		现场职务最高者	现场职务最高者下达工作指令： 1. 疏散游客处置：由服务保卫部组织公司工作人员对疏散到馆外的游客进行安抚，并执行《突发事件游客善后处置预案》 2. 受伤游客处置：由服务保卫部安排工作人员对受伤游客做善后处置	
9	工作记录	当班主管	1. 编写火灾事故处置工作报告：发生事故的时间、地点、事件简述、处置结果、事故原因初步分析等 2. 向主管领导报告	

四、消防应急预案

消防应急预案

1 范围

本预案规定了消防安全应急工作的要求。

2 组织结构与岗位职责

建立应急指挥中心，以应急指挥中心为首，其下分为应急突击队、人员疏散组、抢救排险组及应急救护组。

2.1　应急指挥中心

成员：服务保卫部第一责任人。

职责：明确火灾发生位置、发展情况，根据现场人员的情况汇报，确定下达命令：人员疏散、停止供电、应急突击队赶赴现场、报告公安机关。

2.2　应急突击队

成员：水族馆服务保卫部警卫组、保安员。

职责：接到命令立即赶赴现场，负责火灾现场人员疏散、火灾的扑救，控制火势，配合抢救排险人员开展工作，为事件的妥善处理创造有利条件。切记不可轻举妄动，要绝对服从指挥中心下达的命令。

2.3　人员疏散组

成员：各部门安全员及指定人员。

职责：负责疏散馆内人员逃离出事现场及疏散集合地点的秩序维护。

2.4　抢救排险组

成员：由工程管理部员工组成。

职责：负责事发区域设施、设备的管理和支配；预测可能发生的事故的危险等级并向指挥中心汇报，以确定疏散计划；配合公安机关专业人员排险（介绍现场周围环境、时间等情况）。

2.5　应急救护组

成员：各部门安全员及指定人员。

职责：负责事故伤员的临时救护、伤员转送等工作。

3　工作要求

① 各级应急人员必须明确各自的岗位职责，绝对服从指挥中心的命令。

② 各级应急人员在事件发生后，要保持沉着、冷静。

③ 服务保卫部对讲机应使用规定频道。

第五章　运营安全与监控

一、网络系统安全管理规范

网络系统安全管理规范

1　范围

本规范规定了网络系统管理的工作要求。

2　工作职责

公司网络部负责公司网络系统的安全管理和日常系统维护，制定相关制度，并不定期抽查网络内设备安全状态，发现隐患及时予以处理。水族馆全体计算机使用人员应遵守制度，落实网络安全的各项规定。

3　工作要求

3.1　网络安全管理范围

网络安全管理应从以下几个方面进行规范：物理层、网络层、平台安全。物理层包括环境安全和设备安全，网络层安全包含网络边界安全，平台安全包括系统层安全和应用层安全。

3.2　机房安全

① 公司中心数据机房是网络系统的核心。除公司网络部人员外，其他人员未经允许不得入内。

② 网络部网络管理人员不准在主机房内会客或带无关人员进入。

③ 未经许可，不得动用机房内设施。

④ 网络部网络管理人员进入机房必须遵守相关工作制度和条例，不得从事与本职工作无关的事宜，每天上、下班前应检查设备电源情况，在确保安全的情况下，方可离开。

⑤ 为防止磁化记录的破坏，机房内不准使用磁化杯、收音机等产生磁场

的物体。

⑥ 网络管理人员应严格按照设备操作规程进行操作，保证设备处于良好的运行状态。

⑦ 机房温度要保持在（20±5）℃，相对湿度在70%±5%。做好机房和设备的卫生清扫工作，定期对设备进行除尘，保证机房和设备卫生、整洁。

⑧ 机房设备必须符合防雷、防静电的规定，每年进行一次全面检查处理，计算机及辅助设备的电源应是接地的电源。

⑨ 网络管理人员必须遵守劳动纪律，坚守岗位，认真履行机房值班制度，做好防火、防水、防盗等工作。

⑩ 机房电源不可以随意断开，对重要设备必须提供双套电源，并配备UPS电源供电。公司办公楼如长时间停电应通知技术部，制定相应的技术措施，并说明电源恢复时间。

3.3　设备安全管理

① 网络系统的主设备是连续运行的，网络部每天必须安排专职人员检查运行状态。

② 网络部负责监视、检查网络系统运行设备及其附属设备（如电源、空调等）的工作状况，发现问题应立即采取措施进行妥善处理。

③ 网络部负责填写机房安全检查记录表，如表2-6所示，并将当日发生的重大事件填写在相关的记录本上，负责对必要的数据进行备份操作。

④ 不准带电拔插计算机及各种设备的信号连线，不准随意移动各种网络设备，若移动，要经公司办公室网络部主管同意。

⑤ 网络部网络管理人员在维护与检修计算机及设备时，打开机箱外壳前应先关闭电源并释放掉自身所带的静电。

3.4　网络安全

① 公司网络信息系统中，在服务器对外网出口处必须配置网络防火墙。

② 禁止员工将除公司办公计算机以外的设备接入公司网络。

③ 在计算机联入公司网络之后，禁止再以其他任何方式与外网相连。

④ 对于公司内部网络，根据办公位置不同，进行网络分区域管理。

⑤ 对于公司内部网络，根据应用功能的不同要求，进行网络分级管理。

3.5　系统安全管理

① 公司员工禁止下载互联网上任何未经确认其安全性的软件，严禁使用盗版软件及游戏软件。

② 密码管理：域用户及 OA 密码的编码应采用尽可能长并不易猜测的字符串，个人密码不能告知他人，不能通过电子邮件等明文方式传输，密码必须定期更新。

③ 计算机使用人员：未经办公室网络部许可，禁止与其他人员共享账号和密码；禁止运行网络监听工具或其他黑客工具；禁止查阅别人的文件。

④ 网络管理员：不得随意在系统中增加账号，随意修改权限，未经公司办公室主任许可，严禁委托他人行使管理员权利。

⑤ 外来光盘应在未联网的单机上检查病毒，确认无毒后方可上网使用。私自使用造成病毒侵害要追究当事人责任。

⑥ 网络系统的所有软件均不准私自拷贝出来赠予其他单位或个人，违者将严肃处理。

3.6 系统应用安全管理

① 计算机使用人员负责定期检测病毒。

② 严禁随意使用移动硬盘和 U 盘等存储介质，如工作需要，应经过病毒检测方可使用。

③ 严禁以任何途径和媒体传播计算机病毒，对于传播和感染计算机病毒者，要给予严肃处理。

④ 发现病毒，应及时对感染病毒的设备进行隔离，情况严重时报网络部。网络部应及时妥善处理。

⑤ 进行实时防病毒监控，做好防病毒软件和病毒代码的智能升级。

⑥ 应当注意保护网络数据信息的安全，对于存储在数据库中的关键数据及关键的应用系统，应做数据备份。

4 检查和考核

① 网络部员工每周应定期依据本管理规定对公司服务器及计算机运行情况进行检查，对查出的问题进行处理，并做好记录。

② 网络部依据本管理规定，对网络部员工及公司各部门计算机使用人员进行检查和考核。对查出的问题按公司规定进行处理，并对改进情况进行跟踪和验证。

5 工作记录

机房安全检查记录表由公司办公室网络部负责填报。

机房安全检查记录表如表 2-6 所示。

表 2-6　机房安全检查记录表

日期	时间	服务器状态	ups 状态	交换机状态	空调状态	消防设备	检查人	备注

二、收银与财务安全管理规范

收银与财务安全管理规范

1　范围

本规范规定了收银和财务安全管理的要求。

2　工作职责

计划财务部负责财务室和收银班组的安全工作，保证公司财务办公室的财产和文件资料的安全。

3 工作要求

3.1 收银班组安全管理制度

① 售票员保险柜内不得存放大量现金和有价票券，当班时随时锁好保险柜门并随身保管钥匙，下班时将保险柜密码打乱。售票员做好钥匙交接工作。

② 售票员、票库的库存门票一律视同有价证券保管，必须随时注意上锁，日清月结并及时补充库存票券。若发现问题，及时报告。

③ 每日营业票款送存收款点和银行，领取备票时，必须由保安押送，库管人员必须每天巡视票库，确保安全无误。

④ 票库、票房、团体售票厅严禁外部人员进入，内部人员出入应随手锁门，票房内严禁吸烟。

⑤ 任何员工严禁将私人现金和贵重物品存放在办公室和票库，否则视为违纪。

⑥ 下班时，逐一检查保险柜、票柜、电源、灯、钥匙等是否锁好、关闭、交接，保证安全后锁好大门，上交钥匙。

⑦ 认真落实安全防火规定，定期进行防火、治安安全检查，对服务保卫部提出的各类安全隐患和改进意见，坚决落实、解决，不得怠慢。

3.2 计划财务部财务室安全管理制度

① 财务办公室必须按照安全要求，设立保险门窗、保险柜和监控设备、设施，保险柜内不得存放大量现金，当班时随时锁好保险柜门并随身保管钥匙，下班时将保险柜密码打乱。两套钥匙必须分别保管。

② 现金及支票送存银行，必须由保安押送，必须由专车前往，送款车辆不得搭乘外部门人员，不得中途停车办理其他事项，确保资金安全。

③ 出纳日常必须妥善保管支票、印鉴。财务章和人名章必须分人保管。

④ 财务人员必须严格遵守职业道德，不得向无关人员泄露公司财务状况及财务相关内容。财务凭证、报表及账簿应妥善保管、存放有序、便于查找，不得随意堆放，严防损坏、散失和泄密。财务资料外借必须登记，任何人不得将财务资料私自借出。

⑤ 如遇意外事故应保持镇静，财务人员必须稳妥处置好财物，并立即报告部门领导或服务保卫部。

⑥ 财务办公室内闲杂人员不得擅自入内，不得在财务室内闲谈与工作无关的话题，室内不得吸烟，不得私自动用、挪动各种消防设施设备和消防工具。

⑦ 下班后不得在财务办公室逗留，离开办公室前必须检查保险柜、文件柜、财务资料、电器等用电设备及门窗的安全，确保安全后锁门。

4 检查和考核

① 计划财务部所有票务相关人员应认真执行本规范，自觉遵守各项相关管理制度，巡岗领班及时检查当日各类安全情况，并做好巡检记录。

② 收银主管和部门安全员应每日对各种设备、钱票的安全管理情况进行检查，同时审核巡检记录是否及时、准确、完整，对查出的问题进行处理和改进，并按部门员工考核规定进行处罚，对改进情况进行跟踪和验证，做好记录。

③ 计划财务部经理负责对计财部安全工作进行日常巡检，对安全隐患进行排查，确保公司财务的安全。

④ 计划财务部依据本规范，对工作人员进行检查和考核。对查出的问题按部门员工考核规定进行处理，对改进情况进行跟踪和验证。

三、水族馆物品进出管理规范

水族馆物品进出管理规范

1 范围

本规范规定了各种物品进出水族馆的要求，适用于物品进出馆管理。

2 职责

服务保卫部值岗人员、现场值班人员有权对物品进、出水族馆进行检查。

3 物品进出通道

员工携物外出必须从员工通道通行。

4 证明出示

员工携物进、出员工通道，应主动接受员工通道保卫人员的检查，同时出具物品出门条。

5　携物进出

① 所有员工不得携带与工作无关的物品进入馆内，当员工携带物品需要进入馆内时，首先须经本部门责任人同意后，将所携带物品出示给服务保卫部值岗人员进行登记，核查无误后方可进入馆内。下班离馆时，服务保卫部值岗人员要根据入馆办理的登记内容进行核对，无误后可携物离馆。

② 员工在馆内购物或接受游客馈赠的礼品时，应填写物品进出管理出门条，如表2-7所示，由部门责任人签字确认。员工在携物出馆时，将出门条交给服务保卫部值岗人员，按照所登记物品核查后方可出馆，物品出门条由服务保卫部留存备查。

5.1　借还物品进出

① 因经营需要，向外单位借用物品，应由借用部门向服务保卫部出具正式发文，同时要在发文上标明预计归还日期，并由该部门责任人签字。在借用物品到达时，在服务保卫部值岗人员处进行登记，经保卫人员核查、确认、签字后，方可入馆。在使用完毕应归还时，由借用部门持物品出门条，由该部门责任人签字，交服务保卫部值岗人员核查签字后，方可出馆。物品出门条由服务保卫部留存备查。

② 外单位借用我馆物品或鱼类进行交流时，应由借出部门向服务保卫部出具正式发文，并注明理由、预计归还日期，并由借出部门责任人签字确认。在物品或鱼类运出时，由服务保卫部值岗人员对照发文和物品出门条，对数量、名称、种类进行核对，确认无误并签字后方可出馆。借出物品归还时，应在服务保卫部值岗人员处进行登记，注明是否运回全部原借出物品及经手人姓名，经保卫人员核查、确认签字后，方可入馆。物品出门条由服务保卫部留存备查。

5.2　维修物品进出

设备外出维修时，由需要维修的部门向服务保卫部出具正式发文，并注明理由、还回日期，由部门责任人签字确认，由携带人连同物品出门条交给服务保卫部值岗人员核对无误并签字后方可出馆。物品出门条由服务保卫部留存备查。

在设备修好取回时，同样要通过员工通道，在服务保卫部值岗人员处进行登记，注明是否取回全部物品及经手人姓名，经保卫人员核查、确认并签字后方可入馆。

5.3　购进或退换物品进出

购进或退换物品进馆时，应经过本部门责任人同意后，将货物在服务保卫部值岗人员处进行登记，经核查、无误后方可进馆。

退还物品出馆时，必须填写物品出门条，并由部门责任人签字确认，交由服务保卫部值岗人员进行核查、登记，确认无误并由保卫人员签字后方可离馆。物品出门条由服务保卫部留存备查。

5.4　其他物品进出

① 在水族馆内举办活动的单位自带或剩余的物品需要带走时，应由水族馆承办活动的部门审核，填写物品出门条，并由该部门责任人签字，由携物人交给服务保卫部值岗人员照单核查，确认无误后由服务保卫部现场值班人员签字后方可离馆，物品出门条由服务保卫部留存备查。

② 展区内摆放的花草、绿色植物、装饰品需要撤出水族馆时，应由摆放的部门审核，填写物品出门条，并由部门责任人签字，由携物人员交给服务保卫部值岗人员核查、确认无误并签字后方可离馆，物品出门条由服务保卫部留存备查。

6　检查和考核

① 保安人员应认真执行本规范，自觉遵守各项管理制度。

② 每天依据本规范进行检查，对查出的问题进行处理和改进，并做好记录。

③ 服务保卫部依据本规范，对保安人员进行检查和考核。

物品进出管理出门条如表 2-7 所示。

表 2-7　物品进出管理出门条

部门		单位	
物品名称、数量			
部门责任人签字			
日期			

四、水质实验与控制中心安全管理规范

水质实验与控制中心安全管理规范

1 范围

本规范规定了水质实验室的设备管理与环境卫生管理要求，适用于水质实验室的安全管理。

2 操作要求

2.1 工作要求

① 进入实验室时工作衣、帽、鞋必须穿戴整齐，不得穿着凉鞋、背心等过于暴露的服装，以免被试剂烧伤。实验室内不准带入和食用任何食物，某些实验用试剂可能与食物成分完全相同，严禁食用。

② 实验前应了解所使用化学品的危险性、安全预防措施及紧急处理步骤。如果有数种化学品或方法都能达到实验目的时，应选用较安全的化学品或方法。

③ 实验室所采用的实验方法均为成熟且相对安全的方法，在没有得到主管认可前，不得随意改变实验方法。

④ 严禁直接吸取药品，如发生强酸、强碱溶液溅出容器外时，应立即采取有效措施安全处理后方可离开现场。

⑤ 在进行高压、干烤、消毒等工作时，工作人员不得擅自离开现场，认真观察温度、时间，蒸馏易挥发、易燃液体时，不准直接加热，应置于水浴锅内进行，实验过程中如产生毒气时应在避毒柜内操作。

⑥ 实验完毕，及时清理现场和实验用具，物品归位。两手用肥皂洗净，工作服应经常清洗，保持整洁。

⑦ 每日下班，尤其节假日前后应认真检查水、气、电和正在使用的仪器设备，关好门窗，方可离去。

2.2 紧急处理方法

① 皮肤上被溅到硫酸，应先用抹布擦干，再用大量清水冲洗，后涂上弱碱，如碳酸氢钠水溶液；而皮肤被溅到其他酸性溶液，应直接使用清水大量冲洗后，再涂上弱碱。

② 皮肤上如溅到强碱，用大量清水冲洗后涂上硼酸。

③ 重金属盐类如误食，应大量饮用牛奶等含有高蛋白质的食品进行解毒。

④ 对于甲醇类药品，无论是误服还是长期大量接触其蒸气，均可引起中毒反应，特别需要注意的是该中毒反应会对眼睛带来不可逆转的伤害，如发生此类中毒，应立即前往医院。

⑤ 微生物的实验应注意防护，如佩戴手套，实验完毕后须清洁消毒。

⑥ 实验室内存有氯化钡，该种试剂对于裸露的伤口、眼睛或口腔均可引起中毒反应且难以救治，有生命危险，在接触此种试剂时应特别小心操作，如中毒，应立即前往医院救治。

⑦ 实验室存有铁氰化钾，该试剂在正常使用时不会发生危险，但在酸性环境下，该物质会转化成氰化物，剧毒，若中毒，应立即送往医院抢救。

⑧ 实验室工作人员接触含氯的消毒剂时，过高的氯成分会造成神经系统中毒，产生不可逆转的酸性烧伤。在闻到不正常的高浓度氯味道时，应立即离开现场，并迅速汇报，现场应做通风处理。

⑨ 所有的处理方法均为现场应急措施，该种措施应在事故发生时尽快进行。在采取应急措施的同时，应通知其他同事，以取得帮助。现场措施的采取，并不代表不会有其他后遗症状，应根据情况，在采取措施后尽快前往医院。

2.3　仪器设备管理

① 熟悉安全设备，如灭火器、眼睛冲洗设备、逃生出口等的位置及使用方法。

② 实验室所使用的仪器应符合标准要求，保证准确可靠，凡计量器具须经计量部门检定合格后方能使用。

③ 实验室仪器安放合理，贵重仪器有专人保管，并备有操作方法和保养、维修说明书，做到经常维护、保养和检查，精密仪器不得随意移动，若有损坏需要修理时，不得私自拆动，应写出报告，通知管理人员，经主管同意填报修理申请，送仪器维修部门。

④ 使用仪器前应详阅操作手册，熟悉正确的操作程序、紧急关机步骤，并了解可能发生的危险，仪器应定期维护保养以减少故障及危险的发生。仪器不正常或故障时要在登记簿上注明，并通告管理负责人修护，以免他人不知情时使用，有时会造成危险及加重仪器的损坏程度。

⑤ 未经主管员同意，实验室仪器设备不得外借。

⑥ 使用仪器时，应严格按操作规程进行，对违反操作规程致使仪器损坏的，要追究当事者责任。

⑦ 仪器应定期校准，以降低因仪器原因产生的误差，延长仪器寿命并提高仪器读数的准确性。

⑧ 各种仪器（冰箱、温箱除外）使用完毕后要立即切断电源，旋钮复原归位，待仔细检查后，方可离去。

⑨ 各种化学废弃物必须依其正确的程序作适当的处理，以免造成污染及意外。破裂的玻璃器皿应弃于专用的收集容器，不可视同一般垃圾丢弃，以免清洁人员受伤。若破裂的玻璃器皿上有化学品，尤其是水银温度计，应先将化学品清除后再丢弃，应戴手套小心清除，以防割伤，所清除的化学品则按化学废弃物处理，避免造成污染。

⑩ 仪器设备应保持清洁，一般应有仪器套罩。

⑪ 离开实验室时要检查电器设备等是否关好，加热的药品一定不要过夜。

2.4 药品管理

① 依据检测任务，制订各种药品试剂采购计划，写清品名、单位、数量、纯度、包装规格、出厂日期等，由专人管理，定期清点剩余药品。

② 药品试剂陈列整齐，放置有序，避光、防潮、通风干燥，瓶签完整，剧毒药品加锁存放，易燃、易挥发、易腐蚀的品种单独储存。

③ 任何人无权私自借出或赠送药品试剂，如外借应获得主管负责人同意。

④ 称取药品试剂应按操作规范进行，用后盖好，必要时可封口或用黑纸包裹，不使用过期或变质药品。

2.5 玻璃器皿管理

① 根据测试项目的要求，申报玻璃仪器的采购计划、详细注明规格、数量、要求，硬质中性玻璃仪器应经计量验证合格。

② 玻璃器皿使用前应除去污垢，并用清洁液或2%的稀盐酸溶液浸泡24小时后，用清水冲洗干净备用。

③ 器皿使用后随时清洗，染菌后应严格灭菌，不得乱弃乱扔。

2.6 环境管理规定

① 实验室内应随时保持清洁卫生，每天上下班应进行清扫整理，桌柜等表面应每天擦拭，达到桌面、仪器无灰尘，地面无尘土、积水、纸屑垃圾，墙面、门窗及管路、线路、开关面板上无积尘与蛛网等杂物。

② 实验室应井然有序，不得存放实验室外及个人物品、仪器等，实验室

用品要摆放合理、整齐，并有固定位置，与实验无关的物品禁止存放在实验室内。

③ 在实验过程中，要注意保持室内卫生及良好的实验秩序。每次做完实验后，应将所有设备复原，清理好现场，测试用过的废弃物要倒在固定的箱筒内，并及时处理。

④ 实验室布局要合理，应有良好的通风条件，并安装空调设备以保证适合的实验室环境温度。实验室应具有优良的采光条件和照明设备，实验室工作台面应保持水平和无渗漏，墙壁和地面应光滑和易清洗。

⑤ 实验室内有害气体、粉尘含量必须符合国家标准规定，对污染环境的有害物质要定期进行分析和检测。

⑥ 禁止利用实验室作为会议室及其他文娱活动和学习的场所。

⑦ 实验室内每月大清扫一次，每年彻底清扫一至二次。

3　检查和考核

① 实验中心检测员应严格执行《水质实验与控制中心安全管理规范》，自觉遵守各项管理制度。

② 水质实验与控制中心负责人每日依据本规范检查实验室内环境卫生情况、人员操作、仪器设备使用及保养情况，对查出的问题进行处理，对改进情况进行跟踪和验证，做好记录。

③ 水族维生设备部依据本规范，对检测员进行检查和考核。

五、监控系统设备管理规范

监控系统设备管理规范

1　范围

本规范规定了监控系统设备的维护保养、巡视检查及监控系统设备使用及管理人员的工作职责、检查和考核的规范和要求。

2　工作职责

工程管理部弱电专业负责监控系统设备的管理工作。

3 工作要求

3.1 基本要求

① 监控系统开启后，没有特殊情况不得擅自关机。

② 要经常检查监视器的画面运行情况。

③ 在计算机上不得运行与监控无关的文件。

④ 经常检查监控器的录像是否运行正常。

⑤ 保持监控操作平台的清洁。

⑥ 定期对监控设备运行保养。

⑦ 使用人员必须经过专业培训，并已取得专业上岗资格认定，能够独立、熟练地操作监控设备。

⑧ 设备出现故障后能及时采取措施和简单故障排除。

3.2 维护和保养

① 要按照所制订的年度维护保养计划对系统进行维护和保养。

② 首先检查消防中控室设备运行情况，看各种设置是否正确。

③ 监控主机及馆内各区域的监控探头工作是否正常，监控数据记录是否准确，没有漏记。

④ 清洁机房所有设备，清洁过程中只能使用干净抹布，严禁使用有害溶液及水性液体。

⑤ 检查红外探头上的红外线灯是否能够正常开启，对于光线较强的区域要在天黑后进行相应的检查。

⑥ 在维护保养过程中发现设备存在故障现象时，要立即修复，当时不能修复的要报告主管，同时联系供货商进行外修，时间不能超过24小时。

3.3 监控系统巡视检查工作管理规定

① 每天早上要对消防中控室的监控系统进行检查，察看各区域监控探头的运行情况，检查主机数据记录是否正常。监控系统开启后，没有特殊情况及上级领导的批示不得擅自关机。

② 每周要检查监控主机的鼠标、键盘、监视器及其他周边设备的工作状况，发现存在故障的要立即进行更换。

③ 在馆内巡视时，要检查红外探头上的红外线灯是否开启。

④ 巡视中发现监控设备故障时，应立即停机进行维修，并将停机原因通知给相关部门，对于自己不能修复的故障，要上报主管并联系外修。

⑤ 所有探头的监视方向要按照服务保卫部提出的要求调整，发现出现方向偏离的要立即纠正。

⑥ 在监控计算机主机上不得安装或运行与监控内容无关的软件和文件。

⑦ 每周要对中控室所有监控设备进行清扫，保持监控操作平台的清洁。

⑧ 要严格遵守有关监控主机使用权限的规定，所有使用人员要根据其使用权限的不同设置相应的操作内容。任何人不得擅自更改。严禁将密码向无关人员泄露。

⑨ 要随时对服务保卫部新上岗员工进行有关监控系统的操作培训。没有经过培训的人员不能上岗操作监控系统设备。

4 检查和考核

① 工程管理部每天依据本规范检查监控系统设备的使用和管理工作，对查出的问题进行处理和改进，并做好记录。

② 工程管理部依据本规范，对监控系统设备的使用和管理人员进行检查和考核。对查出的问题按部门员工考核规定进行处理，对改进情况进行跟踪和验证。

5 工作记录

监控系统设备使用情况检查记录表如表2-8所示，由工程管理部弱电岗负责填报。

表2-8 监控系统设备使用情况检查记录表

年 月 日

安装位置		负责区域		使用部门	
检查项目	检查情况				备注
外表清洁					
主机柜					
显示器					
系统线路					
摄像头					

检查人： 填表人：

第六章 安全生产管理规范

一、安全生产管理规范

安全生产管理规范

1 范围

本规范规定了安全生产工作系统管理的机构、分工、职责与要求，适用于全馆日常安全生产工作管理。

2 总则

① 为了提高公司安全生产管理水平，加强安全生产监督管理，防止和减少安全生产事故，保障公司及全体从业人员的生命和财产安全，根据《中华人民共和国安全生产法》等法律、法规，结合本企业实际情况，制定本安全生产责任制。

② 安全生产管理必须贯彻"安全第一，预防为主，综合治理"的方针，坚持谁主管谁负责的原则。企业的从业人员应依法履行安全生产方面的义务。

③ 企业主要领导人和各部门的第一责任人是本企业、本部门安全生产的第一责任人，分别对其所辖部门的安全生产工作全面负责。

④ 公司各部门应当根据本部门的工作特点，加强安全生产管理，建立、健全和落实安全生产岗位责任制度，完善安全生产条件，确保安全生产。

⑤ 企业依法组织职工参加本单位安全生产工作的管理和监督，维护职工在安全生产方面的合法权益。公司应采取各种形式，加强对有关安全生产的法律、法规和安全生产知识的宣传，提高职工的安全生产意识。

⑥ 公司应当加强对安全生产工作的领导，将安全生产工作纳入企业年度工作计划，支持、督促企业有关部门依法履行安全生产监督管理职责，及时协调、解决安全生产监督管理中的重大问题。

3　安全生产管理机构设置

①　安全生产节能委员会（简称安委会）领导管理全公司安全生产工作。安委会负责研究、统筹、协调、指导公司重大的安全生产问题，组织重要安全生产活动。对本单位的安全生产工作实施监督管理，组织安全生产检查，协调相关事故处理。

②　安委会组织机构：安委会设主任、副主任、秘书长各一名，委员若干名，其中副主任兼任秘书长，各部门设一名安全员，下设专门委员会及工作小组，即交通安全委员会和爱国卫生委员会。

4　安全生产委员会主要职责

①　安委会主任主要负责安全生产工作的全面管理工作，负责监督检查各部门执行安全生产政策、法规及有关规定的落实情况。负责处理部门违规和发生重大责任事故的责任追究。

②　安委会副主任主要负责公司安全生产的方针制定、督促检查及安全生产工作领导小组成员管理。代表职工负责对企业整体安全生产工作的监督，保护职工的正当利益要求。

③　安委会委员主要由公司各部门选定人员担任，设置安全生产委员会办公室。

5　专职管理部门及成员职责

①　安委会是本公司安全生产工作的综合监督管理部门，依照国家有关安全生产的法律、法规和本制度的规定，对本公司的安全生产工作实施管理。

②　负责对公司全员进行安全生产的宣传教育工作，定期组织检查，落实整改意见。

③　负责公司整体保卫工作，妥善处理现场的突发事件，做好消防安全工作，加强单位人员的安全管理教育。

④　负责公司全体员工的交通安全教育，对机动车司机按照规定认真管理，确保全年不出现重大交通事故。

⑤　负责公司做好对周边停车场的管理协调工作，保持公司周边良好的交通秩序。

⑥　负责公司整体环境卫生的检查，对存在的问题提出整改意见并督促整

改落实。

6 安全生产责任制

为了保证游客及从业人员的安全和健康，提供安全的游览环境。依据《中华人民共和国安全生产法》对公司各岗位的安全生产责任进行明确规定，落实安全生产责任制是本单位安全生产管理的核心内容。应明确各级管理人员及各安全生产岗位人员的安全生产责任权利和义务。

各岗位人员职责如下。

6.1 公司总经理的安全生产职责

公司总经理是公司安全生产的第一责任人，对本公司安全生产工作负全面责任，在公司工作范围内对安全生产负有直接责任，并抓好以下工作。

① 认真贯彻执行安全生产的方针、政策；建立、健全并贯彻落实安全生产责任制；审定、颁发公司统一性的安全生产规章制度。

② 牢固树立"安全第一"的思想，确定本单位安全生产目标。

③ 将安全生产工作列入公司整体工作议程，定期研究安全生产问题，并与经营、管理等工作同步进行，保证安全投入的有效实施。

④ 审定本公司改善劳动条件的规划和年度安全技术措施计划，按规定提取和使用安全技术措施经费，及时解决重大隐患。对本公司无力解决的重大隐患，及时向上级有关部门报告。

⑤ 督促每月的安全生产检查，保证设备、设施、安全装备、消防器材等处于完好状态。

⑥ 组织制定并实施公司事故应急救援预案，建立、健全公司事故应急救援体系。

6.2 副总经理安全生产职责

公司副总经理对公司总经理负责，对部门主任提出的安全生产要求负有直接领导责任，在分管的工作范围内对安全生产负有直接责任，并抓好以下工作。

① 认真贯彻公司安全生产责任制，计划、布置、检查、总结、评比本部门安全生产工作；监督分管部门安全生产规章制度的执行情况，及时纠正失职和违章行为。

② 协助总经理做好安全生产例会的准备工作，对例会决定的事项，负责组织贯彻落实。主持召开生产调度会，并同时部署安全生产的有关事项。

③ 组织制定分管部门范围内的安全生产规章制度、安全技术规程，确立

安全技术措施，并认真组织实施。

④ 组织各部门定期开展各种形式的安全检查。发现重大隐患，立即组织有关人员研究解决，或向总经理及上级有关部门提出报告。在上报的同时，组织确立可靠的临时安全措施。

⑤ 组织对安全投入的有效实施。根据安全生产奖惩制度审批有关人员的奖惩。

⑥ 发生重大事故时，负责组织抢救，协助事故的调查处理，及时向公司总经理汇报。

6.3 办公室主任安全生产职责

办公室主任对公司总经理负责，对公司经理（副总经理）及公司安全生产委员会提出的安全生产要求负有直接领导责任，在所分管的工作范围内对安全生产负直接责任，并抓好以下工作。

① 负责制定本部门的安全生产规章制度，落实安全生产责任制，开展安全生产教育和培训。

② 建立、健全安全用工管理制度。

③ 建立、健全安全培训体系，对员工要进行长期的安全教育和培训。

④ 与安全生产主管部门及相关部门共同制定本单位安全生产管理制度和各岗位、各工种的安全操作规程，并对落实情况进行经常性的监督、检查。

⑤ 做好员工劳动纪律教育工作，对严重违反劳动纪律、影响安全生产的，提出处理意见。

⑥ 对发生事故的个人，按单位相关规定予以处理。

⑦ 依法参加工伤社会保险，为从业人员缴纳保险金。

⑧ 及时向安全生产主管部门提供安全生产信息。

⑨ 把安全工作业绩作为考核干部业绩的重要依据，对发生重大、特大责任事故的有关领导分清责任，严肃处理。

6.4 服务保卫部经理安全生产职责

服务保卫部经理对公司总经理负责，对公司经理（或分管副总经理）及公司安全生产委员会提出的安全生产要求负有直接领导责任，在所分管的工作范围内对安全生产负直接责任，并抓好以下工作。

① 对本部门所有人员和设备全权管辖和调配，规定下属各岗位的职责范围，制定岗位责任制、考核标准等规章制度，并督促下属严格执行。采取科学的管理方法，保障公司所属设备安全运行。

② 负责处理服务保卫部各岗位日常发生的问题。

③ 负责与有关部门协调治安安全、消防安全、卫生防疫等工作。

④ 深入现场调查研究，发现问题及时解决，不推诿，不拖拉，敢于负责，讲求工作效率。

⑤ 关心员工，讲究科学的工作方法，深入了解员工的思想状态，及时纠正不良倾向，树立良好的职业道德，增强服务意识，使服务保卫部成为人员高素质，技术高水平，工作高效率，服务高质量的部门。

6.5　工程管理部经理安全生产职责

① 对本部门所有人员和设备全权管辖和调配，规定下属各岗位的职责范围，制定岗位责任制、考核标准等规章制度，并督促下属严格执行。采取科学的管理方法，保障公司设备安全运行。

② 负责处理部门各岗位日常发生的问题。

③ 负责控制公司整体能源使用管理，做好降低消耗的工作，为公司提高经济效益。

④ 负责组织制定设备更新、改造计划及重大的维修、保养计划，并组织实施。

⑤ 负责具体解决所有部门对工程维修工作的意见。

⑥ 负责审核各项用款计划及每月的购置计划，努力做到开源节流。

⑦ 负责与有关政府部门协调供电、节水、供气等工作。

⑧ 深入现场调查研究，发现问题及时解决，不推诿，不拖拉，敢于负责，讲求工作效率。

⑨ 负责技术人员的业务培训、安全教育及业务考核工作。

⑩ 关心员工，讲究科学的工作方法，深入了解员工的思想状态，及时纠正不良倾向，树立良好的职业道德，增强服务意识，使工程部成为人员高素质，技术高水平，工作高效率，服务高质量的部门。

6.6　经营部门安全生产职责

经营部门包括餐饮部、二次消费部、市场推广部。

经营部门经理对公司总经理负责，对公司经理（副总经理）及公司安全生产委员会提出的安全生产要求负有直接领导责任，在所分管的工作范围内对安全生产负直接责任，并抓好以下工作。

① 按谁主管谁负责的原则，建立、健全本部门的安全职责、规章制度及各种设备的安全管理制度和安全技术操作规程。

② 负责本部门的安全工作，组织安全检查、安全教育和隐患整改。

③ 负责部门的安全防火管理。

④ 解决处理一般性生产安全事故隐患和问题；遇有突发事件，应在处理的同时立即报告，服从领导的指挥、调遣，参与抢险、救援等处置行动，并保护现场。

⑤ 掌握相关安全生产应急预案，一旦发生问题，负责疏散、集中、清点、安抚顾客。

⑥ 负责对职工进行职防教育，现场自救、互救教育和考核。

⑦ 定期召开安全生产工作会议，分析部门安全生产动态，及时解决安全生产存在的问题。

6.7　计划财务部经理安全生产职责

计划财务部经理对公司总经理负责，对公司经理（副总经理）及公司安全生产委员会提出的安全生产要求负有直接领导责任，在所分管的工作范围内对安全生产负直接责任，并抓好以下工作。

① 负责制定本部门的安全生产规章制度，落实安全生产责任制，开展安全生产教育和培训。

② 健全财务制度。按照国家规定或实际需要，按比例提取安全技术措施经费和其他劳动保护经费，并且单立科目，监督专款专用。

③ 审查各项安全罚款的出处，认真执行国家和地方法规。

④ 负责拨付对员工进行安全生产宣传教育和培训所需的经费。

⑤ 负责拨付各岗位员工劳动防护用品所需的经费。

⑥ 对财务部所用设备、器材进行经常性的检查，及时发现安全生产隐患。

⑦ 教育所属员工自觉遵守财务制度和各项安全生产规定。

⑧ 掌握相关安全生产应急预案，一旦发生问题，负责保护单位现金、票证、账目等不受损失。

二、安全生产检查规范

安全生产检查规范

1　范围

本规范规定了安全生产检查组织机构及人员、工作职责、检查场所及部位、检查内容、检查方式及要求、检查结果的处理等工作要求。

2 安全生产检查组织机构及人员

安全生产检查领导小组由组长、副组长及各部门安全员组成，其中组长由安全生产节能委员会主管领导担任，副组长由主管安全的人员担任。

3 各级安全生产检查人员职责

① 公司安全生产检查小组职责：负责布置和组织各类安全生产检查及隐患整改情况的复查工作；督促并落实检查中发现问题的整改工作；根据公司安全生产状况，负责组织下年度安全技术措施的编制工作。

② 部门安全生产检查人员职责：负责组织部门管理范围内各类安全生产检查及存在问题的整改工作；负责日常安全巡视检查工作；及时向公司安全负责人呈报本部门安全状况和作业人员操作情况；根据部门安全生产状况，提出安全技术措施编制建议。

③ 部门下属管理人员安全检查职责：负责本部门经常性检查、定期检查、专项检查和综合检查工作的组织及落实工作；每周不少于一次安全巡视检查；组织相关人员实施隐患整改工作；定期检查作业人员的岗位安全操作情况，纠正违章作业行为；及时反馈部门安全生产情况；呈报安全技术改进措施建议。

④ 岗位作业人员安全检查职责：负责每日本岗位工作过程中各阶段的安全巡视检查工作；依据工作计划完成重大活动前、节假日前及各类安全检查工作并将检查结果及时上报。

4 安全生产检查场所及部位

依据安全生产相关规定，根据公司安全生产委员会所划定的安全责任区域，检查场所及相关部位：

① 公司的各办公室、营业现场及各售卖店。
② 公司财务室、消防中控室等重点要害部位、各部门物品存储库房。
③ 各消防通道、平台、宿舍。
④ 各设备工作间。

5 安全生产检查内容

① 部门安全生产责任制、安全管理制度、安全教育和培训制度、安全检查制度、重点部位安全管理制度、危险物品安全管理制度、危险作业管理制度、

劳动保护用品配备和管理制度、岗位安全操作规程及部门专项安全管理制度等的制定情况。

② 各部门从业人员掌握安全生产知识及职责、安全生产教育培训内容的落实、组织安全生产教育和培训记录、特种作业人员持证上岗、部门安全生产事故应急救援预案的演练情况。

③ 公司营业现场设置安全警示标志及应急出口、疏散通道等情况。

④ 消防中控室配备的应急广播和指挥系统、应急照明设施和消防器材、安全疏散门及各类钥匙安全管理和使用登记等情况。

6　安全生产检查方式及要求

① 经常性安全检查：各级管理人员在各自分管的工作范围内，对所属辖区设施设备及人员作业情况进行安全检查，发现不安全隐患及时处理并上报。公司安全生产工作检查每月不少于一次；各部门安全检查每周不少于一次，各小组每天进行班前、班后安全检查，每天不少于二次，安全检查及安全巡视应填写安全检查记录。

② 定期安全检查：每月由安委会牵头组织，各部门安全员参加，对各部门安全生产管理情况进行定期安全检查，并结合检查结果进行考评。定期安全检查前，各部门应先期进行安全自查，使安全检查工作制度化、规范化，提高各级人员安全意识。

③ 综合安全检查：结合公司经营工作情况对各部门岗位操作、消防、内保、交通等安全项目进行综合性联合检查，考察各部门安全生产方面的综合防范能力及管理水准，促进各部门的安全管理工作。

④ 重大活动及节假日前专项安全检查：针对重大活动顾客多的情形，对营业现场各部位安全设备、设施进行必要的专项检查，重点检查有无事故隐患并及时整改，避免发生安全责任事故。

⑤ 不定期安全检查：在安全设备、设施投入运行或停运前、设备检修、保养后、新安装设施设备竣工及设备试运行时，进行必要的安全检查，保证设施设备的安全状况。

⑥ 设施、设备安全检查：工程管理部、水族维生设备部应对管辖范围内的设施、设备进行经常性的维护、保养，并按规定进行定期检测和保养，保证设施、设备始终处于良好的状态。所有维护、保养、检测工作应做好相应记录，并由有关人员签字。

7 安全生产检查结果的处理

① 各类检查应建立相应的安全检查记录表和检查档案，其内容包括参检人员、受检部门、检查项目、检查情况、存在问题、检查时间及双方负责人签字等。

② 在安全检查中发现的问题，应根据安全职责采取措施予以消除，并进行整改后的复查，复查记录包括整改措施和整改验收情况。对于非公司原因造成的安全隐患，不能及时消除或者难以消除的，应当采取必要的防控措施，并向海淀区安全生产监督管理局或有关监查部门报告。

③ 安全生产检查制度适用于公司各部室及全体从业人员。本制度与消防安全、治安安全、交通安全等专项安全检查制度冲突的条款，以专项安全检查制度为准。

④ 安全生产检查制度是全馆安全生产责任制的附件之一，解释权归公司安全生产节能委员会所有。

三、安全事故隐患排查管理要求

安全事故隐患排查管理要求

1 范围

本要求规定了安全事故隐患排查和治理工作的要求，适用于事故隐患和治理的管理。

2 预防与排查

2.1 岗位安全责任

各部门主要领导为本部门安全第一责任人，对本部门安全工作负全面责任，应落实岗位职责中的安全责任要求，确保各种工作的安全，保证每一位员工的安全。

2.2 安全大检查

安委会定期进行全面安全大检查，各部门每月应对本部门安全隐患进行自我排查。

2.3　日巡查

各部门每天应对各现场安全进行检查，检查出来的安全隐患，应及时通报到相关部门或个人，按相关制度存档备案。必要时应予以通报，下发安全隐患整改通知书限期整改。

3　事故隐患排查内容

① 电气线路是否私拉乱接，是否有裸露和老化损坏现象，是否安装了漏电保护装置和接地保护等。

② 是否有疏散通道挤占、堆放杂物现象。

③ 消防设备、设施维护（消防栓、灭火器、应急照明灯、安全门指示灯等）状况。

④ 库房、机房管理情况。

⑤ 应急广播系统运行情况。

⑥ 违章操作（包括是否持证上岗）。

4　事故隐患的处理方式

① 一般性事故隐患，应要求相关部门或具体负责人，立即排除。

② 重大性事故隐患，应作出暂时局部或全部停产停业、停止使用等强制措施，限期整改。

③ 特别重大性事故隐患，应立即作出停产停业或停止使用等强制措施，及时进行人员疏散、加强安全警戒，立即进行彻底整改。

④ 所有事故隐患在整改完毕后，要进行复查验收。

5　事故隐患的排查整改和上报

① 根据工作分工，各部门对分管领域事故隐患的排查整改和上报实行责任追究制度。

② 各部门要在职责范围内，定期组织安全生产检查，及时发现并消除各类事故隐患，尤其要加强对特别重大性事故隐患的排查。

③ 对上报的各类事故隐患，各部门要按职责分工进行查实，及时采取有效措施，并协调和督促相关部门或具体负责人限期消除。

④ 各部门对重大隐患或一时难以解决的隐患，要及时采取必要的临时安全防范措施并立即上报给主管领导，由主管领导负责解决；主管领导不能解决

的重大事故隐患，应随时上报给单位第一责任人，召开专题工作例会，研究解决措施；本单位无法协调解决的，立即向上级有关部门报告。

⑤ 要建立、健全事故隐患备案登记制度。将群众举报、检查发现、部门上报的各类事故隐患的具体情况、采取的措施、监管责任人、整改结果、复查时间等一一进行详细记录；建立、健全重大危险源档案，将分管领域危险源数量、类型、具体位置和部位、危险程度、可能发生的事故类型、监控措施、管理责任人、监控责任人、检查时间、检查情况等详细登记造册，并保留三年以上。

⑥ 对事故隐患及时汇总，向本单位领导汇报，并对事故隐患整改情况进行督查。对未按职责进行认真监管或未按规定上报的各类事故隐患发生的问题，按有关法规严肃处理。

四、安全生产教育培训规范

安全生产教育培训规范

1　范围

本规范规定了安全生产教育培训的目的和要求、机构职能、考核及管理等要求。

2　安全生产教育培训的目的和要求

① 安全生产教育和培训的目的是加强安全生产管理，提高员工的安全意识，实现安全生产、文明生产，防止和减少生产中的安全事故，从而保护自己和他人的安全和健康。

② 安全生产教育和培训工作是公司安全生产管理工作中一项十分重要的内容，也是提高全体员工安全素质的一个重要手段，各级管理人员应予以高度重视，常抓不懈。

③ 各部门责任人和安全生产管理人员应具备与本部门所从事的生产经营活动相应的安全生产知识和管理能力。

④ 部门应按规定对所有从业人员进行安全生产教育和培训，保证所有从业人员具备必要的安全生产知识，熟悉有关的安全生产规章制度和岗位安全操作规程，熟练掌握本岗位的安全操作技能。

⑤ 凡未经安全生产教育和培训，或培训不合格的从业人员，不得上岗作业。

⑥ 当设施、设备更新改造后，采用新工艺、新技术、新材料或者使用新设备时，相关部门的管理人员应首先了解和掌握其安全技术特性，采取有效的安全防护措施，并对作业人员进行专门的安全生产教育和培训。

⑦ 部门从事特种作业的人员应按照国家有关规定，经专门的安全作业教育培训后，取得特种作业岗位操作资格证书，方可上岗作业。

⑧ 部门管理人员应当教育和督促所属员工严格执行公司的安全生产规章制度和安全操作规范，应向从业人员如实告知作业场所和工作岗位存在的危险因素、防范措施及事故应急措施。

⑨ 所有从业人员应当接受安全生产教育和培训，掌握岗位工作所需要的安全生产知识，提高安全生产技能，增强事故预防和应急处理能力。

3　安全生产教育和培训机构的职能

3.1　工作分工

公司安全生产节能委员会（简称安委会）负责安全生产教育和培训的组织，培训委员会负责协助。

3.2　安委会负责安全生产教育的工作职能

① 负责新入职员工的安全生产教育和培训考核工作。

② 负责公司各级管理人员每年一次的定期安全生产教育和培训工作。

③ 负责对部门级、岗位级安全生产教育和培训情况的监督、检查、指导工作。

④ 负责对安全生产教育和培训考核情况进行备案登记，并填写培训记录表留存备查。

4　安全生产教育和培训的内容

① 国家、地方各级政府、行业的安全生产法律、法规、条例和规定。

② 公司及部门制定的安全生产规章制度和岗位安全操作规程及必备的安全防护常识。

③ 岗位安全操作知识和技能。

④ 安全设备、设施、工具、劳动防护用品的使用、维护和保管知识。

⑤ 岗位生产安全事故的防范、应急预案、应急措施、自救互救知识及安

全撤离路线。

⑥ 安全生产事故案例分析。

5　安全生产教育和培训的对象及时间

① 安全生产教育和培训的对象是公司各级管理人员、各部门在岗员工、从事特种作业人员及新入职员工。

② 公司各级管理人员、安全生产管理人员和从业人员每年接受的在岗安全生产教育和培训时间不得少于 8 学时。

③ 新入职的从业人员上岗前接受安全生产教育和培训的时间不得少于 24 学时。

④ 换岗、离岗 6 个月以上的从业人员接受安全生产教育和培训时间不得少于 4 学时。

⑤ 用新工艺、新技术、新教材或使用新设备的从业人员接受专门的安全生产教育和培训时间不得少于 4 学时。

⑥ 从事特种作业人员的安全知识和安全技能培训由公司组织，到指定的专门培训机构进行，培训课时不少于国家规定的时间。

6　安全生产教育和培训的方法和形式

6.1　教育和培训的方法

安全生产教育和培训采用课堂讲授、视听教学、案例分析、现场培训、问卷调查等方法进行。

6.2　具体形式

① 课堂讲授：培训员根据培训要求准备授课讲义和试卷，对所授内容进行讲解，受训人员对培训内容作笔记并备考。

② 视听教学：利用多媒体、音像制品等对受训人员进行培训，取得直观教学效果。

③ 案例分析：通过对大型商厦以往发生事故或工伤案例的分析，剖析原因、查找根源、传授应对措施，提高受训人员的应变处理能力。

④ 现场培训：结合岗位工作特点组织现场培训，边学边练，使受训人员达到岗位工作要求并熟知消防器材的正确使用。

⑤ 问卷调查。

7　安全生产教育和培训的考核

①　参加安全生产教育和培训的人员，应进行培训后的考核，考核合格后方可上岗工作。同时签订员工安全生产责任书，明确安全生产职责。

②　考核采用试卷答题、口试、实际操作技能考评等方式进行，达到规定要求的可以安排上岗工作，考核不达标的应进行再次培训考核，直至达标为止。经二次以上培训不合格者不予录用或调离原工作岗位。

8　安全生产教育和培训的管理

①　根据安全生产管理工作的要求，结合各部门实际工作情况，编制年度公司安全教育培训计划；负责确定每次安全教育培训的对象及内容。负责建立安全生产教育和培训考核记录及收集各部门安全生产培训的反馈信息。

②　公司人力资源部组织安全生产教育和培训工作，根据培训要求，负责培训时间及培训场地、教具、设备的安排工作。

③　特种作业人员安全知识和安全技能的培训考核工作，依据特种作业安全监督管理部门的规定，由指定的专门培训机构负责。人力资源部负责建立特种作业人员注册档案及相关信息。

④　新入职员工必须接受安全教育培训，进行安全知识考试，考试分数满70分为及格，考试合格后方可上岗。

⑤　安委会结合每月安全生产大检查，对各部门进行安全生产教育培训，对从业人员掌握安全生产知识及岗位操作情况进行抽查。抽查考试不合格的将开具提示单，三天后进行重新考试，如复考不合格将给予50元罚款。

有关安全生产教育和培训经费的计划、安排及使用，依据相关规定，参照公司培训经费管理办法执行。

五、安全生产奖惩规定

安全生产奖惩规定

1　范围

本规范提出了安全生产奖惩工作的要求，适用于安全生产奖罚工作的管理。

2 培训

① 各部门没有对从业人员进行定期安全生产教育的，对部门责任人处以相应的罚款。

② 各部门对员工没有进行安全生产知识、安全生产规章制度、应急预案和安全操作规程培训的，对部门责任人处以相应的罚款。

③ 未取得职业资格或培训不合格上岗作业的，对当事人及部门责任人分别处以相应的罚款。

3 违规操作

① 操作人员违规造成事故的，应处以相应的罚款。

② 工作人员不佩戴个人劳动防护用品的，应处以相应的罚款。

③ 现场指挥人员违规指挥造成事故的，承担相应的经济责任。

④ 作业人员不听从指令而违规作业的，应处以相应的罚款。

⑤ 擅自违规操作造成事故的，当事人要承担相应的经济责任。

⑥ 非上班时间违规操作发生事故的，经济损失一律由当事人自己承担，并处以相应的罚款，情节严重者解除劳动合同。

4 检查与处罚

4.1 自检

① 在设备使用前必须进行检查，看是否存在安全隐患，如有必要及时进行处理或报告，在未处理好之前不能进行工作。否则对班组负责人处以相应的罚款。

② 建立岗位责任制和设备维护管理制度及相应资料的落实等工作。落实不力，对相关责任人处以相应的罚款。

③ 发现安全隐患要及时整改，不及时整改的对责任班组处以相应的罚款。

4.2 落实"安全检查"活动

认真贯彻落实公司"安全检查"活动，按照检查要求进行整改、落实，否则对责任班组处以相应的罚款。

4.3 标志牌、警示牌

保护各种标志牌、警示牌，确保标志牌完好、整洁，否则对责任人处以相应的罚款。如因此导致有关事故发生的，责任人承担相应的经济责任。

5 事故责任认定及处罚

馆内所发生事故都将进行责任认定,认定后责任人要承担相应的责任。责任分4种:直接责任、主要责任、重要责任和领导责任。可按实际情况进行相应的规定。

6 奖励

在工作岗位上认真、负责,在安全生产中有突出表现的,将给予相应的奖励。

六、安全生产实用操作手册

安全生产实用操作手册

1 紧急事故处理总则

控制现场,切断电源,有效疏散,及时上报。

2 报警

在馆内发现刑事、治安、火灾、停电事故,或发生影响游客正常参观秩序、影响馆内经营秩序的事件,都要及时上报。

2.1 馆内紧急报警电话
① 及时拨打消防中控室内线报警电话。
② 及时拨打消防中控室外线报警电话。
③ 服务保卫部对讲机保持通畅。
④ 各部对讲机保持通畅。
⑤ 及时拨打配电室电话。

2.2 报警重点
① 在馆内发现打架、盗窃等治安事件时,应及时通知服务保卫部。报警要点:应说明出事地点,现场有无人员受伤等情况。
② 发生停电事故时,及时通知工程管理部。报警要点:讲明停电位置。
③ 发生火灾时,应及时利用对讲机、电话和墙上的报警按钮报警。

3 火灾紧急处理

水族馆的每一名员工在工作区域发现异常的烟、光、味、声等情况时，都必须及时报警。

3.1 应急要点

① 拨打电话通知消防中控室。

② 要讲明起火地点、火势大小、燃烧物质、有无人员被困。

③ 通报自己的姓名、部门，倾听中控人员询问并如实回答。

④ 提示。

● 中控报警电话 24 小时开通。

● 报警同时要采取相应的措施，切记不要慌乱。

3.2 疏散要点

合理的人员疏散能避免人员的伤亡，减少损失。

① 顺着写有"安全出口""安全疏散"的指示，引导游客通过安全门，将游客疏散到馆外。

② 当火场有浓烟时要用湿毛巾捂住口、鼻，过滤烟气。

③ 在黑暗地带要蹲行或爬行，手摸墙根，拉住前面的人疏散到安全区。

④ 提示。

● 要判明火势大小，沉着冷静地离开危险区。

● 所有安全门均是向外开启的，推开即可。

3.3 灭火器使用

灭火器是扑救初起火灾的有效工具，正确使用可避免不必要的损失。

① 在使用时查看灭火器指针是否对准合格显示的绿区。

② 距火源 3～4 米，拔掉安全销，一手握住胶管，对准火源，另一手将压把按下，由近而远，向前推进即可。

③ 若现场有较大的空气流动，应站在上风处。

④ 提示。

● 水族馆配置的灭火器可扑救固体、可燃气体、油类初起火灾。

● 灭火器配置在水族馆内各处，可就近取用。

4 停电事故

发生停电事故要通过电话或对讲机，及时向工程管理部报告。工程管理部立即启动应急电源，在 15 分钟内恢复照明。应急要点：

① 稳定游客情绪，进行耐心的解说工作；

② 如剧院在演出，要继续以分散游客精力。

5　表演剧院突发险情报警

在剧院有大型演出、活动时，遇有骚乱、群死、群伤的严重事件，或易造成严重不良的社会影响等突发险情时，须立即报警。

应急重点。

① 视现场情况，及时打开剧场安全门。

② 在剧场发生骚乱时，应避免看台上的游客来回走动，在场工作人员要组织游客迅速、有序地向各安全出口移动。

③ 周围人群处于混乱时，提醒游客不要盲目地跟随移动，带好小孩和老人，以免发生危险。

④ 提醒游客远离栏杆、隔离带，以免游客落入水中或因栏杆被挤折而引发人员受伤。

6　馆内发生拥堵险情报警

馆内游客超过场馆设计容量时，应暂停售票，限制游客入馆，进行有效疏导。

6.1　应急要点

① 参观区域发生拥挤或遇到紧急情况时，在岗工作人员应保持冷静，对游客进行有效的分流，控制人流源头，禁止游客的进入，并做好解释工作，稳定游客的情绪。

② 及时通知安全管理部门，随时做好疏散准备工作。

③ 疏散或分流游客时，应提醒游客注意照顾好老人和儿童。

④ 在接到疏散通知后，消防中控室及时播放疏散广播，提醒游客注意服从现场工作人员指挥，尽快从就近的安全出口有序地撤离，切勿逆行。

6.2　重点注意

① 安全通道门禁止堆积杂物，应保持畅通。

② 出现局部游客拥挤或堵塞时，应及时进行疏散。

7 与游客有关的事项

7.1 发生游客争吵的处理

① 对游客之间的一般争执，应进行劝阻。如有升级趋势，应立即用对讲机报告警卫人员。

② 进行必要的劝导，避免游客通道阻塞，防止事态扩大，控制双方人员的情绪。

③ 警卫人员接到报警后，须立即赶赴现场进行调解劝阻，如有失控趋势，立即报警。

7.2 游客丢失物品的处理

稳定游客情绪，将游客带至游客服务接待室处理。

7.3 发生斗殴、滋扰事故处理

① 一旦发生打架斗殴事件，在场员工要及时报告服务保卫部，并通知附近的警卫人员控制事态。

② 保安负责人根据现场情况，立即调集警力赶赴案发现场，有效地控制事态，疏散游客。

③ 将肇事双方带到保卫部或游客接待室进行处理。保卫人员在现场检查是否有遗留物品，检查馆内设施是否受到损坏。

④ 发现肇事方身上有凶器应及时收缴，以免发生伤害。

⑤ 及时向110报警。

8 发现易燃易爆物、可疑物品的处理

① 发现可疑物品，不要盲目乱动，立即报告服务保卫部。

② 及时疏散游客，严禁大声喧哗造成混乱。

③ 用对讲机与服务保卫部联系，或拨打内部电话报告。

9 发生电梯事故的处理

电梯如发生异响、出现异味等，均属非正常现象，应当及时报告和处理。

① 电梯发生紧急事故，应立即按下紧急停止按钮，关闭电源，及时通知工程管理部。

② 电梯入口安排专人进行疏导，清理现场游客并做好游客的解释工作。

③ 等待电梯由专业公司进行维修处理。

10 停车场紧急情况的处理

10.1 车辆过于集中和车位紧缺

① 向馆周边临时停车场分流引导。

② 做好游客的解释工作。

③ 立即上报给车场主管经理。

10.2 车辆出现剐蹭事故

① 车辆出现剐蹭事故时，首先要保护现场。

② 第一时间通知交通队事故科、车场管理公司。

③ 疏散游客，避免围观。

④ 稳定当事人的情绪，避免事态扩大，激化矛盾。

11 出现紧急情况，需要游客紧急撤离的处理

① 控制所管辖区域车辆的启动行驶，车辆全部停在原位，避免人车混杂造成拥堵，保证道路通畅。

② 首先保证游人有序地撤离。

12 消防安全员工熟记要点 16 条

① 全馆严禁吸烟。

② 消火栓关系公共安全，切勿损坏、圈占或埋压。

③ 爱护消防器材，掌握常用消防器材的使用方法。

④ 切勿携带易燃易爆物品进入公共场所，不经批准不得动用明火。

⑤ 要注意观察消防标志，记住疏散方向。

⑥ 在任何情况下都要保持疏散通道畅通。

⑦ 任何人发现危及公共消防安全的行为，都可以向公安消防部门或值勤公安人员举报。

⑧ 发现煤气泄漏时，速关阀门，打开门窗，切勿使用明火。

⑨ 电器线路破旧老化要及时修理更换。

⑩ 不能超负荷用电。

⑪ 发现火灾，速打报警电话 119。

⑫ 了解火场情况的人，应及时将火场内被围人员及易燃易爆物品情况告诉消防人员。

⑬ 火灾袭来时，要迅速疏散逃生，不要贪恋财物。

⑭ 必须穿过浓烟逃生时，应尽量用浸湿的衣物披裹身体，捂住口鼻，贴近地面。

⑮ 身上着火，可就地打滚，或用厚重衣物覆盖压灭火苗。

⑯ 大火封门无路逃生时，可用浸湿的被褥、衣物等堵塞门缝，泼水降温，呼救待援。

七、安全生产事故报告和处置规程

安全生产事故报告和处置规程

1 范围

本规程提出了安全生产事故管理的机构职责、报告内容等的要求。

2 事故报告及处理组织机构及各自职责

2.1 公司事故报告及处理领导机构

组长：总经理

副组长：安委会主任、安全总监

成员：相关部门安委会委员

2.2 职责

负责生产安全事故救援、报告和处理工作的总体指挥协调。组织事故现场的应急救援工作，把人员伤亡及事故损失程度控制在最低；监督事故原因调查分析工作，及时审阅事故报告，按规定时间上报给有关的监察部门；依据事故产生的原因及后果，组织对事故的总结及对事故责任人和所在部门的处理工作。

3 生产安全事故报告内容及程序

3.1 生产安全事故报告内容

生产安全事故报告内容应包括：发生事故的部门、时间、地点、事故（伤亡）情况、初步分析的事故原因、报告人姓名、电话等。

3.2 一般工伤事故报告程序

一般工伤事故发生后，工伤者或事故现场人员应立即报告给部门负责人。

① 部门负责人接到工伤事故报告后，应立即报告给公司安委会。

② 安委会接到工伤事故报告后，应立即赶赴事故现场进行事故调查，并根据调查情况，写出事故分析结论上报给公司领导审阅，同时提出工伤审核意见，报人力资源部办理工伤申报事宜。人事部门在未得到安委会审核意见前，不得办理工伤申报手续。

③ 伤亡事故报告程序如下。

- 伤亡事故发生后，负伤者或事故现场负责人应立即逐级报告至公司领导。
- 根据公司领导指示，立即向当地政府安全管理部门报告。
- 按程序启动安全事故应急预案，组织人员对事故现场进行保护，并迅速采取必要的措施抢救人员和财产，防止事故扩大。
- 协助当地政府安全管理部门事故调查人员对安全事故进行调查，确定事故的安全责任。

4　组织抢救的措施

① 通信联络组负责事故各类信息的采集、分析、汇总，提交分析报告供领导决策参考。督促检查事故信息报送工作，保证事故应急系统的畅通。

② 伤员救护组负责事故现场受伤人员的紧急医疗救治工作，在急救中心医护人员到来之前，对伤者实施止血、包扎、固定等应急抢救。同时负责指导抢救现场受伤人员等组织协调工作。

③ 排险救援组负责事故现场供电系统、机械设备及事故现场周边设施的控制、救险、隔离和防护等工作，防止事故扩大或蔓延。

④ 交通疏散组负责事故现场救援车辆、物资、器械、防护用品及伤重人员的紧急运送，应急救援及相关资金储备，抢险救护器材急购等工作。

5　事故现场保护

由保安人员组成安全警戒线，负责对事故现场及周边的安全警戒、区域封闭、隔离疏散无关人员和保护事故现场等工作。未经事故调查人员允许，任何人不得擅自进入事故现场毁灭有关证据。

6　生产事故的调查

① 一般工伤事故自发生之日起 7 日内，应结束事故调查并作出事故结论，将事故结论书送至公司相关负责人。

② 伤亡事故自发生之日起 15 日内，应结束事故调查并作出事故结论，事故结论书由事故调查人员送至公司领导签收。

③ 发生事故部门人员应配合事故调查人员进行事故勘查工作，并如实提供所需的调查材料。

④ 伤亡事故的调查、分析、取证工作必须在安全生产监督管理局等相关人员的直接参与下进行。

⑤ 通过事故调查分析，查清事故发生经过，找出事故原因，分析事故责任，吸取事故教训，提出预防措施。

7 事故总结及责任人的处理

依据伤亡事故调查人员提出的事故处理意见、防范措施建议及企业有关安全生产奖励处罚制度，由公司对事故责任人进行处理。

第七章　突发事件与应急管理

一、动物部突发安全情况应急操作规程

动物部突发安全情况应急操作规程

1　范围

本规程指出了动物应急情况管理及控制小组的工作职责及突发安全情况发生时的应急措施和应对办法。

2　工作职责

① 设应急情况管理及控制小组（简称应急小组），组长为部门第一责任人，副组长为动物部部门主管，组员为动物部全体员工。

② 应急预案信息沟通流程如图 2-6 所示。

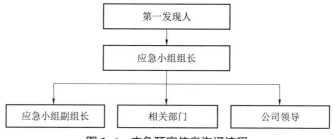

图 2-6　应急预案信息沟通流程

③ 动物部应急预案启动原则。

● 如果突发事件发生在表演时段内，应立即停止所有表演。

● 应急预案启动后，所有相关人员必须严格遵守动物部应急预案流程。

● 所有人员必须无条件地服从应急组长的指挥和调动。

● 突发事件结束后，对于应急预案实施过程进行全面总结，并上报给公司。

3 工作要求

3.1 水体污染应急预案

① 发现人第一时间上报给动物部应急小组组长，说明事件情况。

② 应急小组组长立即启动部门应急预案处理程序。

③ 应急小组组长在第一时间通知副组长，组织所有成员将动物带离污染水域，并立即通知水族维生系统工作人员及公司领导。

④ 动物到达安全水域后，副组长立即组织人员安装防水隔离门。

⑤ 配合相关部门做好善后处理工作。

3.2 生活区火灾应急预案

① 发现人第一时间上报给动物部应急小组组长，说明事件情况。

② 应急小组组长立即启动部门应急预案处理程序。

③ 应急小组组长在第一时间内通知副组长，组织所有成员将动物带离火灾发生区域，并第一时间拨打内部火警电话，通报火情。

④ 组织成员利用现有的消防设备进行灭火。

⑤ 配合相关部门做好善后处理工作。

3.3 表演剧场突发事件应急预案

① 发现人第一时间上报给动物部应急小组组长，说明事件情况。

② 应急组长立即启动部门应急预案处理程序。

③ 应急小组组长在第一时间通知副组长，组织相关成员将动物带离剧院，移至后台生活区，并安排专人进行看护。

④ 副组长于第一时间组织候场人员在前舞台无栏杆区域设置相关人员形成隔离人墙。

⑤ 配合相关部门做好善后处理工作。

3.4 自然灾害应急预案（地震灾难）

① 微弱震感发生后处置方案。

● 微弱地震发生后，应急小组组长立即启动部门应急预案处理程序。

● 组织相关人员对动物行为状况进行评估，同时对现有设备状况进行安全检查。

● 一经发现异常情况，组长应第一时间通报给公司及相关部门负责人员，并组织现有人员做好力所能及的救灾工作。

● 震感结束后，副组长负责组织相关人员对动物进行安抚及检查，并将检查结果上报给公司。

● 配合相关部门做好善后处理工作。

② 强烈震感发生后处置方案。

● 强烈震感发生后，应急组长立即启动部门应急预案处理程序。

● 所有人员立即停止手中的工作，应第一时间进行紧急疏散。饵料间及男女更衣室区域内人员，应第一时间进行紧急疏散，从动物部员工专用通道撤离至馆外空旷区域。

● 剧院演出人员立即返回，从动物部员工专用通道撤离至馆外空旷区域。

● 办公室内工作人员，应第一时间进行紧急疏散，从动物部员工专用通道撤离至馆外空旷区域。

● 震感结束后，应急小组组长负责组织相关人员对灾难现场进行勘查，并将检查结果尽快上报给公司，同时展开自救工作。

● 震感结束后，应急小组组长委派部门主管及时与物资保障部进行联系，为存活动物准备相关饵料。

● 震感结束后，应急小组组长委派部门主管及时与水族维生设备部相关人员进行联系，了解维生设备的运转情况，为下一步救助工作提供参考和依据，以便尽快地妥善安置动物。

● 配合相关部门做好善后处理工作。

3.5　预案未涉及相关突发事件处理办法

本预案中未涉及的不可预见的突发事件，动物部将根据突发事件性质，结合以上应急预案的相关内容和流程进行应急处理。

二、工程设备、设施突发事故处理流程

工程设备、设施突发事故处理流程

1　范围

本流程规定了工程设备、设施突发事故处理工作的要求，适用于工程设备、设施突发事故处理工作。

2　工作职责

工程管理部负责工程设备、设施突发事故的处理工作等。

3　工作要求

3.1　基本要求

① 工程设备、设施出现突发的事故，由工程管理部负责组织相关专业或联系相关单位进行处理。

② 参与工程设备、设施突发事故处理的公司内部专业人员，须有相关行业认可的操作维修上岗资质。

③ 参与工程设备、设施突发事故处理的外联单位，须有国家或相关行业认可的行业维修操作企业资质。

3.2　变配电室停电处理流程

① 当一路市电停电时，工程管理部运行值班经理应立即将停电区域通知到设备类、电热类使用部门。同时通知一线服务部门加强游客的疏导工作。运行班立即通过高压操作恢复供电，并使发电机处于备用状态。

② 当两路市电停电时，工程管理部运行值班经理应立即通知一线服务部门立即打开自备应急照明，并做好游客引导工作。同时启动备用发电机供电。供电前，要求水族部维生系统减 50%负荷，工程管理通用设备减 50%负荷，停止电热类设备使用。

③ 其他用电系统根据自己的情况制定相应处理办法。

3.3　直燃机房突然停电处理流程（如使用直燃机）

① 首先检查停电原因，如确定在 3 分钟内无法恢复正常供电，应立即采取措施，并及时上报。

② 立即打开直燃机前部的冷却水、冷冻水泄水阀门。

③ 立即关闭直燃机冷冻水、冷却水的入口阀门，冷剂水做旁通。

④ 检查冷冻水、冷却水系统别的阀门是否处于开启状态，让系统中水反流过直燃机，由泄水阀门泄出，将机组内残留冷量和热量泄出。

⑤ 打开冷冻水和冷却水系统的手动补水阀门，以保证系统中有水不断泄出。

⑥ 泄水时间应不低于 1 小时。

⑦ 从视镜中观察直燃机蒸发器铜管有无结冰现象，检查直燃机冷热液体有无碰撞声。如正常可关闭泄水阀门，打开直燃机冷冻水、冷却水的入口阀门，让直燃机自然冷却。

⑧ 冷冻水、冷却水系统在重新注水过程中注意排出系统中的空气。

⑨ 系统中水注满后关闭手动补水阀门，改为自动补水。

⑩ 恢复正常供电后按开机程序重新开机。

3.4　供水设备、设施突发事故处理流程

① 工程管理部在事故发现后，立即通知公司各部门。

② 工程管理部立即组织相关专业人员到达突发事故现场进行抢修。

③ 事故抢修完毕，工程管理部及时通知公司相关部门。

3.5　燃气设备、设施突发事故处理流程

3.5.1　计量表前设备、设施

① 空调和水暖专业人员在事故发现后，应立即赶到现场。

② 工程管理部事故现场人员立即以电话的方式向燃气供应公司进行报修。

③ 工程管理部事故现场人员负责做好燃气集团抢修事故的配合工作。

④ 事故抢修完毕，工程管理部应及时通知使用部门。

3.5.2　计量表后设备、设施

① 空调和水暖专业人员在事故发现 15 分钟内赶到现场。

② 空调和水暖抢修人员到达事故现场后，立即检查并判断事故原因。

③ 紧急切断阀门动作（关闭）。

● 查找紧急切断阀门动作的原因。

● 若是气体泄漏报警系统误报造成的，手动打开紧急切断阀，恢复正常供气。

● 若是供气管路泄漏造成的，立即查找燃气泄漏部位并进行及时的处理。

④ 紧急切断阀门没有动作。

● 立即关闭供气管道手动供气阀门。

● 手动开启该区域内的强制排风机进行排风。

● 抢修人员立即对事故设备、设施进行处理。

● 事故设备、设施抢修完毕，检查燃气泄漏报警系统设备，出现问题及时进行处理。

● 打开手动供气阀门正常供气。

3.6　空调系统事故处理

① 在事故发现后，空调专业当班人员应立即赶到事故现场。

② 在事故发现 30 分钟内，工程管理部以电话的形式立即通知各相关部门。

③ 空调专业抢修人员到达现场后，立即对事故原因进行判断。

- 对直燃机组进行紧急停机处理。
- 停止系统运行。
- 组织相关人员对系统进行抢修。
- 开启并恢复系统运行。

4　检查和考核

①　工程管理部依据本规范检查工程设备、设施事故的抢修工作，对查出的问题进行处理和改进，并做好记录。

②　工程管理部依据本规范，对工程设备、设施事故抢修人员进行检查和考核。对查出的问题按部门员工考核规定进行处理，对改进情况进行跟踪和验证。

5　工作记录

工程设备、设施事故抢修记录表如表2-9所示，由工程设备、设施事故抢修人员负责填报。

表2-9　工程设备、设施事故抢修记录表

年　月　日

设备、设施名称				型号			
使用班组				安装位置			
归属类别	强电□　　空调□　　水暖□　　弱电□　　土建结构□						
负责人			外协单位	名称			
参加人员	部门或班组	人数		负责人			
				联系电话			
				参加人	专业	人数	负责
物料消耗	名称		规格或型号	数量	来源		
1					库存□　　外购□		
2					库存□　　外购□		
过程概述							

填表人：

三、维生系统设备安全事故应急救援预案

维生系统设备安全事故应急救援预案

1　范围

本预案规定了维生系统设备突发安全事故时的应急救援办法，适用于维生系统设备安全事故的应急救援管理。

2　应急救援组织结构及职责

应急救援组织结构如图2-7所示。

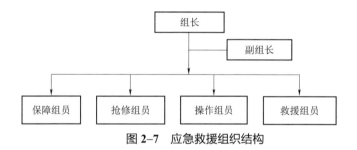

图2-7　应急救援组织结构

2.1　应急救援职责

① 组长：应急救援工作的组织指挥、救援方案的决策、事故原因的调查；与相关单位的协调。

② 副组长：协助组长督导救援工作；救援工作的协调；事故现场的保护、救援预案的演练。

③ 保障组：应急救援物资的提报、储备、养护及应急救援时的物资供应；消防安全知识的培训和演练。

④ 抢修组：应急救援时技术性抢修方案的提报、组织实施；电气和机械设备的安全知识培训；应对突发事故预案的演练。

⑤ 操作组：应急救援时维生系统设备的操作与调整；维生系统设备操作的安全规范培训；电气和机械设备的安全知识培训；应对突发事故预案的演练。

⑥ 救援组：应急救援时抢修设备、救援物资的运输；遇险人员的抢救、

运送；事故现场的清理；电气安全、抢险常识、伤员救护常识的培训；应对突发事故的演练。

2.2 应急救援联络

① 拨打公司内部报警电话。

② 拨打消防中控室电话。

③ 拨打外部报警电话。

④ 当地派出所电话。

3 维生系统常见故障和应急救援预案启动流程

维生系统常见故障和应急救援预案启动流程图如图 2-8 所示。

① 鱼池区和动物池区配电系统的设备突发的故障。

② 全馆维生循环过滤系统的水泵动力设备突发的故障。

③ 鱼池区、动物区臭氧系统设备突发的故障。

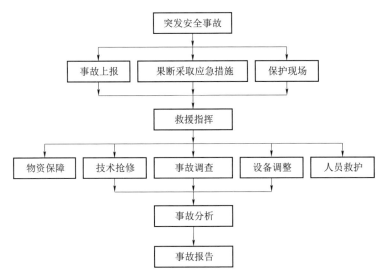

图 2-8 维生系统常见故障和应急救援预案启动流程图

④ 鱼池区、动物区维生系统设备的压力容器罐的故障。

⑤ 动物区维生系统化学药剂添加设备突发的故障。

⑥ 鱼池区恒温机突发的故障。

⑦ 维生系统循环过滤设备——砂缸、蛋白、纸隔、过滤器、止回阀、PVC阀门、管路突发爆裂跑水的故障。

⑧ 展示鱼池、动物池及造水间各池池体进水和出水管路突发爆裂跑水，且无阀门控制跑水点的故障。

⑨ 配电事故所造成的维生系统大面积停电，不能及时送电恢复的事故。

4 紧急处置措施方案

4.1 鱼池区和动物池区配电系统的设备突发的电气故障的紧急处理措施

① 配电柜地主进断路器和分柜地主空气开关突发故障无法修复，可根据故障断路器的负荷容量，采用临时电缆跨接（电缆线应符合容量要求），并按安全操作规范进行停送电，紧急申报临时采购，及时修复。电缆线的选用如表 2-10 所示。

表 2-10 电缆线的选用

区域	代号	开关型号	额定电流/A	实际电流/A	导线面积/mm^2	导线载流量/A

② 各工作间配电柜附近要配备 2～4 个专用灭火器。灭火器应选用二氧化碳或干粉等。

③ 在配电柜由于突发事故造成进水、淋水的时候，禁止任何人与配电柜接触，并立即通知配电室关闭上一级负荷开关；配电室的开关手柄处应挂禁止类标示牌，事故配电柜的上口应挂临时接地线，同时悬挂警示类标牌，防止二次事故的发生。在确认无电的情况下，可采用酒精擦拭、烘烤的方法处理，检测绝缘阻值合格后，方可合闸送电。

4.2 全馆维生循环过滤系统的水泵动力设备突发的电气及机械故障的紧急处置措施

全馆维生循环过滤系统的水泵动力设备突发电气及机械故障（电机过载、短路、电气火灾、轴承和叶轮损坏、爆裂导致的跑水故障等）时，应迅速按该设备的急停按钮或控制箱上的停止按钮或拔下电源插头，同时立即关闭该设备进水和出水管路上的阀门及与其相对应的臭氧和化学药剂添加的设备；通知相关部门调整维生系统后，按相关的技术规范和流程进行技术修复。

4.3 鱼池区、动物区臭氧系统突发泄漏的应急处置措施

臭氧是一种氧化性极强的气体，高浓度的臭氧对人体是有害的，人在臭氧浓度为 0.1 mg/L 的环境下连续超过 8 小时，就会身体不适。当发现臭氧大量泄漏时：

① 立即按下臭氧机的紧急停止按钮；

② 迅速撤离臭氧机工作间；

③ 采取措施加大工作间的通风换气量，降低空气中的臭氧浓度；

④ 臭氧浓度低于 0.1 mg/L 后，用臭氧管路加压法找出漏电并修复。

4.4 鱼池区、动物区臭氧系统设备的压力容器罐突发事故的应急处理措施

① 在日常巡视检查中应密切关注高压容器，检查其压力表参数是否指示正常，是否超出要求范围，安全阀、减荷阀的工作是否正常，有无损坏失灵。

② 当空压机储气罐出现异常，突发爆裂时，人员应迅速撤离爆裂区，紧急切断相关电源，待高压气体排放完毕后，查找故障原因并抢修。

③ 对于氧气准备器的氧气储气罐节门或输气胶管突发破裂泄漏氧气时，操作人员应迅速撤离臭氧工作间，并关闭臭氧机及相关空压机停止按钮和空压机储气罐输出端的阀门，采取措施进行通风换气，待氧气排净或空气中氧气浓度降低至安全系数后，方可维修操作。

④ 维修操作人员严禁在氧气储气罐带压时，人为排气，氧气接触瓶口接口严禁带有油、脂、棉纱等物，以消除造成碰撞或与可燃物质混合，引起自燃或爆炸的可能。

⑤ 压力容器罐维修应由专业单位维修，不能自行焊补。

⑥ 因压力容器有安全使用年限，建议联系有关部门对现使用的压力容器罐进行安检，以保证在线运行设备安全可靠地工作。

4.5 动物区维生系统化学药剂添加设备突发泄漏的应急处理措施

① 添加化学药剂时，操作人员应按规范严格操作。

② 高浓度二氧化氯或氢氧化钠液体有极强的氧化和腐蚀性，操作人员操作前，应穿戴防毒面具、防护手套和护目镜。

③ 当二氧化氯或氢氧化钠药桶突发泄漏时，空气中会出现浓重的氯气，操作人员应在关闭化学控制器后，迅速撤离事故现场。

④ 采取通风措施，打开相应工作间的排风系统，排出氯气。

⑤ 设备人员做好自身防护，用淡水冲洗裂口药桶和被污染地面，稀释化

学药剂的浓度或用沙土覆盖。

⑥ 操作人员身体或脸部如被溅药液，应立即用清水冲洗，出现烧伤或中毒者，应及时送往医院治疗。

4.6　鱼池区恒温机突发故障应急处理措施

① 迅速关闭恒温机的控制开关和配电柜上的电源开关。

② 迅速关闭恒温机进出水管路上的 PVC 阀门。

4.7　维生系统循环过滤设备——砂缸、蛋白、纸隔、过滤器、止回阀、PVC 阀门、管路突发爆裂跑水的应急处理措施

① 立即关闭距跑水点两端管路上最近的阀门。

② 关闭相关系统水泵的急停开关和电源，关闭水泵出水管路上的阀门。

③ 关闭相应臭氧分流器和射流器球阀。

④ 组织技术人员紧急抢修。

⑤ 如系统不能及时恢复，可考虑增加增氧气泵、临时潜水泵等临时措施。

4.8　展示鱼池、动物池及造水间的各池的池体进水和出水管路与池体连接处突发爆裂跑水，且无阀门控制跑水点的应急处理措施

① 迅速关闭突发事故工作间内的各系统主水泵的进水或出水阀门。

② 迅速关闭该区域主配电柜的主开关或迅速通知配电室对该区域进行拉闸停电。

③ 迅速组织相关人员下池对水池内的进出水口进行紧急封堵。用大小适宜的硅橡胶板等进行封堵，此方案需要水族及动物部的潜水人员配合实施。

④ 工作间排水设备应迅速启动，如排水水量不能满足需要，须迅速增加抢险设备，此应急方案需要工程管理部配合。

4.9　配电事故所造成的维生系统大面积停电，不能及时送电恢复的应急处理措施

① 迅速关闭各臭氧系统射流器球阀，以防止系统水倒流回臭氧分流器及臭氧机。

② 迅速关闭所有水泵、臭氧、恒温机、加热器、水质监控系统的电源及控制开关。

③ 关闭各区配电柜上的主空气开关。

④ 维生系统 30 分钟内不能恢复送电，应迅速果断地启动后备发电机组（此应急方案需要工程管理部配合）；维生系统维持最小用电负荷，以维持鱼类、动物的生命安全。

⑤ 展示鱼池区各水池内应增加气泵或为现有的气泵提供临时电源，以维持溶氧指标。

⑥ 配电事故所造成的维生系统循环过滤设备——砂缸、蛋白、纸隔、过滤器、止回阀、PVC 阀门、管路突发爆裂跑水的事故，采用 4.7 的方案。

⑦ 配电事故所造成的展示鱼池、动物池及造水间各水池的池体进水和出水管路突发爆裂跑水，且无阀门控制跑水点的事故，采用 4.8 的方案。

5 应急救援组织的训练和演习

① 应急救援预案的培训与维生系统的专业技能培训交叉持续进行。

② 应急救援预案和专业技能培训本着以点带面、点面相连、工作与培训相结合的原则，以在各岗位上进行现场培训为主。

③ 应急救援预案的培训计划在每年年初完成。

④ 每年的 6 月和 11 月各进行应急救援预案的模拟演练一次。

6 救援设备器材的储备

救援设备器材的储备如表 2-11 所示。

表 2-11 救援设备器材的储备

序号	名称	型号	规格	数量
1	塑料绝缘电线 1			
2	塑料绝缘电线 2			
3	接地线			
4	船型断路器			
5	灭火器			
6	硅橡胶板 1			
7	硅橡胶板 2			
8	硅橡胶板 3			
9	橡胶塞子			
10	石英砂袋			
11	强光防水手电			
12	应急灯			

注：应急救援的器材不包括维生系统设备维护所需的备品、备件。

7 检查和考核

① 维生系统设备管理员应严格执行《维生系统设备安全事故应急救援预案》，自觉遵守各项管理制度。

② 设备主管依据本规范对维生系统设备安全事故进行应急救援处理，对改进情况进行跟踪、验证，做好记录。

③ 水族维生设备部依据本预案，对设备管理员进行检查和考核。

四、特殊天气状况生产安全处置预案

特殊天气状况生产安全处置预案

1 范围

本预案规定了特殊天气状况生产安全处置的规范和要求，适用于特殊天气状况生产安全处置。

2 工作职责

工程管理部负责特殊天气状况生产安全处置工作等。

3 工作要求

3.1 基本要求

① 首先须确保人身安全。

② 最大化地保证公司设备、设施等财产安全。

③ 尽可能保持工程管理部所属各大系统和设备、设施安全正常运转。

3.2 大风天气

① 停止露天活动和馆顶、屋顶及高空等户外危险作业。

② 切断户外危险电源。

③ 通知相关专业班组及各部门关好直接通往室外的门窗。

④ 加固室（馆）外围板、棚架、广告牌等易被风吹动的搭建物。

⑤ 妥善安置易受大风影响的室外物品，遮盖建筑物资。

⑥ 注意室外绿化及垃圾暂存处等防火。

⑦ 在刮风时，引导馆外游客不要在广告牌、临时搭建物等下面逗留。

3.3   强降雨天气

① 停止户外作业。

② 切断室外危险电源。

③ 关闭南广场喷水池循环水泵。

④ 检查馆内雨排水系统管道、雨水井等，出现地面积水及时组织处理。

⑤ 检查室外雨排水沟、雨排水口，如有杂物堆积及时清理，保持排水顺畅。

⑥ 检查各设备工作间和管沟，防止雨水倒灌。

⑦ 强电专业人员检查电缆沟、井。

3.4   雷电天气

① 禁止在馆顶、屋顶等室外高空作业。

② 尽量避免室外地面作业。在室外且附近没有安全避护场所的地面作业的人员应尽快返回。

③ 要切断危险电源。

④ 不要在树木、塔吊、变压器下及孤立的棚子和小屋里避雨。

⑤ 应当尽量躲入有防雷设施的建筑物或者汽车内，关好门窗。

⑥ 切勿接触天线、水管、铁丝网、金属门窗、建筑物外墙，远离电线等带电设备和其他类似金属装置。

⑦ 尽量不要使用无防雷装置或者防雷装置不完备的电视、电话等电器。

⑧ 在空旷场地不要打伞，远离电线、变压器等带电设备，远离广告牌、烟囱、电线杆等高大物体，远离建筑物的避雷针及其下引线等。

3.5   高温、高湿天气

① 部门应按照职责落实防暑降温保障措施。

② 尽量避免在高温时段进行室外作业，高温条件下作业的人员应当缩短连续工作时间。

③ 强电专业人员应当注意防范因用电量过高，以及电线、变压器等电力负载过大而引发的火灾。

④ 空调专业应注意防范因冷负荷过大，冷却系统散热效果较差而引起的能源浪费，及时为冷却系统换水。

⑤ 高温条件下作业和白天需要长时间进行室外露天作业的人员应当采取必要的防护措施。

⑥ 注意防止因高温引发火灾。

3.6　强降温、降雪天气

① 部门当班人员在上下班的途中应注意避免滑倒摔伤。

② 各专业班组分别组织人员清扫各自门前三包区域积雪。

③ 强电专业注意检查户外供配电线路，防止因积雪过多压断线路导致触电和短路事故发生。

④ 视积雪厚度情况，及时清扫馆顶积雪。

⑤ 空调专业及时加开机组，适当提高采暖供水温度，加大供暖力度。

⑥ 对于空调，注意检查室外运行的冷却系统设备、设施，防止因冷却系统设备、设施冻坏导致运行事故发生。

⑦ 注意检查室外临时建筑及设施，防止因积雪过多导致塌陷。

⑧ 水暖专业注意检查馆顶外檐滴水结冰情况，防止冰坠落伤人事件的发生。

3.7　冻雨天气

① 室外巡视检查人员应注意结冰路滑，防止摔伤。

② 各专业班组分别组织人员清理各自门前三包区域地面的结冰。

③ 强电专业人员注意检查户外供配电线路，防止因线路上结冰过多压断线路导致触电和短路事故发生。

④ 水暖专业人员注意检查馆顶外檐滴水结冰情况，防止冰坠落伤人事件发生。

⑤ 空调专业人员注意检查室外运行的冷却系统设备、设施，防止因冷却系统设备、设施冻坏导致运行事故发生。

3.8　沙尘、雾霾天气

① 通知各专业班组和各部门，关好直接通往室外的门窗。

② 尽量缩短室外作业工作时间，室外作业人员做好防护措施。

③ 空调专业人员及时减少或关闭馆内空调通风机组新风，防止馆内空气污染。

④ 空调专业人员注意检查通风机组过滤网，及时调整过滤网的清洗频率。

4　检查和考核

① 当班人员应认真执行本预案，自觉遵守各项管理制度。

② 依据本预案检查所辖系统和设备、设施生产安全处置工作，对查出的

问题进行处理和改进，并做好记录。

③ 依据本预案，对当班人员进行检查和考核。对查出的问题按部门员工考核规定进行处理，对改进情况进行跟踪、验证。

5 工作记录

特殊天气状况工程管理部所辖系统和设备、设施生产安全处置工作记录表由相关人员负责填报，如表2-12所示。

表2-12　特殊天气状况工程管理部所辖系统和设备、设施生产安全处置工作记录表

年　月　日

季节	春季□	夏季□	秋季□	冬季□		
天气状况	大风（5、6级以上）□	强降雨□	重度雾霾□	强降雪□	重度沙尘□	强雷电□
指令发出	负责人			指令接收	时间	
	时间					
	方式	电话□	对讲机□		接收人	
		任务单□	现场或当面□			
设备、设施投入						
人力投入	办公室□					
	强电□					
	空调□					
	水暖□					
	弱电□					
处置过程概述						

填表人：

五、治安类突发事件的处置预案

治安类突发事件的处置预案

1　适用范围

本预案适用于馆内突发事件的处理。突发事件主要包括：盗窃、人员斗殴、聚众闹事、观众纠纷、观众突发伤病等。

2　岗位组织机构及职责

2.1　组织机构

组长：安全部门经理。

成员：服务保卫部保卫组全体员工。

主要职责：巡查现场，处理突发性治安事件的应急处理等，加强对现场及周边各区域的巡视检查。

2.2　职责一：防盗等

① 当发现危险分子要进行暴力抢劫时，要利用现有设备报警，发现人或周围人员要立即向保卫组报警。讲明发案时间、地点、危险分子的情况、人数、特征、持有的器具等事项，在注意保护自己安全的同时，争取制止或制服危险分子，并牢记犯罪分子的特征。

② 接到报案后，立即向治安应急小组组长通报，同时组织人力赶到现场，控制现场并保护现场，同时通知保卫人员严格把好各个出口，并对有关场所进行监控和录像。

③ 接到通知后，附近保卫人员应快速赶到案发现场，控制事态，保护现场。

④ 若犯罪分子逃离现场，应该做如下工作。

- 将犯罪分子特征通报给全体保卫人员以进行围追堵截。
- 要弄清、记住犯罪分子的人数、特征、持有的器具，认清犯罪分子逃离方向，逃离所用车子的特征、车号。
- 组织人员保护好现场，阻止无关人员进入，维持好现场秩序，疏散围观群众，严格控制拍照采访。
- 保护好客人人身财产安全，防止再次受到不法侵害。

- 向当事人、报案人、知情人了解情况并做好记录。
- 协助公安机关做好调查侦破工作。
- 协助有关部门做好善后工作。

⑤ 若犯罪分子没有逃离现场，应该做如下工作。

- 根据实际情况布置警卫开展工作，通报犯罪分子特征。
- 对犯罪分子堵截抓获。
- 若犯罪分子手持武器，威胁人员安全时，在保护自身安全的同时尽量与犯罪分子进行周旋，拖延时间，控制事态的发展，避免造成更大的损失以等待公安机关的到来。
- 公安机关来人后，要听从公安机关人员的指挥，协助他们开展工作。

⑥ 若犯罪分子被抓获，则应该做如下工作。

- 迅速将犯罪分子带离现场，进入安全地带，派专人看守，阻断其与外界的任何联络往来。
- 严加看管犯罪分子，防止其自杀、自伤、自残、逃跑及被他人营救。

加强重大突发事件处理的综合指挥能力，提高紧急救援反应速度和协调水平，确保我馆迅速有效地处理各类重大突发事件，将突发事件对人员、财产和环境造成的损失降至最小程度，最大化地保障我馆和游客的生命财产安全。

2.3 职责二：对恶意闹事人员的防范

在馆外车场等公共区域，由保安人员组成外围防范体系，如发现恶意闹事人员可采取以下措施：

① 重点控制场馆各个出入口、公共区域，对可疑人员进行盘问；

② 可采用跟踪观察、谈话等方式探明来人是否属于上述人员，如情况属实立即制止，上报给领导及公安机关。

六、突发事件应急预案

突发事件应急预案

1 总则

1.1 编制目的

为维护职工生命安全和公共财产安全，明确本单位应急救援组织具有的资源和实施应急救援运作的方法，一旦发生事故，能以最快的速度、最大的效能，有序地实施救援，将事故危害降到最低点，落实"安全第一、预防为主"方针的思想。

1.2　预案分类

本预案所称突发事件是指突然发生，造成或者可能造成重大人员拥挤、伤亡、财产损失、生态环境破坏和严重社会危害，危及公共安全的紧急事件。突发事件分为以下 4 类。

① 重大活动接待及节假日期间的接待。

② 治安类安全事件。主要包括：人员斗殴、突发盗窃、人员被劫持、发现可疑爆炸物、顾客纠纷等。

③ 消防火灾类。

④ 其他类型。主要包括：顾客突发伤病；残疾、老弱病残人员；公共卫生事件、自然灾害等。

1.3　适用范围

本预案适用于馆内场馆及办公场所内发生的突发事故的预防和处置。由水族馆总经理负责审批及最终确认。

1.4　工作原则

① 以人为本，安全第一。把保障水族馆全体员工的生命财产安全作为首要任务，最大化地减少事故，防止对来馆参观人员及馆内员工正常工作秩序造成威胁和危害。

② 居安思危，预防为主。高度重视公共安全工作，常抓不懈，防患于未然。增强忧患意识，坚持预防与应急相结合，常态与非常态相结合，做好应对突发公共事件的各项准备工作，把应对突发事故的工作规范化、制度化。

③ 统一领导，分级负责。在水族馆总经理的统一领导下，建立、健全分类管理、分级负责的统一应急管理体制。实行行政主管领导责任制，充分发挥专业应急指挥机构的作用。

④ 依法规范，加强管理。依据有关法律、法规，加强应急管理，维护公众的合法权益，使应对突发公共事件的工作规范化、制度化、法制化。

⑤ 快速反应，协同应对。协调周边相关单位，加强安全防范信息沟通。畅通多渠道报警，形成反应灵敏、功能齐全、统一指挥、协调有序的应急管理机制。

⑥ 依靠科技，提高能力。采用先进的监测、应急处置技术，充分发挥专业技术人员的作用，提高应对突发公共事件的科技水平和指挥能力。加强宣传和培训教育工作，提高应对各类突发公共事件的综合素质和能力。

2 单位概况

2.1 基本情况概述

场馆的主要公共设施、设备有：电梯（直扶梯和斜扶梯）、中央空调系统、照明系统、供配电系统、给排水系统、广播系统、监控系统和消防报警系统等。

2.2 危险分析

2.2.1 消防中控室

中控室内有电气设备、开关插座，电视显示屏幕 24 小时开机。如果保养不及时或设备老化引起内部机件短路等，就可能引起显示器爆炸致使火灾发生。

2.2.2 音响工作室

内有贵重设备，一旦遭到人为破坏或者保养不当致使电气短路、断电等，将会对展区正常开放造成极不好的影响和损失。

2.2.3 各办公室

单位各办公室均有一定数量的计算机、传真机等办公设备、设施，各办公室均有相当数量书籍、资料等的存放，如果电器使用不当或者出现短路等故障，易产生打火现象，若不慎引燃附近的易燃品，可能会造成火灾。

2.2.4 展区扶梯口

场馆参观高峰时，扶梯口较拥堵。扶梯口虽有"小心安全，注意防滑"等标志、警示牌，但也会有顾客不小心摔伤的情况。

2.2.5 直燃机房（如使用直燃机）

直燃机房在馆外，机型为燃气型直燃机组，最危险的因素是燃气泄漏，为防止燃气泄漏造成事故，机组本身有燃气泄漏检测保护装置。

2.2.6 配电室

配电机房在馆外，可能发生的危险是电流过载引起供配电设备过热，可能引发火灾。

2.2.7 餐厅

餐厅多为电热设施，若使用不当或疏忽大意，可能会引起附近易燃物燃烧，并导致火灾。另外，餐厅在食品卫生和餐具消毒等安全处理上措施不当，也会导致员工或客户食物中毒。

2.2.8 库房

场馆库房设置较多，重点部位在馆外。最为危险的是火灾的发生，特别是危险品库房，存有易燃物。馆内也设有二次消费部库房，存有易燃的毛绒玩具、包装纸箱，也有发生火灾的可能。

2.2.9　油库

场馆有柴油库，为发电机及直燃机提供后备用油。位置在馆外地下，有护栏及安全提示，也有发生火灾的可能。

3　组织机构及职责

3.1　机构设置及职责

为了保障水族馆正常经营，沉着应对突发事件，将人员、物资损失及社会影响降低到最小，应设立突发事件应急组织机构。

3.1.1　总指挥：总经理

职责：全面负责指挥各项工作。

3.1.2　副总指挥：副总经理、工程管理部经理、服务保卫部经理

职责：协助总经理做好安全保障工作。

4　预防预警

4.1　危险源监控

配电机房、中控室、直燃机房、燃气计量间等建立日常安全巡检制度，对于可能引发事故的信息进行监控和分析，做到事故早发现、早处理。

4.2　信息报告与沟通

中控室也设有 24 小时值班报警电话。

5　应急分级

5.1　预警

接到上级任务，有大型参观团到馆参观，服务保卫部就要做好重要活动人员安全疏散、车辆安全停放的具体实施方案。

5.2　现场应急

此级别包括事故已经发生，馆内重要部分需要关闭，要立即采取行动以保护现场人员。对于极危险事件，现场应急意味着险情已经发生，可能需要单位以外的援助，要求本单位内的应急反应组织全面启动。

5.3　全体应急

此级别需要救援人员立即采取行动，疏散现场人员和保护建筑设施，并尽可能保证馆内邻近区的安全口，例如场馆内发生火灾，控制不住火势且有蔓延

趋势，由总指挥决定，服务保卫部负责人通知医疗单位，服务保卫部负责组织疏散前来参观的顾客及办公楼内的人员，工程管理部负责切断电源，服务保卫部保安负责启动消防系统等。

6　应急处置

6.1　基本应急

6.1.1　报警

（1）边处置，边报告

现场工作人员发现紧急事件，能够自行处置的要先处置，然后通知其直接领导，同时向部门领导汇报情况。例如发现火情，应立即先就近取灭火器进行扑救。

（2）直接报告

现场值班人员或工作人员无法自行处置的突发事故，要将事故信息立即逐级报告总指挥，需要全场应急的突发事故要同时报警。

（3）报警和求援的内容

① 发生事故的时间、地点。

② 事故原因、性质、危害程度的初步判断。

③ 已采取的应急措施。

（4）报告和通报的内容

① 事故的简要经过、涉及的人员、伤亡人数、直接经济损失的估计。

② 事故抢救处理的情况和采取的措施。

③ 应急措施的初步效果。

④ 潜在的危险、事态发展取向、可能受到影响的区域。

⑤ 需要有关部门和单位协助事故救援和处理的有关事宜。

⑥ 报告人的姓名、部门和报告时间。

（5）其他要求

① 若事件中有人受伤且伤势较重，直接送至附近的医院进行救治。

② 如果馆内发现可疑物品，立即将物品暂时扣留，将地点、形状大小等详细信息报告给直接上级，直接上级向部门领导汇报情况，必要时疏散周围的人员，设置警戒线。

馆内发生重大事故后，第一响应人应立即报告给监控中心，监控中心接报人员立即报告给总指挥，总指挥立即命令启动应急救援预案，并向上级主管部门及相关职能机构报告。

6.1.2　接报人及其任务

接报人由中控室值班人员担任，其任务如下。

① 如果接到自动报警系统的警报，应指派现场人员核实，要求其反馈现场情况，同时通知救援队伍做好准备。

② 如果接到人工报警，做好报警记录，通知应急救援队伍，如果事态迅速扩大，应迅速向总指挥报告。

6.1.3　发出应急救援命令

① 如果事故规模较小，接警人员在熟悉救援部署的情况下，可以直接发出救援命令。如果事故情况复杂难以判断，应向监控指挥中心报告，无论哪种情况，接报人员在发出救援通知后，必须向指挥中心报告。

② 总指挥依据监控指挥中心报警的信息，下达救援命令，利用电话或者对讲机通知部分或者全部应急救援队伍负责人，立即到达事故现场，依照事故应急处置方案实施应急救援。

6.1.4　应急救援行动

① 应急救援队伍接到指挥中心的应急命令后，立即组织人员到现场实施紧急救助，应急救援队伍按紧急处置方案进行救援行动。应急救援行动包括：应急疏散、事故处置（危险排除、工程抢险、灭火等）。

② 总指挥根据事故现场反馈的信息，确定应急级别。各部门按照各自的预案分工、事件处置规定和要求相互配合、密切协作，维护好事发区域治安秩序，做好交通保障、人员疏散等各项工作，尽全力控制事态。

6.2　扩大应急

如果事故影响范围及事态发展进一步扩大，预计依靠现有应急资源和人力难以实施有效处置，需要地方政府提供援助和支持时，总指挥立即发出请求，调动有关方面应急资源共同参与事件的处置工作。

6.3　应急结束

应急救援工作已经完成或事故得到控制，现场已经没有危险时，总指挥下达应急响应终止命令。

服务保卫部对应急现场进行恢复，工程管理部整理设施设备并做好维护工作。计划财务部、公司办公室等事故相关部门做好事故损失的统计工作。

7 后期处置

7.1 应急过程总结报告

应急处置工作结束后，承担事件处置工作的相关部门要将应急处置过程用文字记录形式进行备案。需要报送上级有关部门的材料，要如实上报。

7.2 事故原因的调查与责任认定

在主管领导的主持下，工程管理部、服务保卫部应迅速组织专家及工作人员成立事故原因调查小组，分析事件发生的原因，核实损失，查清责任，并编写事故调查报告，并总结经验教训，提出改进工作的要求和建议。

7.3 善后处置与保险

① 工程管理部负责组织有关部门或专业机构进行事故现场清理工作，使事发现场恢复到相对稳定、安全的基本状态，防止引发二次灾害，必要时对潜在的隐患进行监测与评估，发现问题及时处理。

② 按照国家有关规定，将事故中致残、死亡的人员上报给上级主管部门，并给予相应的补助和抚恤。

③ 财务部门通知保险机构立即赴现场开展保险受理、赔付工作。

8 应急保障

8.1 设施和设备保障

8.1.1 消防系统

办公楼和公共场馆每个房间及楼梯等处均安有火灾自动报警装置，若出现火灾，自动报警系统就会启动，将信息传递到中控室。

8.1.2 应急、供电和照明设备

场馆各展区和办公楼通道内均安装了有效的应急设备，并按规定设置发光的紧急疏散指示标志。停电时，配电室会保障场馆内所有消防应急、监控联动及所有的消防设备正常使用。

8.1.3 通信设备

服务保卫部、工程管理部配有对讲机。

8.1.4 其他

工程管理部配备：潜水泵、铁锹、沙袋等设备。

服务保卫部配备：对讲机、高能手电筒等设备。

8.2 经费保障

单位每年将安全投资列入预算。

8.3 应急保障制度建设

安委会负责建立各项制度。

9 培训和演习

9.1 培训

开展面向公司全员的应对突发事件的相关知识培训。将突发事件预防、应急指挥、综合协调等作为重要内容，以增加全体员工应对突发事件的知识和能力。各部门结合自身业务领域，利用现有设施有组织、有计划地对员工进行培训。

对工程管理部人员、服务保卫部人员进行应急救援知识、救援器材使用、通信工具使用等方面的培训，每半年一次。

9.2 演习

9.2.1 演习目的

通过演练，可以具体检验以下项目：

① 事故期间的通信是否正常；

② 人员是否安全撤离；

③ 应急救援队伍能否及时参与事故救援；

④ 配置的器材和人员数目是否与事故规模匹配；

⑤ 救援装备是否满足要求；

⑥ 一旦有意外情况，是否具有足够的灵活性；

⑦ 预案是否具有可操作性。

9.2.2 基本要求

① 事先由总指挥或副指挥组织人员制订演练计划，计划必须周密。

② 保证应急救援的所有人员都参加演练。

③ 整个演练过程要有完整的训练记录。

9.2.3 时间安排

由服务保卫部制订演练的时间计划，安排好后通知有关部门和参加的个人，有利于做好充分准备。为了能更好地反映真实情况，对于某些项目，也可以事先不通知。

10　应急预案的管理

10.1　预案的备案
预案批准实施后，各部门要备案，对每次预案的改版都要进行备份。

10.2　预案的维护和更新
① 预案演练后，要对如下内容作重点总结。
- 通过演练发现的主要问题。
- 设备、设施情况的评价。
- 应急救援程序及事故处理方案的改进意见。
- 应急保障是否满足要求等。

通过总结，对发现的问题及时提出解决方案，对预案进行修订和完善。

② 现场危险设施和危险因素发生变化时要及时修改预案，并将预案的修改情况及时通知所有与事故应急救援有关人员和责任部门。

七、防汛抢险工作预案

防汛抢险工作预案

1　范围

本预案规定了全馆防汛抢险工作的要求，适用于防汛抢险工作的管理。

2　组织领导

为了确保防汛抢险预案的有效落实，成立"防汛领导小组"和"防汛抢险队"。

2.1　防汛领导小组
防汛领导小组由组长、副组长及组员组成，其中组长一名，副组长两名，组员若干名，由各部门第一责任人组成。

2.2　防汛领导小组主要职责
① 执行上级防汛应急指挥部下达的防汛应急命令，启动水族馆防汛抢险工作预案。

② 组织实施防汛抢险、人员组织、物资调运、避险转移等工作。

③ 了解天气预报，掌握汛情、险情、灾情及防汛物资的准备情况，并及时将汛情等向上级部门汇报。

2.3 防汛抢险队

防汛抢险队由队长、副队长及队员组成，其中队长一名，副队长三名，队员若干名，由工程管理部等部门的成员组成。

2.4 防汛抢险队职责

① 坚守岗位、尽职尽责，严明纪律、听从指挥，以公司利益为己任，全力做好防汛抢险工作。

② 防汛期间保证通信畅通，主动询问情况，接到通知立即到达现场，全力参加抢险。

③ 根据分工，定期检查重点部位及防汛物资，确保重点部位和防汛物资的完好。

④ 承担抢险后的修复工作。

3 防汛工作内容

3.1 做好汛前检查工作

汛前认真对水族馆的重点防汛部位进行检查，重点部位包括：工作间坡道、造水间大门、地下库房、变配电室、直燃机房、馆顶、馆外所有雨水沟、剧场出口、雨水井及弱电井和电缆沟、北门办公区及库房、馆内各工作间。对检查中发现的问题，立即解决。坚持预防为主的方针，做好防范准备工作，确保雨季期间水族馆内外排水顺畅，各类设备、设施运行安全。

3.2 汛期应急工作

遇天气预报有大暴雨时，要安排人员加班巡视；遇紧急情况及时与防洪小组领导联系，及时进行防汛抢险，并向相关人员通报情况。

① 在没有安排专人值班的情况下，遇到大暴雨时，配电室运行领班承担组织领导职责，组织在岗人员加强巡视及防汛抢险工作，并及时与防洪小组领导联系，及时向相关人员通报情况。

② 在汛情比较大的情况下，防汛小组人员或配电室运行领班应及时向水族馆值班经理报告，由值班经理调动水族馆一切可以调动的力量，全力抢险。

③ 防汛抢险队成员接到命令后必须立即到达现场，服从命令，听从指挥，积极参加抢险工作。

④ 汛情过后，各专业必须及时检查重点部位的状况，发现问题及时修复。

⑤ 在防汛期间和汛情过后，应定期和及时检查防汛物资的储备情况，发

现短缺或损坏要及时补充和更换。

4 防汛应急措施

4.1 预警

根据发布的预警讯情,及时通报相关部门及相关人员,做好应急准备,并加强巡视。

4.2 预警级别

蓝色汛情预警:预报未来 6 小时雨量将达到 20 毫米以上、50 毫米以下。

黄色汛情预警:预报未来 6 小时内雨量将达到 50 毫米以上,或已达到 50 毫米以上且降雨可能持续。

橙色汛情预警:预报未来 3 小时雨量将达到 50 毫米以上,或已达到 50 毫米以上且降雨可能持续。

红色汛情预警:预报未来 3 小时雨量将达到 100 毫米,或已达到 100 毫米以上且降雨可能持续。

4.3 响应

根据市气象局灾害性天气预警级别,蓝色汛情预警即启动水族馆的应急预案,由防汛领导小组组长发布应急响应。

4.4 具体措施

① 雨量比较大时,在关键地点的雨水井中,安装两台水泵排水。

② 在情况进一步恶化时,在工作间坡道处安装 2 台抽水泵,水龙带通到雨水沟进行排放。

③ 情况更为严重时,在地下库房加装 1 台水泵,将雨水直接排放至地面雨水沟。

④ 在机房门口堆放沙袋堵截雨水,确保水族馆重点设备和财产的安全。

⑤ 当雨水管线排水不畅时,使用抽水泵直接从雨水管线防洪口抽取雨水向市政污水管线及馆前河道排放,缓解管道压力。

⑥ 大暴雨时,专人值守各重点部位及雨水管道井的溢水险情,保证全馆的安全。

5 防汛抢险物资

① 沙袋若干个,铁锹若干把。

② 雨衣、雨裤、雨鞋若干套。

③ 防水手电及电池若干只。

④ 应急灯若干只。

⑤ 抽水泵若干台。

⑥ 电缆线轴若干个。

⑦ 其他各种工具、用具、防水材料等。

6　防汛抢险小组联络方式

白天电话：（略）

夜间电话：（略）

7　重点部位及负责人名单及联系电话（略）

八、火灾突发应急预案

火灾突发应急预案

1　适用范围

为保证正常开馆经营，沉着应对突发事件，将人员、物资损失、社会影响降低到最小，特制订此突发事件预案。本预案适用于水族馆内火灾突发事件的处理。

2　火灾突发应急预案

2.1　报警与接警

① 任何人在馆内发现火情突发事件，应立即向消防中控室报警。附近无电话等通信设施的，应迅速找到附近墙壁上红色手动报警按钮，进行报警。

② 消防中控室人员接到报警后，应立即确认报警区域，并由一名工作人员迅速赶赴现场查看，根据情况报告中控室和部门主管、经理。

③ 收到报警后应立即封闭现场，将危险物品进行隔离，向游客讲明情况，并将游客通过安全通道疏散至安全地带。

2.2 警情的排除和确认

（1）警情的排除

接到报警后，消防中控室人员应立即赶到报警现场。

误报：如系误报，查明原因，及时处理和记录。

谎报：确系有人谎报，立即通知服务保卫部，确立查找谎报人员，严肃处理。

（2）警情的确认

根据馆内的实际情况，暂时确立为三种级别：

一级警情：有烟无火。

二级警情：有初起明火。

三级警情：火势大并有人员伤亡。

2.3 报告制度

① 一级警情：中控人员赶赴现场予以确认，查明原因，通知服务保卫部主管和工程部人员到达现场，处理后，做好记录。

② 二级警情：情况确认后，立即通知部门主管、经理及各部位警卫人员。

③ 三级警情：立即通知部门主管、经理、工程管理部、服务保卫部值班人员、副总经理及总经理。

④ 报警原则由总经理下达指令，紧急情况下，可由值班经理、服务保卫部经理下达指令，并同时向总经理汇报。

2.4 处理和疏散

2.4.1 处理

① 馆内一旦发生火灾突发事件时，消防中控室为调度中心，现场组成由总经理、副总经理、各部门经理为主的指挥部，掌握全局，发布指令，电话总机负责保证重点部门的通信畅通。

② 消防中控室根据指令或实际情况，迅速将外部音响、消防应急广播、事故照明等开启，关闭非紧急照明和空调。

③ 接到中控室的主管通知后，警卫主管迅速指派人员到事故区域待命，视情况开启安全门进行疏导，然后带领其他警卫人员赶赴现场，封闭现场，疏导游客，防止其他问题发生。

④ 停车场工作人员负责馆外停放车辆的秩序，保证环馆道路、消火栓旁、消防结合器附近道路畅通无阻，保证消防车辆、救护车辆通行。

⑤ 工程管理部水、电、气主管或领班接到报警后，迅速带领专业人员赶

赴现场，听从现场指挥调派，对水、电、气等设备进行检修，保证并协助扑救或疏导工作的顺利完成。

⑥ 在岗的义务消防员、安全员听到报警后，应立即赶赴现场，听从现场指挥分配任务，协助扑救或疏导游客。

⑦ 报警后，保卫人员要到主要路口迎候并引导车辆到达现场。

2.4.2　疏散

① 展区人员疏散应听从指挥，防止踩踏，应引领游客从入口处撤离至广场。

② 表演剧场：此处是游客密集的场所，服务部人员、二次消费部人员应引领游客疏散至馆外环道；或从剧院两侧楼梯将游客疏散至馆外广场，与此同时工程管理部音响班员工要利用广播系统协助疏导，动物部员工要确保动物的安全和游客的安全。

③ 办公区：行政办公人员应立即携带重要文件和物品，财务人员应将保险柜、办公桌、门窗锁好，撤离至馆入口或广场。

④ 馆内所有收银员在撤离事故现场时，应将全部现金带离现场，妥善保管，防止丢失。

2.5　善后工作

2.5.1　服务保卫部

① 负责保护现场，防止破坏，进行必要的现场拍摄以留存证据。

② 迅速查访知情人，查明事故原因。

③ 事故损失统计。

④ 事故现场清洁工作。

⑤ 若有人员伤亡，采取措施，妥善处理。

2.5.2　工程管理部

① 从专业角度查找原因。

② 事故现场的修复。

③ 恢复供电、水、气。

2.5.3　公司办公室

① 经领导同意，及时向有关政府部门报告。

② 对外公布有关事故情况。

③ 撰写报告。

④ 撰写恢复营业方案。

2.5.4 其他相关部门

清点物品，恢复营业。

九、爆炸突发应急预案

爆炸突发应急预案

1 适用范围

本预案适用于馆内爆炸突发事件的处理。

2 爆炸突发应急预案

2.1 报警与接警

① 任何人在馆内发现爆炸突发事件，应立即向消防中控室报警。附近无电话等设施的应迅速找到附近墙壁上红色手动报警按钮，进行报警。

② 消防中控室人员接到报警后，应立即确认报警区域，并由一名工作人员迅速赶赴现场查看，根据情况报告中控室和部门主管、经理。

③ 收到报警后应立即封闭现场，将爆炸物等危险物品进行隔离，向游客讲明情况，并将游客通过安全通道疏散至安全地带。

2.2 警情排除

接到报警后，消防中控室人员应立即赶到报警现场。

误报：如系误报，查明原因，及时处理并记录。

谎报：确系有人谎报，立即通知办公室，查找谎报人员，严肃处理。

2.3 报告制度

① 立即通知部门主管、经理、工程管理部值班人员、副总经理及总经理。

② 由总经理下达指令，紧急情况下，可由值班经理、服务保卫部经理下达指令，并同时向总经理汇报。

2.4 处理和疏散

（1）处理

① 馆内一旦发生爆炸等突发事件时，消防中控室为调度中心，现场组成由总经理、副总经理、各部门经理为主的指挥部，掌握全局，发布指令，电话总机负责保证重点部门的通信畅通。

② 消防中控室根据指令或实际情况，迅速将外部音响、消防应急广播等

开启，关闭非紧急照明和空调。

③ 接到中控室的主管通知后，警卫主管迅速指派人员到事故区域待命，视情况开启安全门进行疏导，然后带领其他警卫人员赶赴现场，封闭现场，疏导游客，防止其他问题发生。

④ 停车场工作人员负责馆外停放车辆的秩序，保证环馆道路、消火栓旁、消防结合器附近道路畅通无阻，保证消防车辆、救护车辆通行。

⑤ 工程管理部水、电、气主管或领班接到报警后，迅速带领专业人员赶赴现场，听从现场指挥调派，对水、电、气等设备进行检修，保证并协助扑救或疏导工作的顺利完成。

⑥ 在岗的义务消防员、安全员听到报警后，应立即赶赴现场，听从现场指挥分配任务，协助扑救或疏导游客。

⑦ 报警后，保卫人员要到主要路口迎候并引导车辆到达现场。

（2）疏散

人员疏散应听从指挥，防止踩踏。

① 鱼类观赏区：服务部人员应引领游客按规定线路撤离至广场。

② 海洋剧院：此处是游客密集的场所，服务部人员应引领游客疏散至馆外环道；或就近将游客疏散至馆外广场，与此同时工程管理部音响班员工要利用广播系统协助疏导，动物部员工一方面要确保动物的安全，另一方面要确保游客的安全，防止游客落水。

③ 办公区：行政办公楼的人员应立即携带重要文件和物品，计划财务部人员应将保险柜、办公桌、门窗锁好，撤离至馆入口或广场。

④ 馆内所有收银员在撤离事故现场时，应将全部现金带离现场，妥善保管，防止丢失。

3　善后工作

3.1　服务保卫部
① 负责保护现场，防止破坏，进行必要的现场拍摄以留存证据。
② 迅速查访知情人，查明事故原因。
③ 事故损失统计。
④ 事故现场清洁工作。
⑤ 若有人员伤亡，采取措施，妥善处理。

3.2 工程管理部

① 从专业角度查找原因。

② 事故现场的修复。

③ 恢复供电、水、气。

3.3 公司办公室

① 经领导同意，及时向有关政府部门报告。

② 对外公布有关事故情况。

③ 撰写报告。

④ 撰写恢复营业方案。

3.4 其他相关部门

清点物品，恢复营业。

十、设备类突发事件应急处置预案

设备类突发事件应急处置预案

1 适用范围

本预案适用于馆内所有设备、设施类突发事件的应急处置。

2 危险因素辨识分析

① 随着时间的延长，设备、线路逐渐老化，可能导致突然停电、电梯突然发生事故、天然气泄漏等。

② 由于其他原因或人为破坏导致设备不能正常使用。

3 应急救援组织

为保证馆内设备类突发事件应急处置的顺利实施，成立设备应急救援小组。

组长：工程管理部经理。

副组长：水族维生设备部经理。

组员：工程管理部员工、水族维生设备部员工。

3.1 应急处置

3.1.1 燃气泄漏

① 燃气报警器报警，显示燃气泄漏。

② 向工程管理部上报，同时通知保安部。

③ 系统自动关闭燃气阀门，自动断气。

④ 工程管理部立即通知燃气公司，检查燃气泄漏原因。

⑤ 工程管理部写出书面原因、调查报告，及时向总经理报告。

3.1.2　电梯事故处理程序

① 当电梯发生故障，发现人立即上报于工程管理部。

② 工程部5分钟内赶赴现场。

③ 同时，立即通知电梯维保公司，维保人员要立即赶赴现场。

④ 发生故障时如有人员受伤，要立即通知服务保卫部救护人员进行抢救，伤势较严重时，应立即拨打120进行急救。

⑤ 电梯维保公司检修电梯后恢复电梯运行。

⑥ 设备应急救援小组要写出事故处理报告，上报给总经理。

第三篇
设备、设施与工程管理

第一章 设备工程管理部的组织结构与职能

一、组织结构

设备工程管理部组织结构图如图 3-1 所示。

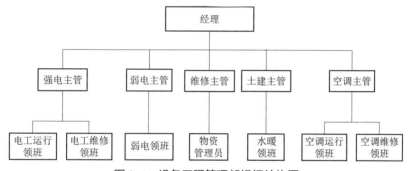

图 3-1 设备工程管理部组织结构图

二、主要职能

设备工程管理部是保障水族馆正常运营的主要部门之一。担负着全馆变配电系统、中央空调系统、给排水系统、厨房排烟及净化设备、燃气系统设备、程控交换机电话通信系统、馆内外监控系统、馆内门禁系统和馆内的影像及声控系统正常运转及日常检修和维护保养、各项重大经营活动配合、所有设备、设施的大修和改造等工作。

三、成员构成及主要职责

工程管理部通常由经理、强电主管、弱电主管、维修主管、土建主管等构成。专业技术人员主要有电工、水暖工、万能维修工、物料管理员等。各层级人员数量配置一般根据系统设备的复杂程度、实际工作量的大与小、系统设备的数量及专业人员的技术素质状况来确定。

1. 强电主管工作

① 负责系统维修、保养计划,确保配电室变、配电系统和馆内、外供、配电系统设备的正常运行。

② 负责所属专业的程序化、规范化管理。

③ 根据馆年度计划,设置本系统有关设备、设施方面的工作计划与工作方案。

④ 制定所属岗位的职责、工作规范、工作流程和安全运行操作规程,检查日常工作的执行情况。

⑤ 负责所属人员日常工作安排和各项工作计划的具体实施。

⑥ 负责所辖物料的管理。

2. 弱电主管工作

① 负责全馆安全生产和弱电专业工作管理。

② 负责对各专业安全生产工作进行监管,防患于未然。

③ 根据馆年度计划,设置所辖设备、设施维护保养及更新改造计划。

④ 每日对全馆重要设备、设施至少检查 1 次。

⑤ 按计划完成全年弱电专业所属系统设备的计划性检修和维护保养工作,保证弱电系统设备安全正常运转。

⑥ 负责制定和完善弱电专业所属各岗位的工作规范、工作流程与安全运行操作规程,监督日常工作的执行。

⑦ 负责工地安全文明施工的监管。

3. 维修主管工作

① 负责确保馆内各类设施的正常运行与维修工作。

② 制定所属岗位的各项工作规范、工作流程与安全操作规程,监督、检查日常工作的执行。

③ 协调并处理各部门上报的维修单,并安排维修。

④ 负责所属人员日常工作的安排和各项工作计划的组织实施。

⑤ 对各班组维修工作计划的执行情况进行督促检查。

⑥ 做好人员、物料的管理工作。

4. 土建主管工作

① 负责馆内外建筑物、构筑物及设施的维修。

② 负责馆内外新建、改建项目土建工程管理工作。

③ 根据馆年度计划,设置本专业的工作计划及实施方案。

④ 负责组织对水族馆所属各建筑物、构筑物及其设施的安全性和破损情况的定期巡视检查并做好记录，发现问题，及时组织维修。

⑤ 对其他各部门有关本专业的报修单组织维修。

⑥ 负责外包、外协工程的管理。

5. 空调主管工作

① 负责本系统维修、保养计划工作执行，确保馆内中央空调系统设备的正常运行。

② 根据馆年度计划，设置本系统有关设备、设施方面的维护保养、更新改造工作计划与实施方案。

③ 制定所属岗位各项工作规范、工作流程与安全运行操作规程，监督日常工作执行。

④ 负责所属人员日常工作安排和各项工作计划的组织实施。

⑤ 负责物料管理。

第二章 工 作 规 范

一、电力使用管理规范

电力使用管理规范

1 范围

本规范规定了电力使用的标准和要求。

2 工作职责

工程管理部负责水族馆各部门的电力供应、使用监督和管理工作等。

3 工作要求

工程管理部负责水族馆供配电系统的安全正常运行，负责各部门的电力供应、使用监督和管理工作等，具体业务操作由工程管理部强电专业执行。

电力使用管理人员必须经过专业培训、具备国家专业机构颁发的强电专业上岗资质、电工进网作业许可证。

4 正式用电

① 配电室值班人员应认真巡视设备，记录有功、无功、功率因数，如有超负荷运行、功率因数低的情况，应及时向主管、部门经理汇报，并采取相应的解决措施。

② 严格在规定时间内开关电气设备和馆内照明。

③ 在保证正常照明时，根据天气状况，可适当减少部分照明。

④ 在非规定时间内，开馆内照明及有其他用电设备时，须有主管、部门经理批示后方可执行。

⑤ 公司各部门、施工单位增加用电设备须经工程管理部有关人员批准。

⑥ 工作人员在离开工作间、办公室时应做到人走灯灭，并及时关闭用

电设备。

⑦ 工作时应减少设备的空载运行时间。

⑧ 任何新增电气容量须报工程管理部批准后方可实施。

5　临时用电安全管理制度

① 本规定适用于水族馆及进入水族馆作业的外来施工单位和人员。

② 本规定管理范围为在正式运行电源上所接的一切临时用电。

③ 临时用电审批程序：本企业内部单位的临时用电，应上报于工程管理部，待批准后方可使用。

④ 临时用电作业在批准的时间段内有效。

⑤ 临时用电应服从工程管理部管理，使用人应遵守批准的时间及限定的容量。

⑥ 临时用电结束后，临时用电由用电执行人通知工程管理部，工程管理部予以撤销。

⑦ 用电结束后，临时施工用的电气设备和线路应立即拆除。

⑧ 临时用电必须严格确定用电时限，超过时限要重新申请办理延期手续。

⑨ 安装临时用电线路的作业人员，必须具有电工操作证方可施工。严禁擅自接用电源，对擅自接用的按严重违章和窃电处理。电气故障应由电工排除。

⑩ 临时用电设备和线路必须按供电电压等级正确选用，所用的电气元件必须符合国家规范标准要求，临时用电电源施工、安装必须严格执行电气施工、安装规范。

⑪ 临时用电的单相和混用线路应采用五线制。对现场临时用电配电盘、配电箱要有编号和防雨措施，配电盘箱门必须能牢靠关闭。

⑫ 行灯电压不得超过 36 伏；在特别潮湿的场所或金属设备内作业时，临时照明行灯电压不得超过 12 伏。

⑬ 临时用电设施必须安装符合规范要求的漏电保护器，移动工具、手持式电动工具在使用前应检查安全。

⑭ 临时供电执行部门送电前要对临时用电线路、电气元件进行检查确认，满足送电要求后，方可送电。

⑮ 对临时用电设施要有专人维护管理，每天必须进行巡回检查，建立检查记录和隐患问题处理通知单，确保临时供电设施完好。

⑯ 临时用电单位必须严格遵守临时用电的规定，不得变更临时用电地点

和工作内容，禁止任意增加用电负荷，一旦发现违章用电，供电执行单位有权停止供电。

⑰ 临时用电结束后，临时用电单位应及时通知供电执行单位停电，由原临时用电单位拆除临时用电线路，其他单位不得私自拆除。私自拆除而造成的后果由拆除单位负责。

⑱ 临时用电单位不得私自向其他单位转供电。

⑲ 从事与公司无关的临时用电应进行电能计量。

6 检查和考核

① 工程管理部强电专业人员应认真执行本规范，自觉遵守各项管理制度。

② 强电专业人员每天依据本规范检查馆内外的电力使用工作，对查出的问题进行处理和改进，并做好记录。

③ 工程管理部依本规范，对强电专业人员进行检查和考核。对查出的问题按部门员工考核规定进行处理，对改进情况进行跟踪验证。

7 工作记录

电力使用情况检查记录表由强电专业岗负责填报，如表3-1所示。

表 3-1 电力使用情况检查记录表

被检查部门		检查部位		现场负责人		检查日期	
检查人员组成							
检查项目		检查情况				备注	
供电设备							
用电设备							
用电负荷							
临时用电							
用电安全							

被检查部门签字：   填表人：

二、工程项目管理规范

<h2 style="text-align:center">工程项目管理规范</h2>

1　范围

本规范规定了工程管理部工程项目的管理要求。

2　工作职责

工程管理部工程项目责任人负责工程管理部工程项目的管理工作。

① 承担工程项目的第一责任人承担工程的全部责任。

② 项目工程负责人承担工程的管理责任。

③ 项目工程监理人员承担工程现场的管理责任。

3　工作要求

3.1　基本要求

① 本规定适用于设备工程部所属各项新建、扩建、改建工程的施工、设备采购的管理（监理）工作。

② 各类规模的工程管理实行项目总负责制的原则。

③ 项目工程管理除应符合本办法外，还应符合国家现行的有关强制性标准、规范。

3.2　工程前期准备

施工前的准备工作是工程的重要环节，工程的主管部门及项目管理小组应认真履行相关职责，完成相关的前期准备方可开工。

3.2.1　组织及工作保障

工程主管部门接到任务后应及时成立项目管理小组，并依据工程的规模、特点来提供管理设施方面的保障。

项目管理小组的组织形式和规模，应根据管理工作的内容、工程工期、工程类别、规模、技术复杂程度、工程环境等因素确定。

3.2.2　资料准备与审核

① 工程主管部门接到任务后应组织相关人员参与工程设计和方案的讨论。

② 项目设计和方案确定后，主管部门应与设计单位及施工单位研究讨论

工程的施工方案、工程预算、工程合同等事项，对工程预算审核后，连同合同以报告形式上报于公司。

③ 审查施工单位的施工组织设计方案，设计方案应包含安全管理、技术管理和质量保证体系等内容。

④ 与施工单位签订《施工安全协议》和《环境资源与成品保护协议》。

⑤ 各类规模的工程均应执行公司的《能源管理规定》及与施工单位签订的《环境资源与成品保护协议》。

3.2.3 施工人员与设备物资

① 所有施工人员都应按照要求进行登记，并依据水族馆的相关规定办理临时出入证。

② 开工前，施工单位应将主要施工设备、设施运抵施工现场，并按规定做好登记。

③ 工程材料应按工程进度的要求备料，开工前应将一周的用料清单送达项目管理小组，并确保随时可运抵现场。

3.2.4 开工报告

具备以下开工条件时，项目负责人以书面形式报部门第一责任人申请开工。

① 各项施工资料、施工程序、规划、细则已齐备，施工组织设计方案已获批准。

② 施工前会议已召开，各种技术资料及技术交底已完成。

③ 施工单位现场管理人员已到位，机具、施工人员已进场，主要工程材料已落实。

④ 进场道路及水、电等条件已满足开工要求。

3.3 施工现场管理

3.3.1 现场管理的一般规定

① 项目工程的现场管理还应符合国家现行的有关强制性标准、规范。

② 现场管理的指挥协调体系遵循内部管理执行一对一的形式；外部协调执行同级对等形式。

③ 任何施工信息、协调文件均应采用文字的形式，并执行不签字无效的规定。

④ 坚持"安全第一、质量至上"的管理原则，确保工程不发生各类安全生产和工程质量事故。

⑤ 施工现场实施现场监管、定期巡检的管理模式，应及时、迅速、准确、

规范地处理与工程有关的各项事务。

3.3.2　工程质量控制

① 当施工单位对已批准的施工组织设计进行调整、补充或变动时，应经专业监理员审查，并应由小组负责人签认。

② 工程管理人员应要求施工单位报送重点部位、关键工序的施工工艺和确保工程质量的措施，审核同意后予以签认。

③ 当施工单位采用新材料、新工艺、新技术、新设备时，应要求施工单位报送相应的施工工艺措施和证明材料，组织专题论证。工程管理人员应请专业技术人员对提报的相关资料进行审核，经审定后予以签认。

④ 项目负责人应组织相关人员对施工单位拟进场工程材料、构配件的质量证明资料进行审核，并对进场的实物采用平行检验或见证取样方式进行抽检。

⑤ 对未经监理人员验收或验收不合格的工程材料、构配件、设备，通知施工单位限期撤出现场。

⑥ 项目管理小组应定期检查施工单位直接影响工程质量的计量设备的技术和性能状况。

⑦ 项目负责人应每天到施工现场进行巡视和检查，检查内容包括工程进度、质量、安全、环境、成品保护等施工过程及工程管理员的工作情况。

⑧ 对隐蔽工程的隐蔽过程、下道工序施工完成后难以检查的重点部位，专业监理员应安排管理员进行旁站监理。

⑨ 应根据施工单位隐蔽工程进行现场检查，对未经验收或验收不合格的工序，要求施工单位严禁进行下一道工序的施工。

⑩ 管理人员对分部工程质量验评资料进行审核，同时对分部工程进行现场检查，符合要求后予以签认。

⑪ 对施工过程中出现的质量缺陷，工程管理员应及时下达通知单，要求施工单位整改，并检查整改结果。

⑫ 工程管理人员发现施工存在重大质量隐患；可能造成质量事故或已经造成质量事故时，应及时下达工程暂停通知单，要求施工单位停工整改。

⑬ 对需要返工处理或加固补强的质量事故，项目负责人应责令施工单位报送质量事故调查报告和经设计单位等相关单位认可的处理方案，项目管理小组应对质量事故的处理过程和处理结果进行跟踪检查和验收。

⑭ 项目负责人应及时向部门第一负责人及公司提交有关质量事故的书面

报告，并应将完整的质量事故处理记录整理归档。

3.3.3 工程安全控制

① 监理员应审查主要及关键施工工艺安全操作规程和相关施工人员的上岗资格，并随时对施工现场进行检查。

② 工程开工前，施工单位必须遵照水族馆安全工作管理规定，签订施工安全协议，并根据协议书的各项条例履行安全工作。

③ 监理人员发现违规行为，应及时予以警告和限时整改，并依照《水族馆安全生产管理规定》及相关规定，对施工单位项目负责人及责任当事人处以相应的经济处罚。情节严重时，项目负责人可签发停工令。

④ 施工需要进行焊接作业时，施工单位应提前通知监理人员，监理人员要协助施工单位办理动火审批单。经批准并与施工单位双方签认后，方可允许作业。

3.3.4 环境资源与成品保护

① 现场管理人员应随时对施工现场的环境资源与成品保护工作进行检查。检查应包含以下内容：

● 施工区域边缘搭建围挡，地面铺设防护装置；

● 施工现场材料和工具码放整齐，施工废料及时清理；

● 施工现场物品（包括已完工的项目）要做妥善保护；

● 施工人员不得随意丢弃废物、物料，严禁随地吐痰；

● 施工人员穿着统一工服，佩戴本人胸卡。

② 施工单位不得使用非环保材料，各类油漆涂料及含有挥发味道的物料，均应得到管理小组的许可方可使用。

③ 各类工程均应安装电、水计量表，并进行阶段性的统计，发现异常情况及时通知施工单位，并限期整改。

④ 监督施工单位合理使用能源，发现有严重浪费能源的现象而屡教不改的，按照相关规定予以处罚。

⑤ 在绿地和养殖展示区施工时，要特别关注对绿地和水生动物的保护。

⑥ 施工过程中如果损坏甲方财产，施工单位应按购入价赔偿。

3.3.5 工程进度控制

① 工程管理员应依据施工合同有关条款、施工图及经过批准的施工组织设计制定进度控制方案，对进度目标进行风险分析，制定防范性对策，经项目负责人审定后报送部门第一负责人。

② 工程管理员应检查进度计划的实施，并记录实际进度及其相关情况，当发现实际进度滞后于计划进度时，应签发管理员通知单指令施工单位采取调整措施。

3.3.6　工程验收

项目负责人应组织工程管理员及专业技术人员，依据有关法律、法规、工程建设强制性标准、设计文件及施工合同对工程的分部工程、隐蔽工程、阶段工程、整改工程及竣工进行验收。

① 各类验收均由施工单位进行现行自验，自验合格后连同相关资料应提前两天报送工程管理小组。

② 竣工验收除了履行上述流程规定外，还应在正式验收前进行预验收，并对预验收进行完整记录。

③ 在各类验收中发现的问题应及时要求施工单位整改，整改完毕后以申报验收的程序报送工程管理小组。

④ 工程验收合格后，项目负责人会同参加验收的各方代表签署验收报告。

3.4　工程后期管理

3.4.1　工程结算

① 工程验收合格后应由项目负责人按照相关规定立即进行工程结算。

② 工程结算由施工单位提供结算报告，工程管理部负责将施工、验收审核前的相关资料准备齐全，并签署意见，连同结算报告报送相关部门审批。

3.4.2　工程及设施移交

① 各项工程完工后应尽快与使用单位办理移交手续。如不影响正常施工也可以采取部分完工，部分移交的方式。

② 各种移交手续必须采用文字形式，且一式两份，使用单位与此项工程的管理部门各存档一份。

3.4.3　施工资料

① 各项工程必须做到资料齐备、真实清晰。

② 全部资料均应有目录，并按照数量装订成册或以档案盒、档案袋的方式存档。

③ 建设及改造工程对原设计有改动的，应及时通知资料员采用相应的规定进行修改、补充登记。

④ 工程资料应具备以下内容：

● 施工合同文件（包括报告、预算、预算审核、合同）；

- 设计交底与图纸资料；

- 施工组织设计方案；

- 入场人员登记；

- 施工机械登记；

- 工程开工/复工令及工程暂停令；

- 工程进度计划；

- 工程材料、构配件、设备的检验登记和质量证明文件；

- 工程变更资料（如发生）；

- 隐蔽工程验收资料；

- 工程计量资料；

- 通知单（如发生）；

- 工程会议纪要；

- 工程单位来往函件（如发生）；

- 监理日记；

- 质量缺陷与事故的处理文件（如发生）；

- 分部工程、单位工程等验收资料；

- 工程视频资料；

- 索赔文件资料（如发生）；

- 竣工结算资料；

- 工程管理工作总结。

3.4.4 保修期管理

① 项目负责人应依据施工合同约定的工程质量保修期范围和内容开展工作。

② 承担质量保修期监理工作时，项目负责人应安排原项目监理人员对已出现的工程质量缺陷进行检查和记录，对施工单位进行修复的工程质量进行验收，合格后予以签认。

③ 监理人员应对工程质量缺陷原因进行调查分析并确定责任归属，对非施工单位原因造成的工程质量缺陷，监理人员应核实修复工程量，报给项目负责人。

④ 项目负责人应及时将保修期的情况上报给部门负责人，并提供工程尾款的支付依据。

4 检查和考核

① 工程管理人员应认真执行本规定，自觉遵守各项管理制度。

② 工程管理部依据本规定检查工程项目管理工作，对查出的问题进行处理和改进，并做好记录。

③ 工程管理部依据本规定，对工程项目管理人员进行检查和考核。对查出的问题按部门员工考核规定进行处理，对改进情况进行跟踪验证。

5 工作记录

施工监理日报表由施工现场监理人员负责填报。

三、机房安全管理规范

机房安全管理规范

1 范围

本规范规定了工程管理部机房安全的管理要求。

2 工作职责

工程管理部负责工程管理部机房的安全管理工作等。

3 工作要求

3.1 工程管理部机房门禁管理

① 工程管理部机房为水族馆工作重地，闲杂人等一律不允许擅自出入。

② 除因工作需要外，工程管理部机房的所有通道门时刻处于关闭状态。

③ 本部门工作人员因工作需要出入工程管理部机房的，在得到工程管理部机房值班人员批准后，方可从指定的通道门出入机房。

④ 公司非工程管理部的所有工作人员确因工作需要，在得到机房值班人员批准后，方可进入机房，并在工程管理部机房客人接待登记表上按要求如实登记签字。

⑤ 外单位人员在得到工程管理部领导批准后方可进入工程管理部机房，并及时进行会客登记。

⑥ 设备厂家售后服务人员进入工程管理部机房时，值班人员必须及时汇报，并如实记录。

⑦ 工程管理部机房值班人员必须严格执行以上规定，进行出入人员记录，确保直燃机房设备安全。

3.2 防火安全

① 机房内严禁明火。

② 如有特殊需要在机房内动火，须经技术负责人和保卫部门批准、开好动火票并落实好防火措施后方可进行行动或作业。

③ 清洗有油容器管道内油污，须用氮气吹净后方可动火。

④ 清洁设备所使用的汽油、煤油、稀料、油漆及设备润滑所用的机油等必须存放在库房内，工作结束后，要及时清理归库，严禁乱扔乱放。

⑤ 定期进行机房内设备巡查。及时处理异常现象，尤其注意油、气系统的跑、冒、滴、漏现象和电器设备的打火现象。

⑥ 确保机房内消防设备、设施、器材数量齐备，始终处于良好状态。

⑦ 时刻保持机房内通风设备、设施完备，保持通风畅通。

⑧ 机房屋面防水完好，出现异常及时处理。

4 检查和考核

① 工程管理部机房值班人员应认真执行本规范，自觉遵守各项管理制度。

② 工程管理部依据本规范检查工程管理部机房安全管理工作，对查出的问题进行处理和改进，并做好记录。

③ 工程管理部依据本规范，对工程管理部机房值班人员进行检查和考核。对查出的问题按部门员工考核规定进行处理，对改进情况进行跟踪验证。

5 工作记录

工程管理部机房客人接待登记表由工程管理部机房值班人员负责填报，如表3–2所示。

表 3–2　工程管理部机房客人接待登记表

年　月　日

被接待单位名称				
接待事由				
接待人数		接待人		接待机房
批准人		陪同人员		
接待时间	时　　　分　　至　　时　　　分			

被接待单位签字：　　　　　　　　　　　　　　　填表人：

四、交接班管理规范

交接班管理规范

1　范围

本规范规定了工程管理部运行人员交接班工作的要求。

2　工作职责

工程管理部设备运行人员负责工程管理部所辖供配电系统设备和中央空调系统设备的运行和管理工作。

3　工作要求

3.1　基本要求

水族馆供配电系统和中央空调系统空调用直燃机是连续运行的系统设备，工程管理部交接班工作须在交接班人员全部在场时进行交接。

3.2　直燃机房交接班（如使用直燃机）

① 接班人员应在正式上班时间前的 10～15 分钟内换好工服并到岗与交班人员进行工作交接。

② 交班人员应在交班前做好空调系统设备的巡视检查工作，做好直燃机房设备运行记录表和直燃机房交接班记录表的填写工作。

③ 按职责范围，交接双方人员应共同巡视系统设备现场。

④ 交接班内容：

● 供油、供气系统是否稳定；

● 水箱水位是否稳定；

● 供冷负荷、供暖负荷是否正常；

● 中央空调运行的系统设备是否正常；

● 上一班对空调系统设备的主要调节情况有无异常，对下一班有何建议；

● 上一班最后一次记录数据与交接班时主要观测数据的对比；

● 检修工具、通信设备、测量仪器是否完好无缺；

● 值班室及机房环境是否整洁。

⑤ 交接完毕，双方应在记录表上签字。交接人员有不同意见可写明，未对上一班人员申明而在本班发生的问题，由接班人员负责。

⑥ 交接班过程中如发现较大问题，双方应共同处理，并通知部门领导和上级管理人员。

3.3 配电室交接班

① 交班电工在交班前，必须做好变配电设备、设施例行巡查工作，按要求认真填写好配电室运行记录表和配电室交接班记录表。

② 交班电工在交班前，对设备运行中存在的问题，除在配电室交接班记录表中记录外，还必须向接班人员进行口头详细说明。

③ 接班电工在接班时，必须先仔细查阅配电室运行记录表和配电室交接班记录表上的内容，对变配电设备运行情况，特别是当配电设备发生损坏或有异常情况时，必须详细了解，必要时交接班双方到现场交底。

④ 交班人员交班前，必须按规定做好配电室和值班室的清洁卫生工作。

⑤ 交接班双方在配电室运行记录表中的交接班一栏上签字后，双方即完成交接班工作。交接班工作必须严肃认真，确保供电安全可靠。

⑥ 在接班电工未按时接班时，交班电工不得离开，否则责任由交班电工承担。

⑦ 配电室运行记录表应在指定处摆放，不可遗失，各班每月一日负责装订、存档备查。

4 检查和考核

① 工程管理部运行人员应认真执行本规定，自觉遵守各项管理制度。

② 工程管理部每天依据本规定检查运行人员的交接班工作，对查出的问

题进行处理和改进，并做好记录。

③ 工程管理部依据本规定，对部门运行人员进行检查和考核。对查出的问题按部门员工考核规定进行处理，对改进情况进行跟踪验证。

5　工作记录

表 3–3 为直燃机房设备运行记录表。

表 3–4 为直燃机房交接班记录表。

表 3–5 为配电室运行记录表。

表 3–6 为配电室交接班记录表。

表 3–3　直燃机房设备运行记录表

日期：　　年　月　日　　　　开机时间：　　　　停机时间：　　　　机组编号：

	项目	测点	时间							平均值
直燃机组	温度	高温发生器								
		冷温水入口								
		冷温水出口								
		冷却水入口								
		冷却水出口								
	压力	高温发生器								
		冷温水入口								
		冷温水出口								
		冷却水入口								
		冷却水出口								
	冷剂水液位									
	变频器频率									
	燃烧机火力									
	电流	吸收泵								
		冷剂泵								
	电压									
	燃烧	油压								
		排烟温度								
		烟气颜色								

续表

排风	机房								
	油库								
	冷温水入口压力								
	冷温水出口压力								
	冷却水入口压力								
	冷却水出口压力								
油泵	自动								
	手动								
日用油箱油位									
备注									

班组：　　　　　　　　　　　　　　　　　　作业员：

表 3-4　直燃机房交接班记录表

班次：　　白班　　夜班　　　　　　　　　　日期：　　年　月　日

交接班项目	交接内容	交接情况说明
卫生	值班室、机房室内、室内设备、门前三包区和方塔周边	
办公用品	对讲机、工作日志、设备运行记录表	
仪器、仪表	红外线测温仪、电子测温仪	
	电导率仪、pH 值检测仪	
系统设备	直燃机组、冷却塔、各循环水泵、通风机组、油库、日用油箱、燃气表房、调压箱	
小配电室	卫生、电气控制	
工具	应急灯、常用工具	
上级交办工作	通知、临时任务	

交班签字：　　　　　　　　　　　　　　接班签字：

表 3–5　配电室运行记录表

班次：　　　　领班：　　　　日期：　　　　　　　白班　　　　　夜班

一、配电室运行情况

1#变压器		2#变压器	
平均温度		平均温度	
高压		高压	
低压		低压	
低压负荷总电流		低压负荷总电流	
交班功率表数		交班功率表数	
接班功率表数		接班功率表数	
本班消耗有功		本班消耗有功	
本班消耗总有功			

操作情况：

遗留问题：

二、北配电室运行情况

变压器		温度	
低压负荷电流		功率表数	

表 3–6　配电室交接班记录表

班次：　白班　　夜班　　　　　　　　　　　　日期：　　年　月　日　时　分

交接班项目	交接内容	交接情况说明
卫生	值班室、机房室内、门前三包区	
值班用品	对讲机、工作日志、设备运行记录表	
公用工具	照明灯、常用工具	
配电室一 设备运行	1#变压器	
	2#变压器	
	高压柜	

续表

交接班项目	交接内容	交接情况说明
配电室一设备运行	低压柜	
	1#计量表度数	
	2#计量表度数	
配电室二设备运行	变压器	
	配电柜	
	计量表度数	
设备操作	操作票	
上级交办工作	通知、临时任务	
未尽事宜	未完工作	

交班签字：   接班签字：

五、空调冷热源使用管理规范

空调冷热源使用管理规范

1　范围

本规范规定了冷热源使用的要求。

2　工作职责

工程管理部负责馆内外冷热源的使用和管理工作等。

① 冷热源源头生产设备和冷热源使用设备由工程管理部负责检修、保养。

② 冷热源源头生产设备由工程管理部负责运行管理。

③ 冷热源使用设备由使用部门负责使用和调整。

3　工作要求

3.1　基本要求

各部门应合理使用冷热源，杜绝冷热源跑、冒、滴、漏现象的发生，严禁冷热源浪费。

3.2　冷热源源头生产设备

3.2.1　直燃机组使用管理

① 空调运行人员值班期间，严格按照公司制定的直燃机组安全操作规程的规定操作直燃机组。

② 根据空调系统实际负荷的需要，及时调整直燃机组的运行状态及运行台数，并做记录。

③ 必须经常保持直燃机组良好的真空度，在直燃机组运行过程中尽可能保持其良好的工作状态。

④ 定期检查每台直燃机组的真空度，并对直燃机组定期抽真空。

⑤ 定期检查直燃机组隔膜阀、角阀、视镜、液压探针、吸收泵及冷泵的密封件。若发现有密封不闭或老化的及时更换。

⑥ 定期检查直燃机组压力表、压力控制器，发现问题及时通知维保单位进行更换。

⑦ 直燃机组专用真空泵应定期保养，使其经常保持备用状态。

⑧ 真空泵在对机组抽真空操作过程中，根据真空泵油实际乳化情况，及时更换真空泵油，保持真空泵的工作效率。

⑨ 直燃机组抽真空用的抽气管由专人使用，发现其有泄漏现象应及时更换或处理。

⑩ 真空泵在抽气作业过程中，应尽可能避免溶液进入真空泵内。如发现有溶液被吸入真空泵内，按抽气作业操作规程，立即停止抽气操作，对真空泵内腔进行清洗，清洗完毕更换新的真空泵油后继续进行抽气作业。

⑪ 按照直燃机组定期检修和维护保养的规定，对直燃机组的燃烧机定期进行清理和保养。

⑫ 定期（每月）对燃烧机油泵过滤网及供油过滤器进行一次清洗。

⑬ 直燃机组高发烟管，每半年进行一次除垢清理，有特殊情况时间间隔可相应地缩短。

⑭ 直燃机组溶液每季进行一次抽样和化验。根据溶液化验结果，对机组溶液及时进行调整或再生处理。

⑮ 每年对机组内各交换器内壁的结垢情况进行一次检查，若发现有结垢情况，及时组织有关单位和人员进行清洗。

⑯ 每半年组织专业人员对直燃机组电气控制进行一次全面检修及维护保养工作。

⑰ 直燃机组运行过程中，值班人员全面巡视检查每小时至少一次，发现问题及时处理。当时处理不了的问题，立即逐级上报，并通知相关服务人员。

3.2.2 冷却塔使用管理

（1）冷却塔在投入使用前

① 彻底清扫接水盘一次，保证接水盘内无杂物。

② 检查冷却塔布水槽或布水管有无堵塞异物。

③ 使用三个月以上的冷却塔，必须对其填料进行清水冲洗。

④ 检查冷却塔风扇电机轴承是否有损坏，若有损坏及时更换。

⑤ 检查冷却塔变速组、轴承是否完好，若需要更换应及时更换，并填充润滑脂。

⑥ 必须对冷却塔风扇电机绝缘进行遥测，电机绝缘符合规定要求后方可投入使用。

⑦ 检查冷却塔传动皮带是否需要更换，若发现有老化、断裂迹象，及时更换。

（2）冷却塔投入使用后

① 值班人员每班巡视检查工作不少于3次，发现问题及时处理。

② 对冷却塔的使用严格按照空调系统设备安全操作规程进行操作，严禁违规操作。

③ 两台以上冷却塔同时投入使用时，及时调整好每台冷却塔的供回水控制阀门的开启度，避免冷却水溢流。

④ 根据制冷机组实际负荷情况，值班人员及时合理调整冷却塔的运行状态或台数。

⑤ 冷却塔运行期间，随时注意水量变化，对因正常使用情况下缺水及时加以补充，并做到水量不从接水盘外溢。

⑥ 冷却塔在运行中出现故障，及时调整备用塔投入运行，逐级上报于领导。

⑦ 冷却塔在冬季运行期间，及时除掉入风口的冰，保证冷却塔进风通畅。

⑧ 冬季冷却塔运行期间，按规定要求（0℃以下环境温度）及时开启防冻电加热装置，保证冷却塔正常运行。

（3）冷却塔停止使用

① 冷却塔停止使用后，在冬季到来之前必须将水盘内的水排放干净，以

免冻裂接水盘。

② 检查冷却塔补水管内是否有水，若有水及时排放干净，以防冻裂。

③ 检查电机及变速箱传动轴承磨损情况，发现问题及时更换，做好记录。

3.2.3　空调系统循环水泵使用管理

① 严格按照循环水泵的安全操作规程操作空调系统所属冷却泵、冷冻泵和采暖水泵。

② 开启循环水泵前应做到：

● 水泵附近无杂物，若有，立即清理干净；

● 手动盘车，检查无卡阻，若发现卡阻现象，及时查明原因并处理；

● 检查该台循环水泵运行记录，无故障方可投入运行；

● 检查水泵是否已排净空气，若有空气及时排净，以免发生水泵气蚀现象；

● 检查循环水泵进出水阀门是否在打开位置；

● 检查循环水泵进出口压力表是否完好，若有损坏立即更换；

● 检查循环水泵电源及电气控制是否正常。

③ 循环水泵开启后，值班操作人员观察循环水泵情况正常后，方可离开。

④ 循环水泵在运行过程中，每小时巡视检查一次，若发现异常，立即停止该泵，开启备用泵。查明原因、及时处理并做好记录。

⑤ 循环水泵尽可能避免长期不间断运行，保证单台循环水泵运行满 72 小时，调开备用泵运行，做好记录。

⑥ 严格按照空调系统设备检修和维护保养的有关规定，定期对各循环水泵进行维护保养，做好记录。

⑦ 定期遥测循环水泵电机绝缘，合格方可投入使用。

3.2.4　空调专业循环水系统

① 在正常循环过程中，发现跑、冒、滴、漏等问题，及时处理或上报。

② 每 5 个月对空调循环水系统管路进行一次全面检查，发现漏水现象时，立即关闭附近供回水控制阀门，逐级上报于部门领导，组织人员抢修。

③ 空调循环水系统管路的保温防护结构，每半年进行一次检查和维护保养。

④ 每年对空调循环水系统支路控制阀门进行一次检查和维护保养。

⑤ 空调循环水系统管道，每年进行一次冲洗。

⑥ 膨胀水箱每半年进行一次检查和维护保养工作，做好冬季防冻措施。

⑦ 严禁任何部门使用空调循环水冲洗地面和设备。

3.3 冷热源末端设备

3.3.1 空气处理机使用管理

① 严格按照有关规定，按时开关空气处理机。

② 严格按照通风设备安全操作规程的要求操作空气处理机组，严禁违反规程操作。

③ 严格按照空调通风设备检修和维护保养项目的规定，定期做好空气处理机组的维护保养工作。

- 每半年进行一次空气处理机组的维护保养工作。
- 对运行中空气处理机组进行巡视检查，每天不少于 2 次，发现问题及时处理，处理不了的及时逐级上报，做好记录。
- 定期检查空气处理机组、风轮轴承、电机轴承、传动皮带等传动部件。
- 制冷运行期间，每半个月检查一次空气处理机组凝水排放，发现流水不畅通或堵塞现象及时处理。
- 对空调机组过滤网进行清洗，每月一次。

④ 对空调处理机组机内过滤网、机入风外网进行消毒，每月一次。

⑤ 对空调处理机组的电自控元器件及执行机构进行检查和维护保养，每半年一次。

⑥ 对空气处理机组表冷器进行清洗，每半年一次。

⑦ 根据空气处理机组服务区域实际负荷需要及时调整空气处理机组的工作状态或数量。

3.3.2 空调系统风机盘管设备使用管理规定

① 每天各使用部门负责馆内外各区域风机组盘管的开关，自行调整其工作状态。在有活动前或特殊环境负荷期间由空调专业派专人对贵宾室和多功能厅风机盘管进行调整。

② 馆外各区域的立式风机盘管严禁遮挡。

③ 严禁在立式风机盘管上晾晒衣物。

④ 使用部门严禁私自拆改或挪移风机盘管，若需要拆除，由该部门提前一周报请工程管理部专业人员进行。

⑤ 严禁使用部门在风机盘管开启运行期间敞开门窗，造成能源浪费。

⑥ 馆内外各区域风机盘管外部的清洁卫生由使用部门负责。

⑦ 空调专业人员对馆内外所有风机盘管进行巡视检查，每天一次，发现问题及时处理，并上报于专业领班或主管。

⑧　空调专业人员在巡视检查中若发现使用部门在空调运行期间有违反规定者，立即加以制止并纠正。有 3 次以上违反风机盘管使用管理规定者，由工程管理部向该部门发警告通知单，责令其进行限期整改。

⑨　空调专业人员每年 2 月对馆内外风机盘管过滤网进行一次清洗。

⑩　空调专业人员定期负责所有风机盘管的检修、维护保养工作，空调专业人员在对风机盘管进行检修和维护保养过程中，需要各使用部门给予大力支持。

⑪　风机盘管出现异常时，由各使用部门统一报修，空调专业人员在接到报修单后，及时赶到现场进行修复。确因特殊原因不能及时修复的，空调专业维修人员及时向使用部门说明，做好记录，并逐级上报于专业领班或主管。

⑫　每年换季制冷运行前，空调专业人员对风机盘管使用部门的人员就正确使用风机盘管进行培训。

3.4　馆内外分体空调使用管理规定

①　每天由各区域所属部门人员负责公司所属分体空调的开关机，并自行调整其工作状态。

②　由所属部门负责保持各区域分体空调的室内机的外表面清洁卫生。

③　对所有分体空调进行巡视检查，每天一次。

④　各区域分体空调在其运行使用期间，严禁使用部门敞开门窗，若发现敞开门窗的现象，工程管理部人员有权制止直至停止使用。

⑤　定期派专业人员对所有分体空调室内机的过滤网进行清洗。

⑥　每年对各分体空调进行 2 次维护保养。

⑦　分体空调使用时发现异常，由使用部门负责报修。工程管理部在接到报修单后，及时赶到现场进行修复。当天不能修复的，及时向使用部门说明，做好记录，并逐级上报于专业领班或主管。

⑧　使用部门严禁私自拆移或更换分体空调，若需要拆移或更换，由该使用部门提前一周报请工程管理部，由工程管理部派空调专业人员做此项工作。

⑨　严禁分体空调使用部门在室内机上晾晒衣物。

⑩　严禁使用部门频繁启停分体空调，第二次开启时间距上一次停机时间不少于 20 分钟，否则由使用部门操作人员自负后果。

⑪　派专人每年对分体空调使用部门的人员进行培训。

3.5　生活热水使用管理

①　严禁使用卫生热水洗涤衣物。

② 严禁使用卫生热水冲洗地面及设备。

③ 严禁任何人员私自拆除卫生热水系统设施。

④ 严禁外单位人员到公共浴室使用卫生热水洗浴。

⑤ 严禁任何在非公司规定的洗浴时间利用卫生热水洗浴。

⑥ 每天对卫生热水系统设备进行巡视检查，发现问题及时处理，处理不了的及时上报。

⑦ 卫生热水系统设施出现异常时，由使用管理部门向工程管理部报修，工程管理部派专业人员进行修理。

⑧ 空调专业有权提出节约使用卫生热水的合理化建议。

⑨ 空调专业负责对卫生热水系统进行定期检修及维护保养。

⑩ 任何人对不正确使用卫生热水及设施的现象均有权加以制止。

3.6 新增冷热源设备

由于经营使用需要，各部门需要增加的冷热源使用设备须由使用部门以书面形式向公司提出申请。在得到公司批准后，由工程管理部负责新增冷热源设备的安装及调试。调试合格后方可正式使用。

4 检查和考核

① 冷热源生产和使用人员应认真执行本规定，自觉遵守各项管理制度。

② 工程管理部依据本规定检查冷热源的生产和使用工作，对查出的问题进行处理和改进，并做好记录。

③ 工程管理部依据本规定，对冷热源的生产和使用情况进行检查和考核。对查出的问题按部门员工考核规定进行处理，对改进情况进行跟踪验证。

5 工作记录

冷热源使用情况检查记录表由冷热源使用情况检查人员负责填报，如表 3-7 所示。

表 3-7　冷热源使用情况检查记录表

被检查部门		检查部位		现场负责人		检查日期	
检查人员组成							
检查项目		检查情况				备注	
表面清洁							
暖通设备							
负荷							
有无浪费现象							

被检查部门签字：　　　　　　　　　　　　　　　　填表人：

六、内部费用审核规范

内部费用审核规范

1　范围

本规范规定了工程管理内部费用审核的要求。

2　工作职责

工程管理部经理负责工程管理部所有内部费用的最终审核工作等。

3　工作要求

3.1　基本要求

工程管理部本着在保证所辖各大系统设备正常运转的基础上，全面落实公司全成本核算的要求，严格执行合理申报、严控使用、逐级审核、层层把关的费用管理规定。

3.2　费用申报

3.2.1　年度预算申报

① 申报预算应严格执行实事求是、严谨合理的要求，严禁虚报浮夸的作风。

② 制定预算应参考上一年度费用实际发生量及年度费用分析报告。

③ 制定预算应依据公司经营的发展需求、维修、保养计划、项目工程立项状况及市场价格等因素。

④ 每年 12 月 10 日前，各专业主管将编制的下一年度费用计划上报于部门经理。部门经理一周内完成审核，并按照公司要求整理成册，月底前上报于公司。

3.2.2 费用使用申报

① 部门经理应在项目工程及设备大修实施前 2 个月，组织相关专业进行市场调研、方案论证、造价审核、制定合同等工作。项目负责人应严格控制项目造价，严禁将年度预算透露给合作单位。

② 设备、设施突发故障所需费用，由各专业班组长向主管提报所需检修零部件及材料，专业主管审核同意后上报于部门经理，部门经理审核批准后方可报物资保障部进行采购。

③ 需要委托专业公司维修的设备，由使用部门或专业班组长以书面形式提报于主管领导，主管同意后由部门物资管理员进行市场咨询、论证和询价，多方比价后，上报于部门经理审批。

④ 月度物料申购计划由部门物资管理员根据各班组提报的申请，参照年度计划、月度维修计划、库存状况编制申购计划，经与各班组核对无误后上报于部门经理审核。

4 统计与审核

① 工程管理部实行运行费用周统计、月分析、年总结及三级审核的方式，并做到出现异常及时处理，发现问题及时上报，杜绝各种浪费。

② 能源费用由各专业主管负责统计核对，并依据各项记录数据作出分析报告，于次月 10 日前报给部门经理。

③ 项目工程及大修的费用支出实施过程控制的方法，对阶段性付款、各类变更、费用洽商必须执行逐级审批规定，并做好详细记录。

④ 项目工程及大修结束后应立即将发生的各类费用进行汇总核对，并依据相关规定进行决算，一般决算由具有资质的专职人员承担，数额较大的应聘请专业公司完成。

⑤ 物资管理员应每周末对本周发生的各类日常维修费用进行汇总统计，发现非正常现象时，及时与相关专业负责人进行沟通，并要求作出解释。

⑥ 物资管理员每周对费用作简单分析，并在部门例会进行通报。每月要

作出月度费用分析报告，经部门经理审批后上报于公司。

⑦ 各阶段的统计与分析均应经过班组长、专业主管、部门经理的审核。

⑧ 物资管理员应每月向计划财务部报告部门费用使用状况。

⑨ 各类统计报表和分析报告应交给档案员保管，并作为制订下一年度维修计划及预算的参考依据。

5　检查和考核

① 工程管理部依据本规范检查部门各级管理的费用审核工作，对查出的问题进行处理和改进，并做好记录。

② 工程管理部依据本规范，对部门各级管理人员的费用审核工作进行检查和考核。对查出的问题按部门员工考核规定进行处理，对改进情况进行跟踪验证。

6　工作记录

工程管理部内部费用审核记录表由工程管理部各级管理岗负责填报，如表 3-8 所示。

表 3-8　工程管理部内部费用审核记录表

年　月　日

申报班组		费用额度		所属专业		申报人	

说明：

专业审核：　　　　　　　　　　　　　　　　　　　部门经理：

七、能源使用管理规范

能源使用管理规范

1 总则

① 各部门、各合作单位、协作单位、施工单位的每位员工及在馆工作的各外单位员工，必须遵守国家各类法律、法规及本规定。

② 各部门及各单位应按照公司的相关规定，设立专职或兼职的"能源管理员"。

③ 必须加大日常巡视稽查的力度，坚持奖罚并举的原则，以达到"安全节能，人人有责"的目的。

④ 承担巡视稽查的工作人员应当严格、公正、文明地履行职责。

⑤ 公司对节能减耗工作中做出突出贡献的员工，应予以表彰、奖励。

⑥ 水族馆安全生产节能委员会负责公司的安全生产、能源控制工作。

2 工作要求

① 各部门在日常工作中，必须遵守国家相关法律、法规的规定和本规范，将节能减耗纳入日常工作中。

② 各部门必须将能源费用列入经营成本中，依据实际情况制定能源使用标准和指标。

③ 各经营单位在与合作单位签订合作协议时，应将能源费用的使用方、承担方等纳入合同的内容中。

④ 各部门都应承担节约能源的责任，都具有节能减耗的义务。

⑤ 每位员工必须遵守"人走灯灭，不用则关"的规定，下班后关闭设备的规定。

⑥ 严格禁止各部门和员工使用公司能源为个人服务的行为。

⑦ 各部门和员工必须遵守使用空调时不得开窗换气的规定。

⑧ 各部门和员工发现跑、冒、滴、漏现象必须及时报修，维修部门应在第一时间到达现场进行修复。

⑨ 耗能设备的操作人员要严格执行操作规范，严禁随意调整运行状态。

3　违章处理

① 适用范围：凡水族馆的员工与部门、在水族馆从事经营工作的人员与单位、在水族馆举办活动的人员与单位、工程施工的外单位与员工违反规定的，必须接受检查、督导和处罚。

② 执行人员：负有稽查权和巡检权的人员，必须依照工作流程与标准履行职责，对违反规定的行为，应当及时处理纠正，填写《违章罚款整改通知单》，并依据有关条例予以处罚。

③ 凡有下列行为的，对当事人将处以数额不等的罚款：

- 没按规定时间关闭馆内展区照明、视频设备、卫生间照明、展板照明的；
- 接到报修后，没按规定时间到达现场进行维修，造成能源浪费的；
- 下班后没有关闭不用设备（计算机主机、显示器）的；
- 不执行人走关灯规定，未经允许给手机充电的；
- 使用破损、不合格接线板的；
- 用清水冲洗地面的；
- 向下水管道内乱扔杂物，造成管路堵塞的；
- 工作人员私自离开绿地浇灌现场的；
- 在公司内洗涤个人衣物、清洗私车的；
- 在浴室内嬉戏打闹，不关闭喷头的；
- 用水后不关闭水龙头，造成浪费的；
- 闭馆后，展区卫生间没有关灯的；
- 使用分体空调的房间，夏季将室内温度调至 26 ℃以下的；
- 使用会议室后，没按规定关闭室内照明设备的；
- 不经主管批准擅自随意更改空调系统及设备开停时间或运行标准的；
- 供油管路及相关设备发现有跑、冒、滴、漏现象而不进行及时处理的；
- 私自更换照明灯具，随意改变灯具的类型、规格、数量和功率的；
- 不经批准，使用生活用水进行降温、解冻的；
- 作业人员不听从指令而违规作业的；
- 私自安装使用电加热设施做饭、烧水、取暖的；
- 柴油入库计量时，当事人对所进油数量不认真核实，给公司造成经济损失的；
- 不经主管批准，擅自将柴油挪为他用的；

- 发现燃气管道，点火棒有泄漏现象不及时汇报，不进行处理的；
- 没经批准，私自增加用能设备、设施的；
- 对纠正违规现象的人员进行嘲笑、谩骂、讽刺的；
- 部门所制定的节能措施没有得到执行的；
- 不按处罚规定按期缴纳罚款的；
- 不按整改通知要求进行整改的。

违章罚款整改通知单如表3–9所示。

表3–9　违章罚款整改通知单

编号：

违章者姓名	工号	部门					
违章时间		违章地点					
违章项目							
空调□	燃油□	用电□	燃气□	用水□	安全□	设备□	其他□

违章详述：

根据《能源使用管理规范》中"3违章处理" _____ 的规定		罚款：	元
整改时限	立即整改	本人签字：	
填写通知单时间		稽查签字：	

八、燃气使用管理规范

燃气使用管理规范

1　工作职责

工程管理部空调专业人员负责全馆所有燃气供应设备、设施的管理、检查和维护工作；水暖专业人员负责各厨房所有燃气使用设备、设施的管理、检查和维护工作。

2　工作要求

2.1　基本要求

① 燃气用户应当遵守安全用气规则，使用合格的燃气燃烧器具和气瓶，及时更换国家明令淘汰或者使用年限已届满的燃气燃烧器具、连接管等，并按照约定期限支付燃气费用。

② 应建立健全安全管理制度，加强对操作维护人员燃气安全知识和操作技能的培训。

2.2　具体要求

① 任何人不得擅自操作公用燃气阀门。

② 任何人不得将燃气管道作为负重支架或者接地引线。

③ 不得安装、使用不符合气源要求的燃气燃烧器具。

④ 严禁擅自安装、改装、拆除户内燃气设施和燃气计量装置。

⑤ 不得在不具备安全条件的场所使用、储存燃气。

⑥ 任何人不得盗用燃气。

⑦ 任何人不得改变燃气用途或者转供燃气。

2.3　燃气设施保护

在燃气设施保护范围内，禁止从事下列危及燃气设施安全的活动。

① 建设占压地下燃气管线的建筑物、构筑物或者其他设施。

② 进行爆破、取土等作业或者动用明火。

③ 倾倒、排放腐蚀性物质。

④ 放置易燃易爆危险物品或者种植深根植物。

⑤ 其他危及燃气设施安全的活动。

⑥ 不得侵占、毁损、擅自拆除或者移动燃气设施，不得毁损、覆盖、涂改、擅自拆除或者移动燃气设施安全警示标志。

⑦ 发现有可能危及燃气设施和安全警示标志的行为，有权予以劝阻、制止；经劝阻、制止无效的，应当立即报告工程管理部（或告知燃气经营者或者向燃气管理部门、安全生产监督管理部门和公安机关报告）。

3　检查和考核

① 工程管理部空调和水暖专业人员应认真执行本规定，自觉遵守各项管理制度。

② 工程管理部空调和水暖专业人员定期依据本规定检查馆内外所有燃气设备、设施，对查出的问题进行处理和改进，并做好记录。

③ 工程管理部依本规定，对空调和水暖专业人员进行检查和考核。对查出的问题按部门员工考核规定进行处理，对改进情况进行跟踪验证。

4 工作记录

天然气设备、设施检查维护记录表由检查人员负责填报，如表3-10所示。

表3-10 天然气设备、设施检查维护记录表

所属系统		使用部门		检查维护	
				检查□	维护□
检查项目	检查情况			备注	
调压箱					
计量表					
管道					
阀门					
燃烧设备					
紧急切断法					
泄漏报警					

使用部门签字： 　　　　　　　　　　　检查维护人员签字：

九、日常维修服务规范

日常维修服务规范

1 工作职责

工程管理部负责馆内所有系统设备、设施的日常维修服务工作等。

① 工程主管负责日常维修工作制度落实、检查、考核。

② 工程领班负责日常维修工作落实、跟进、检查。

③ 工程维保人员进行日常维修工作。

2　工作要求

① 基本要求：日常维修服务工作应贯彻"预防为主"的原则，把设备故障消灭在萌芽状态，其主要任务是防止连接件松动和不正常的磨损，监督操作者按设备使用规程的规定正确使用设备，防止设备事故的发生，延长设备使用寿命和检修周期，保证设备的安全运行，为生产提供最佳状态的生产设备。

② 日常维修服务工作重点体现于提高日常维修服务工作质量，减少设备、设施停机使用时间和提高设备、设施正常作业率。

③ 日常维修服务工作人员在设备日常维护工作中要做到"三好"（管好、用好、维护好），"四会"（会使用、会保养、会检查、会排除故障）。

④ 日常维修服务工作。

● 日常维修服务工作实行负责制：专业班组包区域，个人包机组；每个设备区域和每一台设备都要悬挂维护检修责任牌。区域内要悬挂组长责任牌，单机悬挂个人责任牌，正面填写责任者姓名，反面填写检查维修责任者职责。

● 日常维修服务人员有下列职责：严格按设备使用规程的规定，正确使用好维修设备和工具；设备、设施包修的责任班组，应按部门设置的区域设备检查点，分解落实到单机包修的个人，定时、定点进行巡回检查包修；包机的个人应根据部门规定的每台设备检查点的检查情况详细填写记录，交到专业班组存档备查；专业设备班组应根据定时定点检查的记录，安排和落实该设备的预修计划，并报部门备案，及时排除设备事故或设备故障。

⑤ 接到报修单或电话报修20分钟内到达现场进行维修。

⑥ 全体工程人员服从分配，以热忱的态度进行工程维修服务。

⑦ 公共设施维修：工程管理部值班人员接到公共设施报修通知后，由公共设施责任人进行维修，如责任人不在由领班安排其他人员维修；维修完毕后，请报修人员检查维修质量，并在设备工程报修单上签字确认；将设备工程报修单第一联交给报修部门，设备工程报修单第二联由工程管理部自存，设备工程报修单第三联交给工程值班。

⑧ 设备工程报修单的使用与保管。

● 设备工程报修单作为日常维修服务工作记录，应妥善保存，保存期不少于二年。

● 设备工程报修单由日常维修服务人员或报修部门人员签发，并建立维修台账。

● 设备工程报修单各栏内容必须如实填写。

● 设备工程报修单在工作完毕后必须由报修部门人员签字确认，否则按未完成工作论处。

● 设备工程报修单在公共设施日常维修时，由各部门管理人员签认。

● 设备工程报修单签字权限：工程管理部日常维修服务人员签认；报修部门人员签认。

3 检查和考核

① 日常维修服务人员应认真执行本规定，自觉遵守各项管理制度。

② 工程管理部每天依据本规定检查日常维修服务工作，对查出的问题进行处理和改进，并做好记录。

③ 工程管理部依据本规定，对日常维修服务专业班组或个人进行检查和考核。对查出的问题按部门员工考核规定进行处理，对改进情况进行跟踪验证。

4 工作记录

设备工程报修单由日常维修人员负责填报、报修部门人员签字确认，如表 3-11 所示。

表3-11 设备工程报修单

编号：00001

报修部门填写	申报内容				报修日期			第一联 报修部门存档
					报修部门			
					报修人			
	验收确认				验收人			
设备工程管理部填写	维修内容				损坏形式	自然	项	
						非自然	项	
					确认时间			
	维修物料清单	名称	型号	数量	完成时间			
					维修人员			
					维修工时			

十、工程管理日常巡视规范

工程管理日常巡视规范

1 工作职责

工程管理部负责馆内外房屋结构、供配电系统、中央空调系统、给排水系统、弱电音响系统、监控系统及相关设备的日常巡视检查工作等。

2 工作要求

2.1 基本要求

工程管理部按照专业划分，分别由各专业领班负责各自所属系统及相关设备、设施日常巡视检查工作。

2.2 电器设备

2.2.1 高压配电装置

① 有人值班的配电所（室），每班巡视一次；无人值班的配电室，每天巡视一次。

② 遇有恶劣天气（如大风、暴雨等）时，对室外电气设备应进行巡视。

③ 电气设备发生重大事故又恢复送电后，对事故范围内的设备，应进行巡视。

④ 电气设备存在缺陷或过负荷时，应适当增加巡视次数。

⑤ 根据电气设备的布置状况，确定合理的巡视路线，并尽量使巡视路线最短。

⑥ 巡视检查发现异常现象时，要及时处理，并做好记录，对于重大异常现象要及时报告。

⑦ 新投入运行的电气设备，在 72 小时内应加强巡视，无异常情况后可按正常周期进行巡视。

⑧ 巡视检查工作可由一人进行，但不应做与巡视无关的其他工作。

⑨ 巡视检查时，进、出高压室应随手关门，以防小动物进入室内。

⑩ 变配电所的暖气装置应无漏水或漏气现象，配电所的门、窗应完整，普通和事故照明应完整齐全。

⑪ 高压配电装置的巡视检查的内容一般规定如下：

- 所有瓷绝缘部分（包括瓷瓶、瓷套管等）应无掉瓷、破碎、裂纹及闪络放电痕迹和严重的电晕现象，瓷绝缘表面应清洁；
- 各部位的连接点应无腐蚀及过热现象；
- 应无异常声响；
- 接、合闸指示器的标志是否清楚，指示位置应正确，并应与指示灯的指示相一致；
- 固定触头与可动触头接触良好，无发热现象；
- 操作机构和传动装置应完整，无断裂；
- 电压互感器二次侧电压表的指示应正常；
- 电流互感器的二次侧接线连接应良好，无发热或打火现象，电流表的指示应与实际负荷一致。

2.2.2 低压配电装置和低压电器

① 对低压配电装置和低压电器的巡视检查，有人值班时，每班应巡视一

次；无人值班场所，应每周至少巡视一次。每次巡视情况及发现问题应记录。

② 对低压配电装置和低压电器日常巡视检查一般应包括下列内容：

● 主、分路的负荷情况与仪表指示是否对应；

● 电路中各部连接点有无过热现象；

● 三相负荷是否平衡，三相电压是否相同等；

● 各配电装置和低压电器内部，有无异声、异味；

● 有震动的场所，应检查电器设备的保护罩有无松动现象和是否清洁。有海水处，还应检查电器设备绝缘情况，是否漏电；

● 低压绝缘子有无损伤，母线固定是否松动；

● 配电装置与低压电器的表面是否清洁，接地连接是否正常良好；

● 低压配电装置通风和环境温度、湿度是否符合电气设备要求，下雨时，有无渗漏雨水现象；

● 空气开关应检查过流脱扣器定值和电气设备的热元件配置，与负荷相比，能否满足保护要求；

● 对空气开关、磁力起动器等，应检查其工作是否正常。

③ 对低压配电装置和低压电器，除应进行日常巡视检查外，在高峰负荷时或发生事故后，还应进行下列巡视：

● 处于高峰负荷时，应检查电气设备是否过负荷，各连接点发热是否严重；

● 雷雨后应检查配电室有无漏水现象，电线、电缆沟内是否进水，瓷绝缘有无闪络、放电现象；

● 设备发生事故后，应重点检查熔断器和各种保护设备的动作情况，以及事故范围内的设备有无烧伤或毁坏情况。

2.2.3　变压器

① 变压器运行巡视周期规定如下：

● 有人值班的，每班应检查一次；

● 无人值班的，每天至少巡视检查一次；

● 强迫冷却的变压器（风冷系统启动后），应每小时巡视一次；

● 负荷急剧变化、恶劣天气或变压器发生故障后，应增加特殊巡视。

② 变压器巡视和检查应包括以下内容：

● 检查变压器的电流、电压等变化情况；

● 变压器温度是否正常，是否超过允许值；

- 接线端子有无过热现象；
- 瓷绝缘子是否清洁，有无裂纹和碰伤、放电痕迹；
- 运行中的音响是否正常；
- 冷却装置运行是否正常；
- 变压器外壳接地是否良好。

2.2.4 电容组的巡视与检查

（1）电容器组的日常巡视与检查

对电容器组的日常巡视检查，有人值班时，应每班不少于一次；每次巡视发现问题应记入运行日志内。

对电容器组日常巡视检查的内容如下：

- 观察电容器外壳有无膨胀；
- 观察各相电流是否正常，有无不稳定及激增现象；
- 观察放电指示灯，以鉴别放电回路是否完好；
- 电容器各部接点是否过热；
- 有无异常的声响和火花；
- 瓷质部分有无闪络痕迹。

（2）电容器组的特殊巡视与检查

除对电容器组进行日常巡视检查外，在发生掉闸、熔丝熔断等现象后进行特殊巡视检查。

（3）电容器组的定期停电检查

除对电容器组进行日常巡视检查外，尚应定期进行停电检查，一般每季进行一次，定期停电检查的内容除因日常巡视检查的项目外，尚应检查如下内容：

- 各部螺丝接点的松紧及接触情况；
- 检查放电回路的完整性；
- 检查通风情况；
- 检查电容器外壳的保护接地线是否完好（不允许接地者除外）；
- 检查继电保护装置的动作情况及熔丝是否完好；
- 检查电容器组的开关接触器及线路等电器设备；
- 瓷绝缘有无破裂等情况。

2.2.5 配电盘和二次回路的巡视检查

① 配电盘每班应巡视检查一次，巡视检查的内容如下：

- 配电盘上表示"合""断"等信号灯指示是否完好；

- 熔断器的熔丝是否熔断；
- 刀闸、开关及熔断器的接点处是否过热、变色。

② 各种操作手把在运行中的维护检查项目如下：

- 运行中的手把应与开关的位置、灯光信号、仪表的指示相对应；
- 手把的连接导线应压接牢固，多股线不应有断股或支出等情况；
- 手把在盘面上组装牢固可靠，使之在操作时灵活。

③ 配电盘和二次回路定期检查内容如下：

- 检查二次回路绝缘是否破损；
- 各部连接点是否牢固；
- 配电盘及二次回路的标志、编号等是否清楚正确，不清楚时，应核对后重新描写；
- 检查信号灯，其他信号器械及仪表指示是否正确，失效时应及时更换或检修；
- 仪表松动或玻璃松动时应检修牢固，密封良好，并应清扫仪表及器械内的尘土。

2.2.6 蓄电池和整流设备

对蓄电池和整流器等充电设备进行定期的巡视检查，配电所有人值班时，应每班检查一次；硅整流器直流电源应巡视检查下列内容：

① 直流电压不应超过±10%，否则应调整；

② 通风是否良好；

③ 直流电源监视灯是否完好；

④ 整流元件等是否过热，有无异常。

2.2.7 电力电缆线路

至少每三个月巡视一次直埋电缆线路，巡视检查内容如下：

① 路径附近地面有无挖掘；

② 沿线路地面上有无堆放的瓦砾、矿渣、建筑材料等物件；

③ 线路附近有无酸、碱等腐蚀性排泄物等；

④ 引入室内的电缆穿管处是否封堵严密；

⑤ 电缆的各种标示牌是否脱离；

⑥ 有无被鼠咬伤的痕迹；

⑦ 有无渗、漏水现象。

2.2.8 照明装置

① 照明灯具上所装的灯泡是否超过额定量。

② 灯具各部件如发现松动、胶落、损坏的现象，应及时修复或更换。

③ 接地线是否完好。

④ 检查照明灯具的开关是否断相线，螺口灯相线和零线的接法是否正确。

⑤ 插销座有无烧伤、接地线接触是否良好。

⑥ 室外照明灯具有无单独熔丝（保险）保护。

⑦ 露天处所的照明灯具灯口防水是否良好。

2.2.9 电动机的巡视检查

① 电动机运行中应至少每周巡视检查一次，对电动机的各种自动装置都应定期检查、调整，一般情况下每年至少一次。

② 对电动机的通风和冷却设施应每周巡视检查两次，对频繁启动的电动机及其启动设备、接触器等附属设备应增加检查次数。

③ 电动机运行中巡视检查内容规定如下：

● 电动机运行的电流是否超过允许值，是否存在突变，电压是否在允许值内；

● 轴承是否过热，有无异常声音；

● 电动机运行声和振动是否正常，有无异常声音和气味；

● 电动机各部位的温度是否合乎规定。

④ 电动机合闸运行前应检查以下各项：

● 检查运行人员容易碰触的电动机传动部位保护设施是否牢固，电动机周围有无杂物，对新投入运行的电动机还应检查使用条件和接线与铭牌所示的电压、频率、接法等是否相符；

● 电动机的控制和保护设备是否完整；

● 检查轴承和充油启动设备中是否缺油；

● 电动机的轴承能否自由旋转。

凡能盘车的机械必须进行盘车，以证实转子和定子不相摩擦，所带的机械处在完好状态。

2.3 中央空调

① 直燃机组每小时巡检 1 次。

② 循环水泵每小时巡检 1 次。

③ 通风机组每班巡检 2 次。

④ 储存冷库每天巡检 2 次。

⑤ 循环水系统管道每月巡检 1 次。

⑥ 冷却塔每班巡检 2 次。

⑦ 风机盘管空调每月巡检 2 次。

⑧ 分体空调每个季度巡检 1 次。

⑨ 冷水螺杆机组运行中 2 个小时巡检 1 次。

⑩ 通风系统管道每年巡检 1 次。

⑪ 小型制冷设备（冰箱、冰柜、制冰机）每月巡检 1 次。

2.4　给排水系统

① 给水系统管道及相关设施每天巡检 1 次。

② 馆内卫生间每天巡检 1 次。

③ 馆外卫生间每 2 天巡检 1 次。

④ 污排水井每周巡检 1 次。

⑤ 污水泵每天巡检 1 次。

⑥ 化粪池每月巡检 1 次。

⑦ 雨排水口每半年巡检 1 次。

⑧ 雨排水管道每年巡检 1 次。

⑨ 雨水蓄水池每月巡检 1 次。

⑩ 馆顶屋面雨水沟每半年巡检 1 次。

2.5　弱电控制系统设备

① 门禁系统每周巡检 1 次。

② 馆内音响、广播每天巡检 1 次。

③ 馆内视频每天巡检 1 次。

④ 馆内监控每 15 天巡检 1 次。

⑤ 馆外监控每月巡检 1 次。

⑥ 电话程控交换机每天巡检 1 次。

⑦ 楼宇自控每周巡检 1 次。

3　检查和考核

① 工程管理部各专业值班人员应认真执行本规范，自觉遵守各项管理制度。

② 工程管理部依据本规范检查各专业系统设备的日常巡视检查工作，对查出的问题进行处理和改进，并做好记录。

③ 工程管理部依据本规范对本部门工作人员进行检查和考核。对查出的问题按部门员工考核规定进行处理，对改进情况进行跟踪验证。

4 工作记录

工程管理部日常巡视检查记录表由工程管理部各专业班组的值班人员负责填报，如表3-12所示。

表3-12 工程管理部日常巡视检查记录表

设备名称	设备编号	设备安装位置	检查时间
检查部位	检查结果		

检查人：

十一、生活用水使用管理规范

生活用水使用管理规范

1 工作职责

本规范规定了全馆生活用水的使用、管理及要求等。

2　工作要求

2.1　基本要求

全馆的每位员工都有节约用水的义务，当发现时常流水的水龙头或用水管时要随手关闭；当发现跑、冒、滴、漏等现象时要及时通知工程管理部进行维修。

2.2　卫生间管理

2.2.1　各卫生间的用水

卫生间均已为电磁阀控制并与卫生间照明联动，当照明关闭时，电磁阀随之关闭，卫生间停止冲水。

2.2.2　管理措施

① 闭馆后，展区各卫生间严禁开灯。

② 各展区卫生间在闭馆后应上锁，防止有人进入误开启照明。

③ 无论垃圾大小，都应该倒入垃圾桶中，不要在厕所冲洗。

2.3　维生系统用水

① 维生系统尽量采用盐水再生后重新使用的循环使用方式。

② 在保证水池水质的前提下，尽量减少废水的排放和加强新水的补充。

2.4　空调系统用水

① 应该选用符合国家节水标准的冷却设备。

② 要经常对冷冻水、热水、冷却水、卫生热水系统管路进行检查，防止跑水及漏水现象的发生。

③ 对膨胀水箱加强观察，防止冒水现象发生。

④ 要尽量减少整个系统的泄水次数。

⑤ 在保证冷却水水质的前提下尽量减少排污量。

2.5　洗浴用水

① 洗浴时调整好冷热水比例。

② 不要将喷头的水一直开着。

③ 尽可能先从头到脚淋湿一下，用洗涤香皂擦洗，最后再冲洗干净。

④ 洗浴时要专心致志、抓紧时间，不要边洗边聊，不要在浴室里打水仗。

⑤ 不要利用洗浴的机会洗衣服、鞋子等。

2.6　清洗地面用水

馆内外所有地面的清洗都要采用拖布擦洗的方式进行，严禁用自来水直接冲洗地面。

2.7　废水倾倒规定

馆内外废水在倾倒时必须倒入指定位置，严禁倒入雨水沟、井中。

2.8　检查与处罚

① 由工程管理部不定期地对公司用水情况进行检查，对违规人员开具处罚单，并做记录。

② 被处罚人员将罚款上交给公司财务部。

3　检查和考核

① 公司所有人员应认真执行本规定，自觉遵守各项管理制度。

② 工程管理部每天依据本规定检查馆内外生活用水的使用和管理工作，对查出的问题进行处理和改进，并做好记录。

③ 工程管理部依据本规定，对公司员工进行检查和考核。对查出的问题按部门员工考核规定进行处理，对改进情况进行跟踪验证。

4　工作记录

生活用水使用情况检查记录表由工程管理部生活用水巡视检查人员负责填报，如表3-13所示。

表3-13　生活用水使用情况检查记录表

被检查部门		检查部位		现场负责人		检查日期	
检查人员组成							
检查项目		检查情况				备注	
用水设备							
临时用水设备							
用水量							
有无浪费现象							

被检查部门签字：　　　　　　　　　　　　　　　　填表人：

十二、危险品库房日常管理规范

危险品库房日常管理规范

① 库房物资按大类分类存储，设置进销卡片，并按照物资的存、领手续

及时登记储物卡。

②所有物资统一按照类别进行管理，以便更多地查询所存物资信息，最大化地保证物资使用。

③严禁易燃易爆及三无物资入库，危险物资要设专库保管，并要有安全防范措施，配备足够的消防器材。

④库房内电器设备、线路附近不准存放任何物资，垛距、灯距、墙距、顶距要符合消防规定，保持通道畅通。

⑤仓库内严禁吸烟和动用明火，不得会客，无关人员禁止入内。离开库房时要切断一切电源，关窗锁门，检查无误后方可离开。

⑥自觉维护消防设备、设施及消防器材，不得随意挪动，保证正常使用。

⑦每日巡视库房，做好库房巡检记录，对库房内的安全隐患及时上报。

⑧保证库存物资的品质，无虫蛀、受潮、发霉或其他损毁。对有保质期的物资要在期限内使用，距期限三分之一时要对其采取措施，以免过期。

⑨保证库房及库存物资的清洁、整齐。

⑩每日进行库房巡查，认真填写检查记录表，注意冷库温度，如有异常及时通知相关部门维修。

十三、维修物料管理规范

维修物料管理规范

1 工作职责

工程管理部负责水族馆经营保障系统设备维修、保养、维护所需物资的保障工作。

2 工作要求

2.1 基本要求

工程管理部物资管理员负责部门所属系统、设备、设施维修所需物料计划的统计、报批及物料消耗情况的统计。

2.2 程序与要求

2.2.1 验收入库

①物资购入，物资管理员应协同专业班组领班查验相关申购物资。

② 验核人员应严格按照申报内容查对物资规格、型号、数量，查看物品生产合格证等相关质量证明。

③ 因内部缺乏检验设备、物品无法实地检测，验核人员可根据物品种类，实行分阶段验收。

④ 部分低价物资、少量购入时：

- 外观质量初验合格，物资准予领取，物资管理员签字确认，办理入库（后勤库）手续；
- 检验不合格，物资不予领取，后勤部负责后续工作；
- 检验不合格，物资领出使用且造成设备损坏，一经发现，物资管理员及专业领班负全责。

⑤ 高价物资或低价物资、多量购入时：

- 外观质量初验合格，物资准予领取，但物资管理员不办理相应入库手续；
- 物品使用一个月内，未发现质量问题，物资管理员签字确认，办理入库（后勤库）手续；
- 物品使用一个月内，发现质量问题，及时退回后勤部，后勤部负责后续工作，及时购置所需物资。

⑥ 物资管理员、专业领班及相关验核人员应严格遵守物资领用管理制度各项规定，违规者扣减当月绩效考核成绩。

2.2.2　领取手续

① 各班组领班负责专业物资领取工作。

② 领班应按照申报计划领取相应物资，其他班组所属物资不得私自填单领用。若急需使用，可征求相关班组意见或经物资管理员协调，从相关班组账外划拨使用。

③ 领班应按照物资实际用途，控制使用数量，合理化领取。

④ 领班领取物资时，应按照物品领料单提示内容（物品名称、规格、计量单位、请领数量）填妥领取物资信息，并在"领用人"一栏，签字确认。若因特殊情况，无法签字确认时，须事后及时补签。

⑤ 工具类物资领出时，须在物品领料单备注栏填写工具直接使用人或保管人。

⑥ 办公类物资由办公室统一领出，各班组不得私自填单领用。

⑦ 员工个人原则上不能领取办公类物资，应由领班根据实际工作需求统一领取，共同使用。

⑧ 各班组物资领出后，物资管理员应在物品领料单"部门负责人""制单人"两栏，签字确认。

⑨ 物品领料单共四联，绿联由部门留存备案，交物资管理员统一保管。

⑩ 物资管理员根据物品领料单，核对班组物资出入登记账单。

3　检查和考核

① 工程管理部维修人员每天依据本规范检查维修物资管理工作，对查出的问题进行处理和改进，并做好记录。

② 工程管理部依据本规范，对维修人员的物资使用情况进行检查和考核。对查出的问题按部门员工考核规定进行处理，对改进情况进行跟踪验证。

4　工作记录

物资出入登记账单由物资领用人员进行登记，如表3-14所示。

物料领用登记表由维修人员进行登记，如表3-15所示。

物资消耗统计表由维修人员进行登记，如表3-16所示。

表3-14　物资出入登记账单

物品名称：　　　　　　　　　　　　　　　　　　　　　　　　　　规格及型号：

登记日期	入库数量	出库数量	库存量	领用人	登记日期	入库数量	出库数量	库存量	领用人

表3-15　物料领用登记表

年　月　日

名称	规格型号	单位	数量	物品编号	领出时间	领用人

表 3-16 物资消耗统计表

日期	物品名称	规格及型号	报修部门	报修单编号	安装位置	安装数量	维修人

十四、物资库房管理规范

物资库房管理规范

1　库房日常管理

① 库房物资按大类分类存储，设置进销卡片，并按照物资的存、领手续及时登记储物卡。

② 所有物资统一按照类别进行管理，以便更多地查询所存物资信息，最大化地保证物资使用。

③ 严禁易燃易爆及三无物资入库，危险物资要设专库保管，并要有安全防范措施，配备足够的消防器材。

④ 库房内电器设备、线路附近不准存放任何物资，垛距、灯距、墙距、顶距要符合消防规定，保持通道畅通。

⑤ 仓库内严禁吸烟和动用明火，不得会客，无关人员禁止入内。离开库房时要切断一切电源，关窗锁门，检查无误后方可离开。

⑥ 自觉维护消防设备、设施及消防器材，不得随意挪动，保证正常使用。

⑦ 每日巡视库房，做好库房巡检记录，对库房内的安全隐患及时上报。

⑧ 保证库存物资的品质，无虫蛀、受潮、发霉或其他损毁。对有保质期

的物资要在期限内使用，距期限三分之一时要对其采取措施，以免过期。

⑨ 保证库房及库存物资的清洁、整齐。

⑩ 每日进行库房巡查，认真填写检查记录表，注意冷库温度，如有异常及时通知相关部门维修。

2 物资盘点

① 由物资员打出盘点表的账面数，物资员以盘点表为准核对实物，并作月结。

② 每月最后一日进行盘点，盘点日不入库、不领用。

③ 对核对账目时出现的不符之处，要查明原因，及时调整，做好对账记录。

④ 对盘点中发现的盈亏，要填写盈亏报告单。

⑤ 对盈亏物品，要查明原因，报物资保障部经理。属于自然损耗，可做报废处理，属于管理不善造成的损失，由物资员照价赔偿。

3 物资退库及物资报废

① 退库物资的范围：能重复使用的物资、特殊物品及危险品。

② 凡在上述范围内的物资，使用部门在不用的情况下可退回物资保障部统一调配，退库时须办理退库手续，并经部门经理签字批准。

低值易耗品、固定资产退库按相关制度程序办理。

十五、委托外修管理规范

委托外修管理规范

1 工作职责

工程管理部负责公司各部门需要委托维修设备的工作等。

2 工作要求

2.1 基本要求

规范各类设备委托外修工作的管理，杜绝违规操作，减少资金流失与浪费，保障维修质量。

2.2　委托外修设备须符合下列标准

① 本公司不具备设备、设施维修的专业技术能力。

② 本公司不具备且不能租赁到维修设备的专用工具和检测设备。

③ 根据国家规定或设备厂家要求，必须由指定公司维修的设备、设施。

④ 自修费用高于外修费用的项目。

⑤ 设备、设施维修所需零部件自己购置不到或不易购置的。

2.3　询报价

公司的各项委托外修的设备、设施均执行询价、比价相关的规定。

① 询价、比价应保证三家以上的要求。

② 执行同等价格比质量，同等质量比价格，同等价格和质量比服务的原则。

③ 属于指定厂商维修的项目，也应对其费用进行同行业询价，并明确地说明。

2.4　维修项目申报

① 任何需要委托外修项目均由工程管理部相关专业进行检修确认，凡不具备维修条件和能力的应及时上报于主管领导。

② 主管领导应及时对维修项目进行确认（关联专业较多，技术含量较高的应组织相关人员共同检查确认），符合相关条件的可批准外修。

③ 确认后及时填写设备外修工作登记表。

④ 委托外修工作责任人负责询价比价工作后，报工程管理部第一负责人。

⑤ 部门责任人应对所报的各项内容进行审核。

⑥ 完成如上项目报审程序后方可进入维修流程。

2.5　维修与跟踪管理

2.5.1　委托专业公司的维修原则

① 尽量采用上门维修的方式，以便对维修质量和过程进行监控。

② 如需送出维修应尽量采取接活的方式，以降低维修运输费用和运输风险。

2.5.2　跟踪管理

① 维修前应对自检所初步认定的故障零件进行记号处理，以便于修复后的检查确认。

② 执行废旧零件回收的规定。

③ 维修过程中要不定期地进行询问和沟通。

2.6　验收

委托外修必须坚持验收程序，验收由外修责任人组织专业主管和相关技术人员进行验收。验收应遵守以下规定。

① 验收应在维修单位自验后进行。

② 验收内容包括：数量、外观、性能、质量及更换零件的规格、型号、数量核对确认。

③ 性能验收标准应依据国家相关标准或甲乙双方所约定的标准。

④ 验收人员应认真填写维修项目、零备件登记，验收合格后应在验收栏中签字确认，并将设备外修申请表存档。

2.7　付款

① 没有签订维修合同的均执行验收合格后付款的方式，如需进行试运行的设备应留有10%的尾款，待试运行合格后付余款。

② 签有维修合同的按合同规定付款。

③ 付款应具备付款条件和相关文件。

④ 支票抬头与维修单位名称相同。

⑤ 领取支票应验明领取人身份，并由领取人签字，严禁本单位人代签。

3　检查和考核

① 工程管理部依据本规范检查委托外修工作，对查出的问题进行处理和改进，并做好记录。

② 工程管理部依据本规范，对委托外修责任人进行检查和考核。对查出的问题按部门员工考核规定进行处理，对改进情况进行跟踪验证。

4　工作记录

委托外修工作登记表由委托外修责任人负责填报，如表3–17所示。

表 3–17　委托外修工作登记表

委托设备名称	规格型号	数量	委托部门	委托日期	经手人	委托外修原因

填表人：

十六、运行成本统计规范

运行成本统计规范

1 工作职责

工程管理部负责工程管理部能源、维修物料、改扩建工程费用的统计工作等。

2 工作要求

2.1 基本要求

部门指定专人进行各项统计，实行定期统计，统计数据与实际发生数相吻合。

2.2 能源成本统计

① 每天下班前，空调专业班组长完成所辖系统设备上一个运行工作日的天然气消耗量的日统计，填写天然气消耗情况统计表。

② 每天下班前，电工专业班组长完成所辖系统设备上一个运行工作日的电能消耗量的日统计，填写电量消耗情况统计表。

③ 每旬第一天，水暖专业领班完成上一旬水资源消耗量的旬统计，填写月度水资源消耗统计表。

④ 每月 3 日前，各专业主管根据各班组能源消耗的日或旬统计结果，完成各项能源成本的月统计，提报了部门秘书。

2.3 维修物料成本统计

每月 3 日前，部门物资管理员完成部门所属各专业上一月度系统设备检修、保养所需物料消耗实际费用支出、外委维修实际费用支出、合同实际发生费用支出和办公费用实际支出的统计，填写工程管理部_____年____月份检修、保养费用统计表并上报于部门秘书。

2.4 上报于部门经理

每月 5 日前，部门秘书完成维修物料和能源费用的综合统计后上报于部门经理。

3　检查和考核

①　工程管理部负责运行成本的统计人员应认真执行本制度，自觉遵守各项管理制度。

②　工程管理部依据本制度检查部门内部运行成本的统计工作，对查出的问题进行处理和改进，并做好记录。

③　工程管理部依据本制度，对负责部门运行成本的统计人员进行检查和考核。对查出的问题按部门员工考核规定进行处理，对改进情况进行跟踪验证。

4　工作记录

天然气消耗情况统计表由空调专业领班岗负责填报，如表3-18所示。

电量消耗情况统计表由强电专业领班岗负责填报，如表3-19所示。

月度水资源消耗统计表由水暖专业领班岗负责填报，如表3-20所示。

工程管理部_____年____月份检修、保养费用统计表由工程管理部物资管理员负责填报，如表3-21所示。

表3-18　天然气消耗情况统计表

日期		1#机组		2#机组		…机组	
		表数	用量	表数	用量	表数	用量
1	白班						
	夜班						
⋮	白班						
	夜班						
30	白班						
	夜班						
31	白班						
	夜班						

表 3–19　电量消耗情况统计表

日期：_____年____月

日期	地点及用户					
	某工作间	...	...	...	...	...
	某具体地点					
1 日						
⋮						
31 日						

表 3–20　月度水资源消耗统计表

抄表日期：

水表名称	本月水表数

表 3–21　工程管理部_____年____月份检修、保养费用统计表

项目名称	数量及比例		维修单总价	
电气维修				
给排水机修				
空调维修				
弱电维修				
房屋建筑				
汇总				
部门	维修单数（张）	各部门单数比例	各部门维修费用	各部门费用比例
总数及总价				
合同及专项计划工程				
电气维修				
给排水机修				
家具装置				

项目名称	数量及比例	维修单总价
空调维修		
弱电维修		
房屋建筑		
汇总		
其他费用情况		
办公用品		
杂品		
工服/鞋		
劳保费用		
电话［含分摊］费		
汇总		
本月外修项目		
电气维修		
水暖机修		
家具装置		
空调维修		
弱电维修		
房屋建筑		
合计		
本月总消耗		

十七、工程管理部值班管理规范

工程管理部值班管理规范

1　工作职责

工程管理部办公室人员负责工程管理部值班工作等。

2　工作要求

① 值班人员的安排。

早 8:30—晚 5:30，由工程管理部办公室人员负责值班。

晚 5:30—早 8:30，由配电室领班负责值班。

② 实行 24 小时全天制值班。

③ 工程管理部值班人员负责值班人员的工作调度，并在工程管理部经理下班后，有权调度工程管理部的有关员工，进行设备故障的抢修和突发事件的处理。

④ 部门各岗位值班人员必须坚守岗位，做好设备运行故障、维修、报修等的登记，并立即报告工程管理部值班人员，并根据部门值班人员的指示进行适当处理。工程管理部值班人员应根据报告制度，及时向工程管理部经理请示、报告。

⑤ 对于设备故障、报修，值班人员应及时进行处理，并做好维修工作的跟踪检查和记录。

⑥ 遇到突发紧急情况时，值班人员应进行紧急处置，保证人身和设备安全，减少事故损失，并立即报告工程管理部值班人员，由工程管理部值班人员报告工程管理部经理和公司总值班，听候进一步处理指令。

⑦ 运行岗的设备故障情况必须及时报告工程管理部值班人员，未能及时解决的应详细汇报和记录故障情况，以便值班人员正确判断，进行适当处理。

⑧ 维修人员在接到紧急事故处理指令后，应以最快的速度赶赴现场进行处理，使损失减到最小。

⑨ 工程管理部人员在休息时间，有义务保持联络的畅通，以便随时听候工程管理部值班人员的调遣，参与对突发事件的处理或紧急故障的抢险。

⑩ 值班人员应做好值班记录，并根据报告制度，将重要事件、异常情况、设备故障及时报告工程领班或工程管理部经理。

⑪ 交接班工作必须严肃认真地进行，交接班人员应严格按规定履行交接班手续。具体内容和要求如下。

- 交班人员应详细填写各项记录，并做好环境卫生工作，遇有操作或工作任务时，应主动为交班做好准备工作。

- 交班人员应将下列情况作详尽介绍：所管辖的设备运行方式、变更修试情况、设备缺陷、事故处理、上级通知及其他有关注意事项；工具仪表、备品备件、钥匙等是否齐全完整。

- 接班人员应认真听取交班内容，核对各项工作内容。交接完毕，双方应在记录簿上签名。

- 下列情况不得交接班：上班运行情况未交代清楚；接班人数未达到需要
  人数的最低限度；接班人员有醉酒现象或神智不清而未找到顶班人；设
  备故障影响运行、使用时。
- 交接班时，如发生事故或异常情况，须立即停止交接班。原则上应由交
  班人员负责处理，接班人员主动协助，当事故处理告一段落时，再继续
  办理交接班手续。
- 接班者如对交班者工作完成情况、值班室、责任区卫生情况不满意可以
  拒绝接班。

3 检查和考核

① 工程管理部值班人员应认真执行本规定，自觉遵守各项管理制度。

② 工程管理部值班人员每天依据本规定负责工程管理部值班工作，对查出的问题进行处理和改进，并做好记录。

③ 工程管理部依据本规定，对工程管理部值班人员进行检查和考核。对查出的问题按部门员工考核规定进行处理，对改进情况进行跟踪验证。

4 工作记录

工程管理部值班情况记录表由工程管理部值班岗负责填报，如表3-22所示。

表3-22　工程管理部值班情况记录表

部门值班：　　　　　　　　　　　　　　　　　负责人：

系统设备	中央空调			
	供配电			
	给排水			
	弱电			
班组	班组	应出勤人数	实际出勤人数	负责人
	电工			
	空调			
	水暖			
	弱电			

第三章　工　作　流　程

一、发电机检查试车工作流程

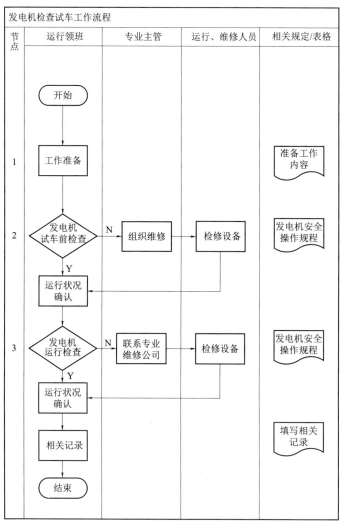

图 3-2　发电机检查试车工作流程

174

表 3–23 发电机检查试车工作流程说明

	流程节点	责任人	工作说明	流程节点检核要点
1	工作准备		① 准备好清扫保养设备相关工具 ② 熟悉设备检查试车工作任务要求	工具齐全
2	发电机试车前检查	运行领班	① 柴油机机油及冷却液的水平,不够时要加满 ② 柴油机冷却风扇与充电机皮带的松紧度,如松便收紧 ③ 所有软管,是否有接合处松脱或磨损,如有则收紧或更换 ④ 电池电极有无腐蚀,有则清洁处理,电池液水平,必要时可添加蒸馏水,电池电压是否正常,欠压充电 ⑤ 空气滤清器的阻塞指示器,如果堵塞了就要换一个滤清器 ⑥ 机组的燃料系统,冷却系统及润滑机油油封有无泄漏现象 ⑦ 控制屏和发电机上是否有灰尘堆积,有则清除干净	执行《发电机安全操作规程》
	发现设备异常	专业主管	① 上报情况 ② 组织维修 ③ 维修后确认	执行《发电机安全操作规程》
3	发电机运行检查	运行领班	① 控制屏有无异常指示 ② 发电机有无异常的噪声或震动 ③ 电压、频率、油温正常	执行《发电机安全操作规程》
	发现设备异常	专业主管	① 上报情况 ② 组织专业公司维修 ③ 维修后确认	执行《发电机安全操作规程》
4	相关记录	运行维保人员	① 电气维保人员应做好设备检查记录 ② 根据设备异常现象及维修状况,填写维修记录 ③ 将详细维保设备情况记入重点设备档案	记录准确、完整

二、空调通风机组换季维护保养工作流程

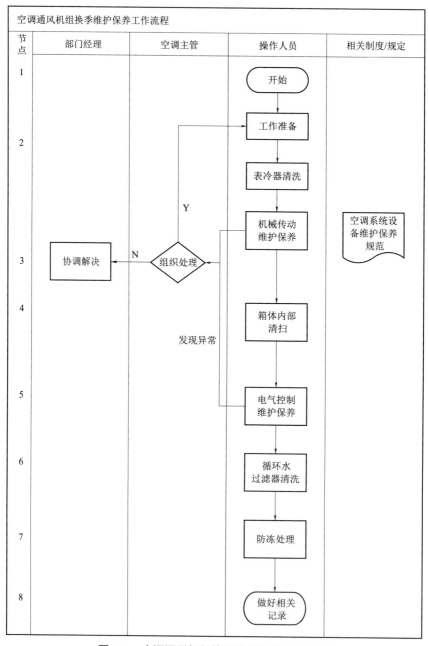

图 3-3　空调通风机组换季维护保养工作流程

表 3–24　空调通风机组换季维护保养工作流程说明

	流程节点	责任人	工作说明	流程节点检核要点
1	工作准备	操作人员	① 工具准备 ② 物品准备 ③ 停机、拉闸断电、悬挂"禁止操作"警示牌	① 按照空调系统维护保养工作规范准备相关工具 ② 准备好自来水和翅片清洗剂 ③ 严格按照空调系统维护保养工作规范要求，停机、拉闸断电、悬挂"禁止合闸"警示牌
2	表冷器清洗	操作人员	利用自来水或翅片清洗剂清洗表冷器	按照空调系统设备维护保养规范清洗表冷器
3	机械传动维护保养	操作人员	① 检查传动皮带 ② 检查风机电机 ③ 检查风机风轮	① 传动皮带无破损，松紧度符合要求 ② 风机电机盘车顺畅无卡阻 ③ 风机风轮转动顺畅无卡阻
4	箱体内部清扫	操作人员	清扫箱体内部灰尘及异物	清扫箱体内部灰尘和异物
5	电气控制维护保养	操作人员	电气控制柜（箱）维护保养	按照供配电设备检修维护保养规范对通风机组电气控制部分进行维护保养
6	循环水过滤器清洗	操作人员	清洗循环水过滤器	清洗循环水过滤器，保证过滤器无淤泥、无异物
7	防冻处理	操作人员	做好风机表冷器防冻处理	按照空调系统设备换季维护保养规范操作
8	做好相关记录	操作人员	做好通风机组换季维护保养工作的相关记录	按照空调系统设备维护报验规范相关要求，做好本次通风机组换季维护保养工作的相关记录：包括时间、人员、核材料消耗

三、配电倒闸操作工作流程

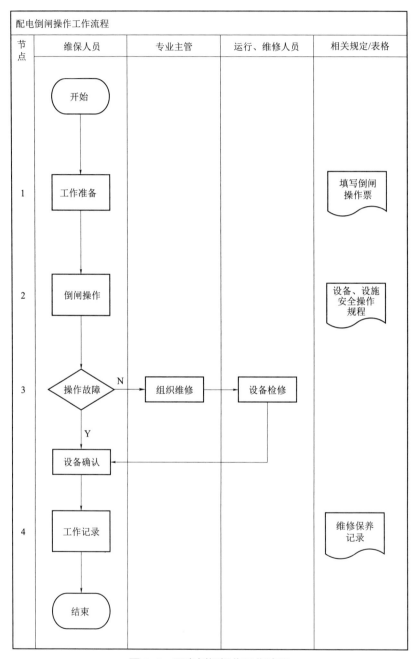

图3-4 配电倒闸操作工作流程

表 3–25 配电倒闸操作工作流程说明

流程节点		责任人	工作说明	流程节点检核要点
1	工作准备	维保人员	① 熟悉配电设备倒闸操作工作任务 ② 填写倒闸操作票 ③ 按倒闸操作票在模拟板上模拟操作 ④ 准备好相关安全用具 ⑤ 准备好维修设备相关工具	工具齐全
2	倒闸操作		按照《设备、设施安全操作规程》倒闸操作	执行《设备、设施安全操作规程》
3	操作故障	专业主管	① 组织维修 ② 按照《供配电设备检修规范》进行工作	① 执行工程管理部设备、设施管理规范 ② 执行配电设备维修管理规范
4	工作记录	维保人员	① 操作人员应做好设备相关记录 ② 根据设备变更运行情况,更新配电模拟系统图 ③ 将倒闸操作票存入设备档案	记录准确、完整

四、起重、吊装设备检修、保养流程

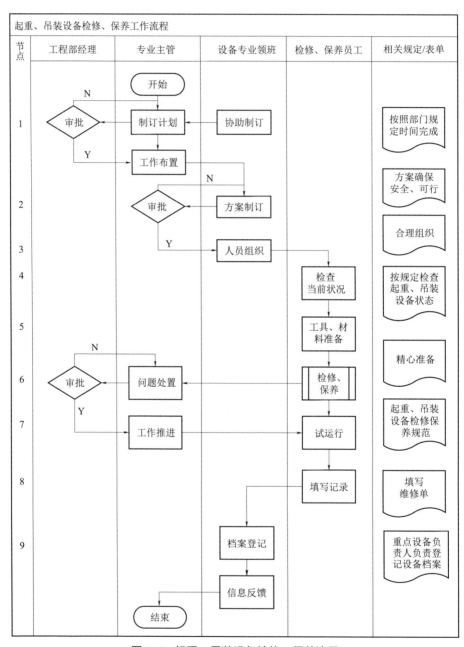

图 3-5　起重、吊装设备检修、保养流程

表 3–26 起重、吊装设备检修、保养流程说明

流程节点		责任人	工作说明	流程节点检核要点
1	制订计划	专业主管	① 专业主管在部门规定的时间内负责制订起重、吊装设备检修、保养工作计划 ② 制订过程中需专业领班配合完成 ③ 将制订完成的起重、吊装设备检修、保养工作计划上报给工程管理部第一责任人审核	① 按照工程管理部系统设备检修、保养工作计划的节点时间完成 ② 检修、保养工作计划制订完成后，及时上报给部门第一责任人进行审核批准
2	方案制订	设备专业领班	① 工作计划得到部门批准 ② 由专业领班在充分保证安全的前提下制订出起重、吊装设备的可行检修、保养方案 ③ 专业领班将制订好的起重、吊装设备检修、保养方案上报专业主管 ④ 检修、保养方案得到专业主管批准	本着安全、精细、高效的原则，制订出检修、保养工作方案；及时上报给专业主管并得到专业主管同意
3	人员组织	设备专业领班	专业领班负责组织进行起重、吊装设备检修、保养人员	合理安排用工、杜绝用工浪费
4	检查当前状况	检修、保养人员	① 检查设备的工作状态 ② 核实设备检修、保养级别 ③ 设备故障现象	按照工程管理部《起重、吊装设备检修、保养规范》进行检查
5	工具、材料准备	检修、保养人员	① 准备检修、保养所需材料及零部件 ② 准备检修、保养所需工具及设施 ③ 准备检修、保养过程中所需防护用具	工具、材料准备充分；防护措施要得当
6	检修、保养	检修、保养人员	① 按照《起重、吊装设备检修、保养规范》对设备进行检修、保养 ② 检修、保养过程中，发现问题及时上报专业主管，专业主管不能解决的，在由专业主管上报部门第一责任人协助处理送	按照《起重、吊装设备检修、保养规范》对起重、吊装设备进行检修、保养
7	试运行	检修、保养员工	检修、保养人员完成检修、保养工作后，交由使用人员投入试运行	使用人员对起重、吊装设备试运行情况要有信息反馈
8	填写记录	检修、保养员工	填写报修单，详实填写设备工程报修单所要求的填写内容	详实填写设备工程报修单
9	档案登记	设备专业领班	起重、吊装设备负责人负责完成设备档案《保养维修记录》的填写登记后由专业领班向专业主管作信息反馈	及时登记设备档案《保养维修记录》

五、配电设备巡检、维修、保养工作流程

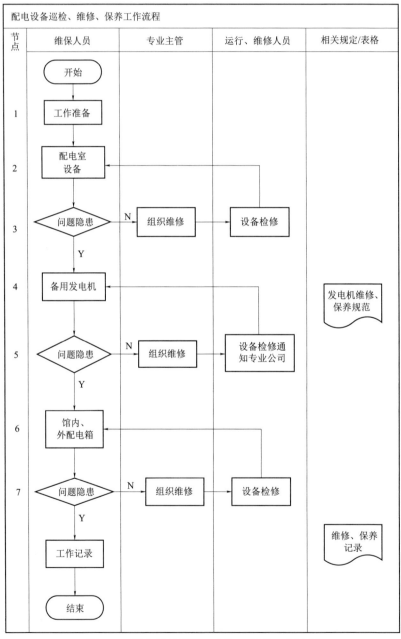

图 3-6 配电设备巡检、维修、保养工作流程

表 3-27　配电设备巡检、维修、保养工作流程说明

	流程节点	责任人	工 作 说 明	流程节点检核要点
1	工作准备	维保人员	① 带好维修、保养设备相关工具 ② 熟悉设备维保要求	工具齐全
2	配电室设备	维保人员	① 按照《设备、设施安全操作规程》进行停送电操作 ② 按照《供配电设备检修规范》进行工作	执行相关规范
3	问题隐患	专业主管	组织维修	
4	备用发电机	维保人员	① 柴油机机油及冷却液的水平，不够时要加满 ② 柴油机冷却风扇与充电机皮带的松紧度，如松便收紧 ③ 所有软管，是否有接合处松脱或磨损，如有则收紧或更换 ④ 电池电极有无腐蚀，有则清洁处理，电池液水平，必要时可添加蒸馏水，电池电压是否正常，欠压充电 ⑤ 空气滤清器的阻塞指示器，如果堵塞了就要换一个 ⑥ 机组的燃料系统，冷却系统及润滑机油油封有无泄漏现象 ⑦ 控制屏和发电机上是否有灰尘堆积，有则清除干净 ⑧ 试车运行，控制屏有无异常指示，发电机有无异常的噪声或震动	执行相关规范
5	问题隐患	专业主管	组织维修	执行相关规范
6	馆内、外配电箱	维保人员	① 箱柜外观清洁、无破损、无腐蚀、箱柜门关合完好 ② 主回路、控制回路压接良好、标号清晰，绝缘无变色老化 ③ 指示灯、按钮转换开关外表清洁，标志清晰，牢固可靠，转动灵活 ④ 电器仪表外表清洁显示正常、固定可靠 ⑤ 继电器、交流接触器、断路器、单极开关外表清洁，触点完好，无过热现象，无噪声 ⑥ 开关外壳、消弧罩齐全，无老化 ⑦ 保护接地（零）系统连接符合安全要求 ⑧ 新装内部器件安装及配线工艺符合安全要求	① 执行《电气安全规程》 ② 执行工程管理部设备、设施管理规范
7	问题隐患	专业主管、维保人员	组织维修 ① 电气检修维保人员应做好记录 ② 根据设备变更情况，更新设备系统图 ③ 将变更情况详细地记入重点设备档案	执行工程管理部设备、设施管理规范 记录准确、完整

六、设备、设施报废管理工作流程

设备、设施报废管理工作流程

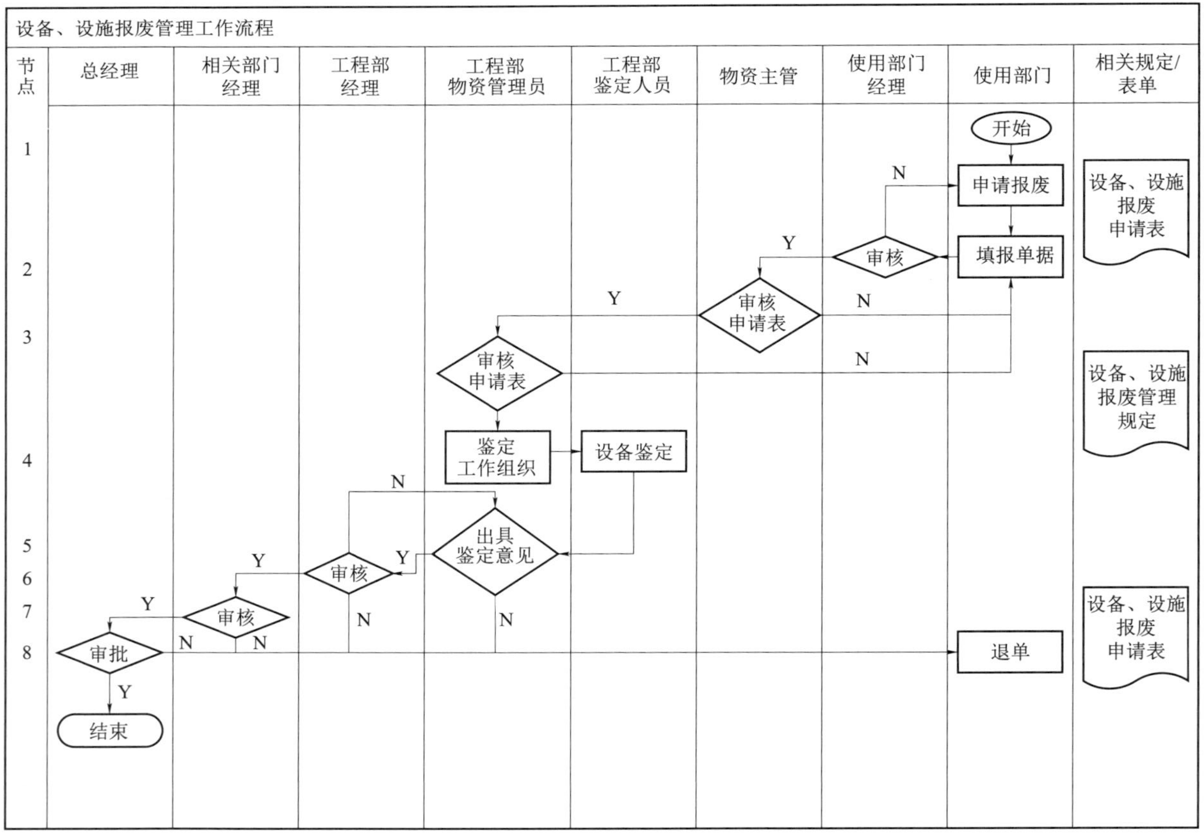

图3-7 设备、设施报废管理工作流程

表 3-28 设备、设施报废管理工作流程说明

流程节点	责任人	工作说明	流程节点检核要点
1	使用部门	申请报废 管辖区域设备、设施不再使用,实施报废工作	
		填报单据 根据设备、设施实际情况,填写设备、设施报废申请表	写明申报日期,说明报废原因
	使用部门经理	审核 审核签字。对报废原因存在异议,退回填报人员修正完善	
2	物资主管	审核申请表 审核使用部门填报信息,依据公司固定资产管理办法明确信息,信息不准确,退回使用部门修正,完善重新填报	检查填写内容,确保报废设备购置日期,报废设备额定使用期限等信息属实
3	工程部物资管理员	审核申请表 审核使用部门填报信息,信息不准确,退回使用部门修正,完善后重新填报	检查填写内容,确保送鉴报废设备情况与填报信息相符
4	工程部物资管理员	鉴定工作组织 ① 组织相关专业对设备电气、机械等使用性能进行综合鉴定 ② 明确工作进度安排,进行进度控制	组织鉴定人员在一周内完成综合鉴定、结果确认
	工程部鉴定人员	设备鉴定 ① 相关专业对设备对应性能进行情况检测 ② 鉴定人员根据设备现状确定鉴定结果,反馈给物资管理员	① 各专业指定人员参与相应项目鉴定工作,负责鉴定结果的认定 ② 各专业鉴定工作负责人综合意见,确认送鉴设备、设施是否达到报废条件。对设备能否修复、有无修复价值、设备能否满足系统运行要求服务需求等情况予以说明
5	工程部物资管理员	出具鉴定意见 ① 综合设备、设施基础情况及鉴定小组反馈结果,签署鉴定意见 ② 对不满足报废条件的申请,终止报废程序	依据相关文件,签署鉴定意见。对可使用,但更新不用的设备、设施,协调使用部门办理退库手续,由物资保障部上报公司统一处理
	使用部门	退单 根据工程部鉴定意见,对可修复使用的设备、设施,办理退单手续,撤销报废申请	
6	工程部经理	审核 审阅提报信息。对报废原因或鉴定意见存在异议,退回物资管理员修正完善	
7	相关部门经理	审核 物资保障部经理、计财部经理先后审阅提报信息。存在异议,退回使用部门	物资保障部经理审核无误,报送计财部经理批复
8	总经理	审批 ① 审阅提报信息。存在异议,退回使用部门 ② 批准签字	

七、市政自来水停水处理工作流程

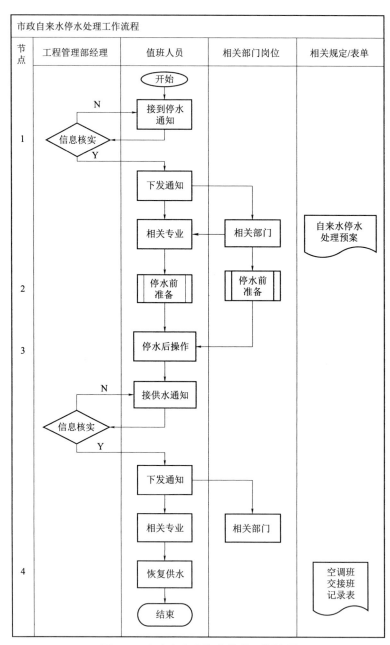

图 3-8 市政自来水停水处理工作流程

表 3–29　市政自来水停水处理工作流程说明

	流程节点	责任人	工作说明	流程节点检核要点
1	信息核实	值班人员	① 市政自来水停水通知来源：市政自来水公司、公司办公室或本地媒体的公示通知 ② 接到停水通知后，应及时与工程管理部经理进行联系并进行停水信息核实 ③ 通过核实，确认停水信息属实后，以电子版的形式，通过公司内部网络 OA 平台向各部门及公司办公室发送通知，对相关重点部门再进行电话跟进	确保市政自来水停水信息的真实可靠性，及时向公司各部门下发通知，对于相关重点部门要进行电话跟进
2	停水前准备	相关部门岗位	① 执行相关规范 ② 空调专业对空调系统提前补充好充足水量 ③ 水族维生设备部提前做好维生系统各维生水体的反洗和换水工作及鱼类饵料的清洗加工 ④ 餐饮部蓄存充足的餐品加工所需用水 ⑤ 动物部提前做好动物饵料的清洗和加工	空调专业及各相关部门提前做好各自停水前的相关准备工作
3	停水后操作	相关部门岗位	① 空调专业值班人员停止中央空调循环水系统冷却水排污 ② 水族维生设备部值班人员停止在此期间进行维生系统反洗或换水	相关部门和专业按照各自规范要求进行相关操作
4	恢复供水	相关部门岗位	详实填写空调班交接班记录表和交接班日志	详实填写记录表和交接班日志

八、特殊天气状况安全生产处置流程

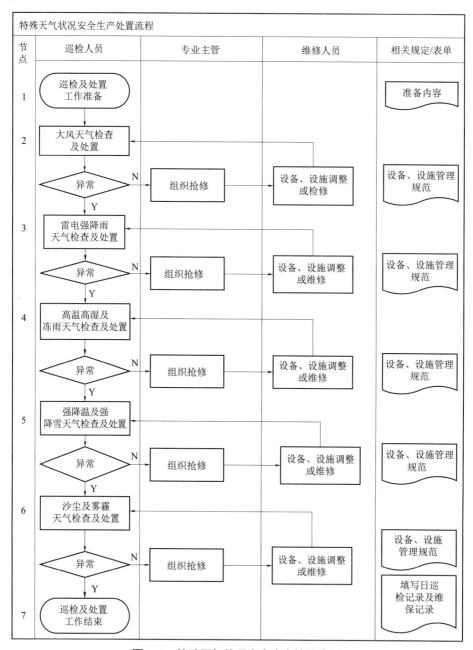

图 3-9　特殊天气状况安全生产处置流程

表 3-30 特殊天气状况安全生产处置流程说明

	流程节点	责任人	工作说明	流程节点检核要点
1	巡检及处置工作准备	巡检人员	带好巡视设备工作间钥匙、对讲机和相关检测仪器	
2	大风天气检查及处置	巡检人员	按照工程管理部设备、设施运行技术标准，做下述检查及处置： ① 停止露天活动和馆顶、屋顶及高空等户外危险作业 ② 切断户外危险电源 ③ 通知相关专业班组及各部门关好直接通往室外的门窗 ④ 加固室（馆）外围板、棚架、广告牌等易被风吹动的搭建物 ⑤ 妥善安置易受大风影响的室外物品，遮盖建筑物资 ⑥ 关闭南广场喷水池循环水泵 ⑦ 注意室外绿化及垃圾暂存处等防火 ⑧ 在刮风时，引导馆外游客不要在广告牌、临时搭建物等下面逗留	
3	雷电强降雨天气检查及处置	巡检人员	① 停止户外作业 ② 切断室外危险电源 ③ 关闭南广场喷水池循环水泵 ④ 检查馆内雨排水系统管道、雨水井等，出现地面积水及时组织处理 ⑤ 检查室外雨排水沟、雨排水口，如有杂物堆积及时清理，保持排水顺畅 ⑥ 检查各设备工作间和管沟，防止雨水倒灌 ⑦ 强电专业人员检查电缆沟、井 ⑧ 禁止在馆顶、屋顶等室外高空作业 ⑨ 尽量避免室外地面作业。在户室且附近没有安全避护场所的地面作业的人员应尽快返回 ⑩ 不要在树木、塔吊、变压器下及孤立的棚子和小屋里避雨 ⑪ 人员应当尽量躲入有防雷设施的建筑物或者汽车内，并关好门窗 ⑫ 切勿接触天线、水管、铁丝网、金属门窗、建筑物外墙，远离电线等带电设备和其他类似金属装置 ⑬ 尽量不要使用无防雷装置或者防雷装置不完备的电视、电话等电器 ⑭ 在空旷场地不要打伞，远离电线、变压器等带电设备，远离广告牌、烟囱、电线杆、旗杆各种天线等高大物体，远离建筑物的避雷针及其下引线等	

	流程节点	责任人	工作说明	流程节点检核要点
4	高温高湿及冻雨天气检查及处置	巡检人员	按照工程管理部设备、设施运行技术标准，做下述检查及处置： ① 部门应按照职责落实专业班组防暑降温保障措施 ② 尽量避免在高温时段进行室外作业，高温条件下作业的人员应当缩短连续工作时间 ③ 强电专业人员应当注意防范因用电量过高及电线、变压器等电力负载过大而引发的火灾 ④ 空调专业应注意防范因冷负荷过大，冷却系统散热效果较差而引起的能源浪费，及时为冷却系统换水 ⑤ 高温条件下作业和白天需要长时间进行室外露天作业的人员应当采取必要的防护措施 ⑥ 注意防止因高温引发火灾 ⑦ 室外巡视检查人员注意结冰路滑，防止摔伤 ⑧ 各专业班组分别组织人员清理各自门前三包区域地面结冰 ⑨ 强电专业人员注意检查户外供电线路，防止因线路上结冰过多压断线路导致触电和短路事故发生 ⑩ 水暖专业人员注意检查馆外檐滴水结冰情况，防止冰溜坠落伤人事件发生 ⑪ 空调专业人员注意检查室外运行的冷却系统设备、设施，防止因冷却系统设备、设施冻坏导致运行事故发生	
5	强降温及强降雪天气检查及处置	巡检人员	按照工程管理部设备、设施运行技术标准，做下述检查及处置： ① 部门值班人员在上下班的途中注意避免滑倒摔伤 ② 各专业班组分别组织人员清扫各自门前三包区域积雪 ③ 强电专业注意检查户外供配电线路，防止因积雪过多压断线路导致触电和短路事故发生 ④ 视积雪厚度情况及时清扫馆顶积雪 ⑤ 空调专业及时加开机组，适当提高采暖供水温度，加大供暖力度 ⑥ 空调专业注意检查室外运行的冷却系统设备、设施，防止因冷却系统设备、设施冻坏导致运行事故发生 ⑦ 注意检查室外临时建筑及设施，防止因积雪过多导致塌陷 ⑧ 水暖专业注意检查馆顶外檐滴水结冰情况，防止冰溜坠落伤人事件发生	
6	沙尘及雾霾天气检查及处置	巡检人员	按照工程管理部设备、设施运行技术标准，做下述检查及处置： ① 通知各专业班组和各部门，关好直接通往室外的门窗 ② 尽量缩短室外作业工作时间，室外作业人员做好防护措施 ③ 空调专业人员及时减少或关闭馆内空调通风机组新风，防止馆内空气污染 ④ 空调专业人员注意检查通风机组过滤网，及时调整风过滤网的清洗频率	
7	巡检及处置工作结束	巡检人员	巡检及处置工作结束后，完成以下工作： ① 填写本专业维保工作记录 ② 填写本专业日巡检工作记录	

九、外网停电处理流程

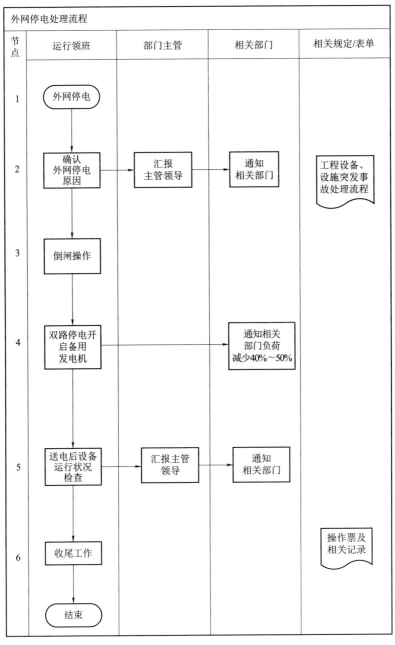

图 **3–10**　外网停电处理流程

表 3-31　外网停电处理流程说明

流程节点		责任人	工作说明	流程节点检核要点
1	外网停电		① 检查外网供电状况 ② 检查配电设备运行状况	① 确认外网供电电源状况 ② 确认供配电设备、设施完好
2	确认外网停电原因		① 电话联系电力公司确认外网电源故障原因 ② 向部门主管领导汇报 ③ 通知相关部门	① 按规定及时确认外网停电故障，做好相关处理措施 ② 按规定及时汇报部门主管领导 ③ 按规定及时通知相关部门
3	倒闸操作	运行领班	① 执行设备、设施安全操作规程 ② 执行工程部设备、设施突发事故处理流程 ③ 及时进行倒闸操作	① 按规定执行设备、设施安全操作规程 ② 按规定执行设备、设施突发事故处理流程 ③ 及时处理外网停电故障，保证供电正常
4	双路停电开启备用发电机		① 执行发电机操作规程 ② 通知相关部门	① 按规定执行发电机操作规程 ② 通知相关部门减少 40%～50%用电负荷
5	送电后设备运行状况检查		① 执行工程设备、设施日常巡视规范 ② 向部门主管领导汇报 ③ 通知相关部门 ④ 检查确认相关部门用电状况	① 按规定执行工程设备、设施日常巡视规范 ② 按规定及时向部门主管领导汇报 ③ 按规定及时通知相关部门 ④ 按规定及时对相关部门用电状况进行巡查
6	收尾工作		① 填补倒闸操作票 ② 记录配电设备运行状况 ③ 做好发电机运行维护	① 及时填补倒闸操作票 ② 及时记录配电设备运行状况 ③ 做好发电机运行维护，保证发电机运行正常

十、设备、设施委托外修管理工作流程

设备、设施委托外修管理工作流程

节点	维修单位	工程部经理	工程部专业主管	工程部专业班组 工程部物资管理员	配电室	使用部门	相关规定表单
1						项目报修	
2						填写单据	填写设备工程报修单
3					接单派工		
4				维修鉴定			委托外修管理规范
5			审核 N/Y	联系外修			填写设备外修申报单
6		审批 N/Y		填写单据			
7				委托外修			设备设施维修验收规范
8	设备维修					试运行检验	
9						项目验收	填写设备设施维修验收单

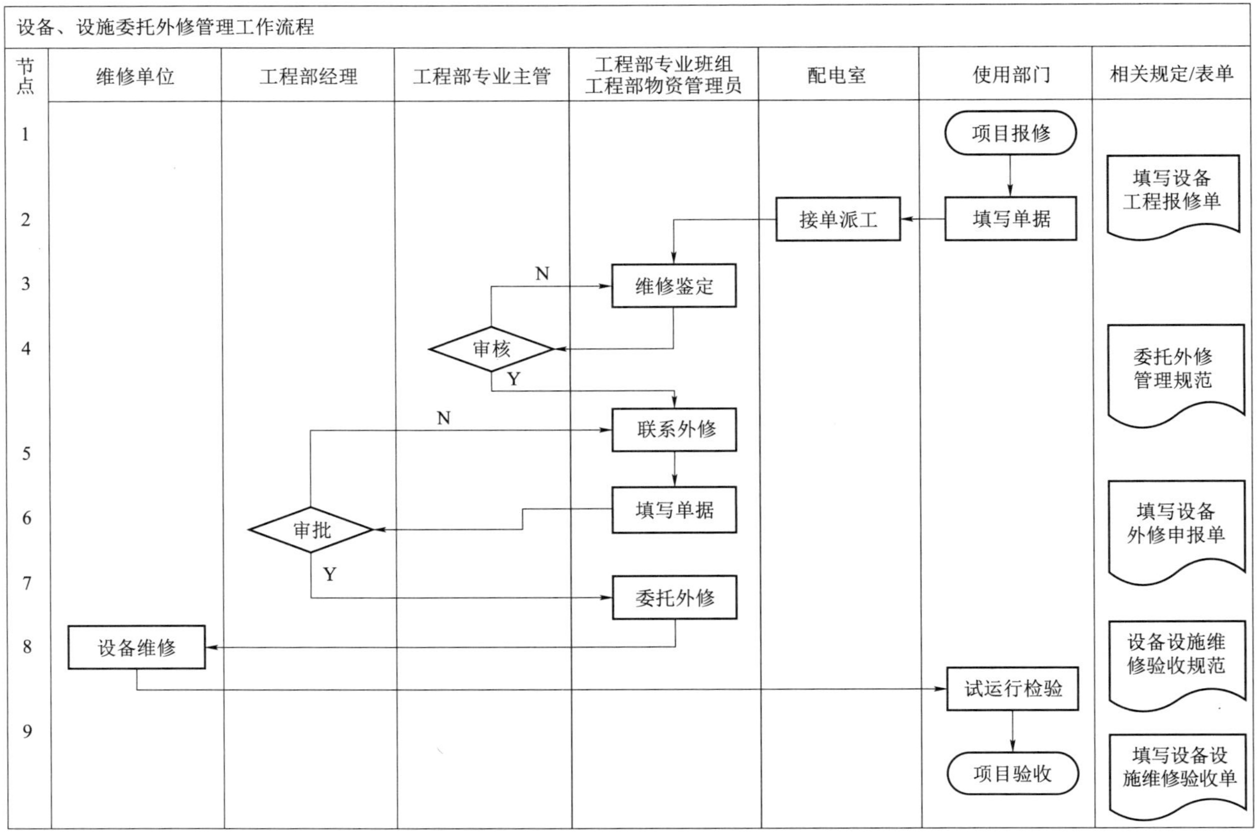

图3-11　设备、设施委托外修管理工作流程

193

表 3-32 设备、设施委托外修管理工作流程说明

	流程节点	责任人	工作说明	流程节点 检核要点
1	项目报修	使用部门	发现管辖区域设备、设施损坏,实施报修工作	
	填写单据		根据设备、设施实际情况,填写设备工程报修单	写明报修日期、报修部门及申报内容,报修人签字
2	接单派工	配电室	当日值班人员办理报修登记手续,承接报修工作,根据报修具体内容,划分专业归属,分配维修任务到相关专业班组。对维修工作进度进行跟踪管理	接单人员填写工程部维修接单登记表
3	维修鉴定	工程部专业班组	承接维修任务的专业班组对报修设备、设施性能现状进行情况确认,本专业无法实施维修但其他相关专业可行维修的,联系其他专业进行情况鉴定。并上报给专业主管	
	自行维修		经专业班组维修鉴定,有条件实施维修且能修复的,组织专业人员自行维修	
4	审核	工程部专业主管	审核专业班组鉴定结果是否属实。如本专业确实无法自行维修,核准联系其他相关专业班组进行维修鉴定。各专业均无法实施维修,确认满足外修条件	委托外修设备须符合下列标准: ① 本公司不具备设备、设施维修的专业技术能力 ② 本公司不具备且不能租赁到维修设备的专用工具和检测设备 ③ 根据国家规定或设备厂家要求,必须由指定公司维修的设备、设施 ④ 自修费用高于外修费用的项目 ⑤ 设备、设施维修所需零部件自己购置不到或不易购置
5	联系外修	工程部物资管理员	根据相关规定,结合专业提供信息,进行市场比对,确定维修单位及维修价格	① 询比价应保证三家以上 ② 执行同等价格比质量,同等质量比价格,同等价格和质量比服务的原则 ③ 属于指定厂商维修的项目,也应对其费用进行同行业询价,并做明确说明
	填写单据		组织填写设备外修申报单,专业班组领班写明设备基础信息、故障情况,物资管理员写明委托单位及价格比对信息等	物资管理员和专业班组领班在相关表格栏签字

	流程节点	责任人	工作说明	流程节点 检核要点
6	审批	工程部经理	审阅提报信息；对委托结果存在异议，退回委托工作联系人调整完善；审批同意，申报单签字批准	委托外修前，在设备外修申报单部门审批栏签字
7	委托外修	工程部物资管理员	联系设备送修，负责设备外修期间的跟踪管理	推进维修工作进度，督促维修单位在合理周期内完成设备维修工作
8	设备维修	维修单位	完成设备维修工作	
9	试运行检验	使用部门	外修设备送回后或工程部自行维修完工后，测试设备性能是否达到正常标准	对设备进行1～2周使用测试
	项目验收		设备运行满足使用需求，验收人在表单验收栏签字验收	验收标准应依据国家相关标准或甲乙双方约定标准

十一、直燃机突发停电紧急处理工作流程

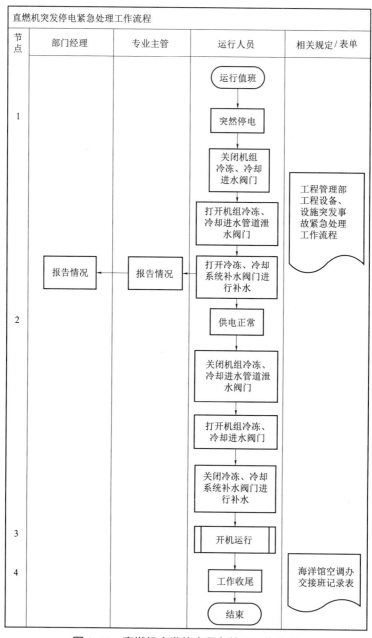

图 3–12　直燃机突发停电紧急处理工作流程

表 3–33　直燃机突发停电紧急处理工作流程说明

	流程节点	责任人	工作说明	流程节点检核要点
1	突然停电	运行人员	① 运行值班人员发现突然停电，立即关闭直燃机组冷冻、冷却进水管道阀门 ② 迅速打开直燃机组冷冻、冷却进水管道泄水阀门 ③ 打开冷冻、冷却系统补水阀门 ④ 上述工作完成后，及时向专业主管汇报、部门经理汇报	① 按照直燃机停电紧急处理工作流程的要求，迅速完成机组冷冻、冷却进水阀门的关闭；完成给水管道些水阀门的开启，保证泄水正常 ② 及时进行冷冻、冷却系统补水，避免系统水泄空
2	供电正常		① 征询强电值班人员，确认供电恢复正常 ② 运行人员立即关闭直燃机组冷冻、冷却进水管道泄水阀门 ③ 打开机组冷冻、冷却进水阀门 ④ 关闭冷冻、冷却系统补水阀门	① 经过强电值班人员确定供电恢复正常 ② 关闭机组冷冻、冷却进水管道泄水阀门；打开机组冷冻、冷却进水阀门 ③ 系统水压正常后，分别关闭冷冻、冷却系统补水阀门
3	开机运行		开启直燃机组制冷运行	按照相关标准，开启直燃机组制冷运行
4	工作收尾		详实做好相关记录，填写相关表格和交接班日志	详实填写相关表格和交接班日志

第四章　岗位工作说明

一、设备工程管理部经理岗位说明

设备工程管理部经理岗位说明

1　范围

本说明规定了设备工程管理部经理的工作职责、工作内容和相关要求。

2　岗位

① 设备岗位名称：经理。
② 所属部门：设备工程管理部。
③ 直接上级：主管总监。
④ 工时制度：不定时工时制。

3　职责

在公司总经理和主管总监的领导下，负责水族馆设备工程管理部的管理工作，负责全馆设备、工程设施（养殖维生系统除外）的运行、维护和更新改造工作。

4　工作内容和要求

① 根据公司的总体计划，制订本部门的工作计划与实施方案并组织实施。

● 制订工程设施的新建、改造、维修、使用周期计划与方案，保障馆内设施不断完善，处于正常完好状态。

● 制定设备工程的安全操作规程，保证员工按其进行操作。

● 根据运行的需要，提出设备工程项目的维修、改造及日常维护预算，组织对工程项目报价进行分析、审核，完成上报待批程序。

● 负责建立工程设备运行突发事故处理预案，对突发事故进行临机处置并及时上报。

- 负责外包项目的谈判，审查合同并完成上报待批程序。
- 对在实施项目实施跟踪管理、监控、评估、验收。
- 对合同的执行与决算进行审核，完成上报待批程序。
- 跟踪、检查、控制水、电、柴油和其他能源的消耗，保证设备、设施的各项消耗指标控制在规定的范围内，做好节能工作。
- 严格控制设备、设施的运行、维修的计划外费用支出。

② 按规定要求向公司上交所有相关报告及报表。

③ 做好设备工程管理部的日常管理工作。

- 负责建立、健全部门岗位责任制。
- 负责制定各岗位的工作标准和工作流程。
- 按照公司人员编制和人力资源管理规定,合理调配本部门的人力资源。
- 负责所属员工的绩效考核，并按照相关规定实施奖惩。
- 负责制订部门培训计划，保证部门员工掌握相关设备的专业技术和技能。
- 督促员工严格执行公司规章制度，自觉遵章守纪。
- 负责部门的团队建设，充分调动员工的积极性，提高部门凝聚力。
- 协助公司人力资源部为本部门选择新员工。

④ 传达公司领导的指示精神，落实工作要求，汇报部门的工作情况。

⑤ 负责公司工程设施、设备管理信息数据库的建设。

⑥ 完成领导交办的其他工作。

5 工作权限

① 对本部门工作负有管理权。

② 对本部门主管的任免有建议权，对本部门领班有任免权。

③ 对员工的聘用有建议权。

④ 根据公司规定，对本部门员工有奖惩权。

⑤ 对本部门各项费用有审核权。

⑥ 对工程设施、设备突发事故有临机处置权。

6 任职资格

6.1 知识、技能和能力

① 具有较丰富的经营管理知识。

② 具有丰富的工程设备知识和较强的业务领导能力。

③ 具有安全生产知识。

④ 具有较强的学习和自我提高能力。

⑤ 能看懂工程类英文资料。

⑥ 能够熟练使用现代化办公设备。

⑦ 具有良好的内外部协调能力。

6.2　教育程度与工作经历要求

① 具有机电、工程类专业大学本科学历。

② 具有 6 年以上工程管理工作经验。

6.3　素质要求

6.3.1　身体素质

身体健康。

6.3.2　心理素质

① 具有较强的团队意识。

② 具有较好的应变能力。

③ 具有良好的心理承受能力。

6.4　资格证书

中级以上技术等级证书。

7　协调配合

7.1　水族馆内

① 与公司各部门：日常报修项目的协调处理。

② 对公司各项临时性活动提供支持。

7.2　水族馆外

① 与供电局：协调工作，保障水族馆供、配电系统的正常运行。

② 与市排水监测站：联络和协调工作。

③ 与天然气公司：协调工作，保障水族馆天然气的正常、安全使用。

④ 与政府相关部门：协调和处理涉及工程方面的有关问题。

8　工作环境与设备

① 工作环境：水族馆内外。

② 设备及工具：计算机、电话、图纸资料、专业技术资料。

9　岗位监督

9.1　所施监督

① 所施直接监督：对经理助理及主管进行直接监督。

② 所施间接监督：对设备工程管理部其他人员的工作进行间接监督。

9.2　所受监督

① 所受直接监督：受总经理、主管总监和人力资源部直接监督。

② 所受间接监督：受各部门总监、计划财务部及有关部门的间接监督。

10　记录

按要求做好各项工作的记录和报告，并按部门要求进行记录保存。

11　检查和考核

岗位说明所列的岗位职责、工作内容等履行情况，将由主管领导进行定期检查和考核。

二、值班工程师岗位说明

值班工程师岗位说明

1　范围

本说明规定了设备工程管理部值班工程师的工作职责、工作内容和相关要求。

2　岗位

① 岗位名称：值班工程师。

② 所属部门：设备工程管理部。

③ 直接上级：设备工程管理部经理。

④ 工时制度：标准工时制。

3　职责

① 在设备工程管理部经理的领导下，做好计划、维修工作，确保馆内各

类设施的正常运行。

② 做好所属专业的程序化、规范化工作。

③ 负责所属员工的日常组织管理工作。

④ 做好所属人员、物料的管理工作。

4 工作内容和要求

① 协调并处理其他部门所报的维修单。

● 确保所有维修单和电话请修记录在册,按轻重缓急组织有关人员修理。

● 推进和检查本部门的维修工作。

● 每月 26 日前做好下月设备维修计划。

● 每月 20 日前负责汇总本部门各系统及维修所需备品、备件的采购计划,经经理确认后,转交综合保障部。

● 在每周部门例会上汇报上周工作完成情况及本周工作计划。

● 每月月底前提交本月(半年)工作总结和下月工作计划。

● 每月参加一次设备工程管理部、动物部、业务关联公司三方工作协调会。

② 制定所属岗位的各项工作规范、工作流程与安全操作规程,并监督、检查日常工作的执行。

③ 负责所属人员日常工作的安排和各班组对每项工作计划的具体实施。

● 作为维修工作的直接负责人,负责本专业的综合管理工作。

● 负责安排所属人员的班次,考核出勤情况。

● 协调与其他部门的关系,为每一次公司活动做好配合工作。

● 对各班组工作计划的执行情况进行督促检查。

④ 做好人员、物料的管理工作。

● 为提高员工的专业维修技能,每年对员工进行不定期的专业技术培训工作。

● 对各班组本月(周)工作计划的完成情况进行检查、督促。

● 根据员工考核表的要求,对所属员工进行考核和评估。

● 做好维修用品的节约、控制工作。

⑤ 完成直接领导交办的其他工作。

⑥ 接受间接领导的临时性工作指令,并向直接领导汇报。

5 工作权限

① 有权决定部门哪些维修工作先进行、哪些后进行。

② 有权决定维修工作由工程部哪个班组进行。

③ 有权对部门的物料及采购的合理性进行控制。

④ 对所属员工有管理权。

⑤ 对下属员工的任免（或使用）有建议权。

6 任职资格

6.1 知识、技能和能力

① 了解工程设施和设备的基本特性，懂得与之相关的专业知识。

② 具有较丰富的管理和业务知识。

③ 具有一定的相关法律知识。

④ 具有较强的语言表达和沟通能力、组织管理能力及应变能力。

⑤ 具有对设备故障的分析、判断和解决能力。

⑥ 具有熟练使用计算机进行文字处理和简单制图的能力。

⑦ 具有阅读一般英文资料的能力。

6.2 教育程度与工作经历要求

① 大学本科及以上学历。

② 从事相关管理工作 3 年以上。

6.3 素质要求

6.3.1 身体素质

① 身体健康。

② 思维敏捷。

③ 无恐高症。

6.3.2 道德素养

爱岗敬业，具有良好的职业道德和品德修养。

6.3.3 心理素质

① 有良好的心理承受能力。

② 有责任感和上进心。

6.4 资格证书

具有国家承认的工程类中级技术职称证书。

7 协调配合

各部门：日常报修项目的协调处理；配合公司各项活动。

8 工作环境与设备

① 工作环境：水族馆内外。

② 设备及工具：计算机、电话、对讲机等。

9 岗位监督

监督并指导所属领班、员工工作，对其工作表现进行检查、评价和指导。

所受监督：受总经理、副总经理、总监、设备工程管理部副经理等的监督。

10 记录

按要求做好各项工作的记录和报告，并按部门要求进行记录保存。

11 检查和考核

岗位说明所列的岗位职责、工作内容等履行情况，将由主管领导进行定期检查和考核。

三、土建主管岗位说明

土建主管岗位说明

1 范围

本说明规定了设备工程管理部土建主管的工作职责、工作内容和相关要求。

2 岗位

① 岗位名称：土建主管。

② 所属部门：设备工程管理部。

③ 直接上级：设备工程管理部经理。

④ 工时制度：标准工时制。

3 职责

① 在设备工程管理部经理的领导下，负责馆内外建筑物、构筑物及设施

的维修工作。

② 负责公司各部门家具维修工作。

③ 负责馆内外新建、改建项目土建工程管理工作。

4　工作内容和要求

① 根据部门的年度计划，制订本专业的工作计划及实施方案。

② 负责组织对水族馆所属各建筑物、构筑物及其设施的安全性和破损情况进行定期巡视检查并做好记录，发现需维修的部位，及时组织维修。

③ 对其他部门有关本专业的报修单，需现场确定施工方案和工程量并组织维修。

④ 了解建筑、建材市场行情。

⑤ 负责外包、外协工程的管理：

- 对新建、改建项目，要选择适当的施工单位和施工方案，审核施工预算并上报部门经理。

- 对进场施工的外单位人员进行纪律、安全教育。

- 现场监督、检查工程质量和进度。

- 进行隐蔽工程、分部工程的验收和最后的竣工验收。

- 申请拨付各阶段工程款。

- 进行工程结算，并将竣工资料整理归档。

- 对完工项目进行追踪检查。

- 在每周部门例会上汇报上周工作完成情况及本周工作计划。

- 每月月底前提交本月工作总结和下月工作计划。

- 完成直接领导交办的其他工作。

- 接受间接领导的临时性工作指令，并向直接领导汇报。

5　工作权限

① 有权确定土建维修的基本方案和工程量。

② 有对新建、改建工程的审查权和管理权。

③ 有权监督施工质量是否符合国家标准。

④ 对所属员工有管理权。

⑤ 对所属员工的任免（或使用）有建议权。

6 任职资格

6.1 知识、技能和能力

① 具有建筑、装修方面相关的专业知识。

② 具有一定的本专业管理知识。

③ 具有一定的法律知识。

④ 具有一定的组织管理能力。

⑤ 具有熟练使用计算机进行文字处理和简单制图的能力。

6.2 教育程度与工作经历要求

① 大学本科及以上学历（建筑学、室内设计等专业）。

② 3 年以上工程管理方面的工作经历。

6.3 素质要求

6.3.1 身体素质

① 身体健康。

② 无恐高症。

6.3.2 道德素质

爱岗敬业，具有良好的职业道德和品德修养。

6.3.3 心理素质

① 有良好的心理承受能力。

② 有责任感和上进心。

6.4 资格证书

具有国家承认的工程类中级以上技术职称证书。

7 协调配合

7.1 水族馆内

① 日常报修项目的协调处理。

② 配合公司各项活动。

7.2 水族馆外

与外包、外协施工单位：外包、外协工程的管理工作。

8 工作环境与设备

① 工作环境：水族馆内外。

② 设备及工具：计算机、电话、对讲机等。

9 岗位监督

9.1 所施监督

① 对外包施工单位或外协施工单位的监督。

② 对所属员工的监督。

9.2 所受监督

① 所受直接监督：受设备工程管理部经理的监督。

② 所受间接监督：受总经理、副总经理、总监、设备工程管理部经理和人力资源部的监督。

10 记录

按要求做好各项工作的记录和报告，并按部门要求进行记录保存。

11 检查和考核

岗位说明所列的岗位职责、工作内容等履行情况，将由主管领导进行定期检查和考核。

四、空调主管岗位说明

空调主管岗位说明

1 范围

本说明规定了设备工程管理部空调主管的工作职责、工作内容和相关要求。

2 岗位

① 岗位名称：空调主管。

② 所属部门：设备工程管理部。

③ 直接上级：部门经理。

④ 工时制度：标准工时制。

3 职责

① 在部门经理的领导下，做好本系统维修、保养计划工作，确保馆内给排水、空调系统的正常运行。

② 做好所属专业的程序化、规范化工作。

③ 负责所属员工的日常组织管理工作。

④ 做好人员、物料的管理工作。

4 工作内容和要求

① 根据部门的年度计划，制订本系统有关设备、设施方面的维修、保养、更新、改造工作计划与实施方案。

- 每月26日前做好下月设备维修、保养计划，上报给部门经理。
- 根据相关规定，做好系统的维护、保养工作，保证系统设备的正常运行。
- 每月18日前负责提出本专业设备备品、备件的领用计划，上报给部门经理。
- 每月月底前提交本月（半年）工作总结和下月工作计划。
- 每月参加一次设备工程管理部、动物部、业务关联公司三方工作协调会。

② 制定所属岗位的各项工作规范、工作流程与安全运行操作规程，并监督日常工作的执行。

- 制定所属岗位的各项工作规范、工作流程与安全运行操作规程。
- 根据巡回检查制度，每天检查制度执行情况一次，发现问题立即解决，同时上报。
- 每天对所属系统及重点设备、设施进行一次巡查，发现问题立即解决，同时上报。

③ 负责所属人员日常工作的安排和各班组对每项工作计划的具体实施。

- 负责安排所属人员的班次，考核出勤情况。
- 与其他班组或部门协调合作事宜。

④ 做好人员、物料的管理工作。

- 为提高员工的专业维修技能，每年对员工进行不定期的专业技术培训。
- 对各班组本月（周）工作计划的完成情况进行检查、督促。
- 根据员工考核表的要求，对所辖员工进行考核和评估。
- 做好设备的节能降耗工作。

⑤ 完成直接领导交办的其他工作。

⑥ 接受间接领导的临时性工作指令，并向直接领导报告。

5　工作权限

① 有权制订所属系统设备的运行维护及日常管理工作方案。

② 有权监督检查下属工作的完成情况及工作安排。

③ 有对所属班组领用物品的管理权。

④ 对所属员工有管理权。

6　任职资格

6.1　知识、技能和能力

① 了解空调、给排水系统设施和设备的基本特性，懂得与之相关的专业知识。

② 具有较丰富的管理和业务知识。

③ 具有相关的法律知识。

④ 具有对系统及设备故障的分析、判断和解决的能力。

⑤ 具有较强的语言表达和沟通能力、组织管理能力及应变能力。

⑥ 具有熟练使用计算机进行文字处理和简单制图的能力。

⑦ 具有阅读一般的英文设备资料介绍及操作手册的能力。

6.2　教育程度与工作经历要求

① 大学本科以上学历。

② 从事相关管理工作 3 年以上。

6.3　素质要求

6.3.1　身体素质

身体健康。

6.3.2　道德素养

爱岗敬业，具有良好的职业道德和品德修养。

6.3.3　心理素质

① 有良好的心理承受能力。

② 有责任感和上进心。

6.4　资格证书

具有国家承认的工程类中级技术职称证书。

7 协调配合

7.1 水族馆内
① 日常报修项目的协调处理。
② 配合公司进行各项活动。

7.2 水族馆外
① 与空调公司有业务往来。
② 外协、外包工程的管理工作。

8 工作环境与设备

8.1 工作环境
主要工作地点：水族馆内外。

8.2 设备及工具
电话、对讲机、计算机。

9 岗位监督

9.1 所施监督
监督并指导所属员工的工作，对其工作表现进行检查、评价和指导。

9.2 所受监督
① 所受直接监督：受本部门经理的监督。
② 所受间接监督：受总经理、副总经理、总监和人力资源部及经理助理的监督。

10 记录

按要求做好各项工作的记录和报告，并按部门要求进行记录保存。

11 检查和考核

岗位说明所列的岗位职责、工作内容等履行情况，将由主管领导进行定期检查和考核。

五、电工主管岗位说明

电工主管岗位说明

1　范围

本说明规定了设备工程管理部电工主管的工作职责、工作内容和相关要求。

2　岗位

① 岗位名称：电工主管。
② 所属部门：设备工程管理部。
③ 直接上级：设备工程管理部经理。
④ 工时制度：标准工时制。

3　职责

① 在设备工程管理部经理的领导下，负责做好本系统维修、保养计划，确保配电室变、配电系统和馆内外供、配电系统的正常运行。
② 负责做好所属专业的程序化、规范化工作。
③ 负责所属员工的日常组织管理工作。
④ 负责所辖物料的管理工作。

4　工作内容和要求

根据部门的年度计划，制订本系统有关设备、设施方面的工作计划与方案。
① 保证水族馆供、配电工作的正常进行，不出现任何电气设备事故及人身事故。
② 每月 26 日前做好下月设备维修、保养计划，上报给部门经理。
③ 根据相关规定做好系统的维护保养工作，保证系统设备的正常运行。
④ 每月 18 日前提出本系统所需备品、备件的领用计划，上报给部门经理。
⑤ 每月月底前提交本月（半年）工作总结和下月工作计划。
⑥ 制定所属岗位的岗位职责和工作规范、工作流程与安全运行操作规程，并检查日常工作的执行情况。

- 制定所属岗位的岗位职责和工作规范、工作流程与安全运行操作规程。
- 根据巡回检查制度，每天检查制度执行情况一次，发现问题立即解决，及时上报。
- 每天对所属系统及重点设备、设施进行一次巡查，发现问题立即解决，及时上报。
- 负责所属人员日常工作的安排和各班组对每项工作计划的具体实施（作为强电专业的直接负责人，负责本专业的综合管理，负责安排所属人员的班次，负责考核出勤情况，负责与本部门其他班组或其他部门协调合作事宜）。
- 做好所属人员及物料的管理工作（为提高员工的专业技能，每年对员工进行不定期的专业技术培训；对所属班组本月（周）工作计划的完成情况进行检查、督促；根据员工考核表的要求，对所属员工进行考核；做好用电及设备的节能降耗工作）。
⑦ 完成直接领导交办的其他工作。
⑧ 接受间接领导的临时性工作指令，并向直接领导报告。

5 工作权限

① 有权对所属系统、设备的运行维护进行日常管理。
② 有权对突发事件进行紧急处置并及时上报。
③ 有权对所属班组领用物品进行管理。
④ 对设备的更新改造有建议权。
⑤ 对所属员工有管理权。
⑥ 对下属员工的任免（或使用）有建议权。

6 任职资格

6.1 知识、技能和能力

① 具有变、配电系统专业知识。
② 具有较丰富的管理知识。
③ 具有一定的法律知识。
④ 具有较强的语言表达和沟通能力、组织管理能力及应变能力。
⑤ 具有对本系统及设备故障的分析、判断和解决的能力。

⑥ 具有熟练使用计算机进行文字处理和简单制图的能力。

⑦ 具有阅读一般英文资料的能力。

6.2　教育程度与工作经历要求

① 大学本科以上学历（电气、机电工程、电气自动化等专业）。

② 从事相关管理工作 3 年以上。

7　素质要求

7.1　身体素质

① 身体健康。

② 思维敏捷。

③ 无恐高症。

7.2　道德素养

爱岗敬业，具有良好的职业道德和品德修养。

7.3　心理素质

具有良好的心理承受能力；具有较好的应变能力。

7.4　资格证书

具有国家承认的工程类中级技术职称证书。

8　协调配合

8.1　水族馆内

① 用电设施的协调处理。

② 配合公司进行各项活动。

8.2　水族馆外

与供电局：加强沟通和联系，搞好关系，积极配合供电局工作。

9　工作环境与设备

9.1　工作环境

① 主要工作地点在馆内、馆外。

② 舒适程度一般。

9.2　设备及工具

电话、对讲机、计算机等。

10　岗位监督

10.1　所施监督

监督并指导所属领班、员工的工作,对其工作表现进行检查、评价和指导。

10.2　所受监督

① 所受直接监督:受设备工程管理部经理的监督。

② 所受间接监督:受总经理、副总经理、总监及设备工程管理部副经理的监督。

11　记录

按要求做好各项工作的记录和报告,并按部门要求进行记录保存。

12　检查和考核

岗位说明所列的岗位职责、工作内容等履行情况,将由主管领导进行定期检查和考核。

第四篇
服 务 提 供

　　水族馆是旅游服务企业，服务是水族馆整个产品构成的重要组成部分。向游客提供高品质的服务，既是企业产品价值的体现，也是企业品牌形象的外在表现。提供规范、完善、配套的服务，是水族馆的基本责任。

第一章 工作规范

第一节 票务服务

一、购票服务

购票服务

淡季开闭馆时间：_____。 旺季开闭馆时间：_____。

门票价格：_____。

成人票：_____元。

优惠票：_____元。

成人票适用范围：_____。

优惠票适用范围：_____。

身高：_____。

年龄（包括的人群）：_____。

购买优惠票条件：_____。

购买优惠票须出示的本人有效证件包括身份证、学生证、军人证、老年证、护照。

免票范围：_____。

免票儿童：_____。

残障游客：_____。

其他注意事项：_____。

参观票每票限一人一次参观水族馆使用，有效期以票面标示为准。

参观票售出后不退换，票面如有损坏或改动自行作废，游客应妥善保管所购票证，如有遗失，后果自负。

持优惠票入馆时，应出示相关证件，如证件无效或不符，不享受优惠价格。

门票价格及表演时间若有改动，请以售票窗口最新公告为准。

团体售票热线：_____。

价格举报电话：_____。

发改委价格监督举报电话：_____。

水族馆救援电话：_____。

水族馆投诉电话：_____。

旅游局投诉电话：_____。

二、收银服务规范

收银服务规范

1 范围

本规范规定了收银班售票及收银业务相关的票务制度、业务知识技能及日常行为规范和工作细则、流程。

2 工作要求

① 遵循相关规范中的要求，做到仪容、仪表端庄、整洁，保持良好的精神状态。

② 业务熟练，操作快捷、准确，服务及时、高效，服务动作标准、到位。

③ 接待游客时，应使用礼貌用语并遵守《收银工作服务规范及话术》的规定。

④ 耐心解答游客的问题，情绪不急不躁。游客提出的问题与售票或收银无关时，应保持亲和的态度，在条件允许的情况下，尽可能多地为游客提供所需要的信息服务。

⑤ 收银员必须遵守《水族馆票务管理制度》《水族馆年度价格政策》。

⑥ 掌握规定的售票、收银服务英语对话内容，能与外国游客进行简单的对话，为外宾提供基本的语言服务。

⑦ 服务环境整洁美观，卫生状况良好，窗口、桌面不放置与工作无关的物品。

3 检查和考核

岗位说明所列的岗位职责、工作内容等履行情况，将由主管领导进行定期检查和考核。

三、检票服务规范

检票服务规范

1 范围

本规范规定了检票员的工作职责、工作要求。

2 工作职责

负责散客及团队的检票、指引等各种服务工作。

3 工作要求

3.1 基本要求

应遵守相关规范，注意仪容、仪表和举止。

① 工作时使用礼貌用语示例："您好!""请进!""请收好您的门票。""对不起!""谢谢!""不客气!""再见!"

② 服务态度：服务时，态度热情诚恳，面带微笑；说话语调亲切，发音清晰，音量、语速适中，可加入适当的动作以便于游客理解；解答游客提问时，应做到耐心、准确。

③ 服务人员应知：开闭馆时间、各种表演时间、展区位置、参观路线、馆内现有各项票务政策，优惠票的种类、使用办法及特色商品、特色活动等。

④ 服务提供：为游客提供服务时，应准确、快捷。

3.2 上岗前准备工作

检查闸机设备情况，发现问题及时向上级领导报告。

3.3 散客检票服务要求

① 检票员在游客距离检票口一米的时候主动问候："您好，欢迎光临!"声音洪亮，语调和蔼亲切，不生硬。遇特殊节假日需加入特殊节假日问候语(如春节快乐、端午节快乐、儿童节快乐、中秋节快乐等)。

② 检票员接过门票后，按照票务规章制度进行核对，确认无误后为游客检票，检票后将门票交还游客。应做到先检票后入馆，不错检、漏检，确保不

发生违反公司票务规章制度的情况。

③ 游客出示优惠票时，检票员应请游客出示优惠票相关证件，如学生证、军官证、老年证、残疾证等。检票员对证件照片、年龄、有效期等情况应详细核对，核对无误后，将证件还给游客，为游客检票，检票后将票交还游客。

④ 游客出示年卡时，检票员对证件照片、有效期等情况应详细核对，核对无误后，将证件交还游客，为游客检票。

⑤ 对身高超过免票标准的儿童，检票员应关注家长是否已购买儿童票。若没买，检票员应提醒游客为儿童购票。

⑥ 对不符合票务规定的游客，应耐心解释，劝其购票或补票。对脾气急躁和不理智的游客，检票员要耐心劝导。如出现游客有异议时，为保证其他游客顺畅入馆，避免闸口出现拥堵，要立即向当班主管汇报，由主管将游客带至远离闸口的地方去解决问题。

⑦ 检票无误后，检票员引导游客入馆。应提醒游客表演时间，并向展区方向进行指引。

⑧ 当小朋友进入闸口时，检票员应主动帮助其通过闸口，以保证其安全。

⑨ 当老人进入闸口时，检票员要协助并搀扶老人通过，同时提醒其注意安全。

⑩ 当残障人士进入闸口时，检票员要根据具体情况提供帮助。如遇腿部残疾的游客，检票员应搀扶其进入，询问是否需要租借轮椅，如果需要，应帮助其办理手续；对其他残疾游客，检票员要提醒其注意安全，小心地滑等。

⑪ 对待游客的咨询要热情且简单明了地解答，不能出现"不清楚""不知道"的回答。如的确不清楚或不知道，可以让游客稍等，及时询问前台或其他服务人员给予解答。对问题较多的游客要耐心地解答。

⑫ 在不影响正常检票的情况下，应热心为客人提供服务，如在闸口前帮助游客将婴儿车搬到台阶上、帮助坐轮椅的游客进馆等。

⑬ 应根据游客需要，为其提供最佳参观路线的建议。

⑭ 应热心为走失的游客提供帮助，如广播寻人或请警卫人员协助在馆内寻找。

⑮ 游客在即将闭馆时进馆参观，要告知其剩余参观时间已经不多。

⑯ 为寄存物品的游客指引游客中心位置，提供大件物品寄存服务。

⑰ 为发生意外的游客（如生病、受伤等）提供帮助，及时上报给上级领导，并通知游客接待室，同时安抚游客情绪，帮助照看其家人和随身物品。

⑱ 提示保洁人员做好区域内卫生工作。

3.4 团队检票服务工作

① 与导游确认团队人数，检票无误后请团队入馆。

② 团队入馆时与导游一起清点核对团队人数，检查导游、优惠票人员的证件。

③ 在团队入馆出现人数与大票不符等情况时，应告知市场推广部解决问题。如购散票，可引导至入口补票处购买。

④ 清点核对无误后，将团队票汇总、统计。

3.5 下班前工作

① 与财务人员一起对闸口、团队人数及团队票张数进行签字交接。

② 关闭电源，锁好抽屉。

③ 在闭馆前（游客从入口处离馆），检票员进行送宾工作，依标准站姿对离馆游客微笑示意，鞠躬15度，热情地送客并说："请慢走！欢迎再次光临！"

3.6 其他工作

① 应保证检票设备的正常使用，加强设备使用、维护管理工作。检票时如出现紧急情况（网络信号中断无法检验票、检验闸机出现问题）也要保证检票流程不变。

② 对客流结构应详细记录（如老人、军人、免票标准以下儿童人数，外宾人数等）。

4 检查和考核

检票负责人每天依据本规范检查服务工作，对查出的问题进行处理和改进并做好记录。部门依据本规范，对检票员进行检查和考核，对查出的问题按部门员工考核规定进行处理，对改进情况进行跟踪验证。

第二节　游客参观服务

一、游客中心服务规范

游客中心服务规范

1　范围

本规范规定了游客服务中心的服务内容、工作职责和工作要求。

2　工作职责

游客服务中心负责游客的日常接待、寻人广播、寄存大件物品、出租业务、哺乳室管理、入馆数据统计和上级领导指派的工作等。

3　工作要求

3.1　基本要求

① 仪容、仪表等应遵守相关规范。

② 工作时使用礼貌用语："您好!""请您往这边走!""请您稍等!""对不起!""谢谢!""不客气!""再见!""观看表演的游客，请您往这边走!"

③ 服务态度：服务时，态度热情诚恳，面带微笑；说话语调亲切，发音清晰，音量、语速适中，可加入适当的动作以便于游客理解；解答游客提问时，应做到耐心、准确。

④ 服务人员应熟悉开闭馆时间、各种表演时间、展区位置、路线、票种、票价及售票时间、馆内特色活动及周边公交线路等情况，为游客的游览活动提供参考意见。

⑤ 为游客提供服务时应准确、快捷。

3.2　日常接待服务

① 向游客发放水族馆导览图及资料。

② 接转游客中心电话。

③ 为游客指引参观方向，指引参观路线，提醒游客表演时间。

④ 为丢失或捡拾物品的游客提供帮助，指引游客接待室位置。

⑤ 为发生意外的游客（如生病、受伤等）提供帮助，及时上报给上级领导，并通知游客接待室，同时安抚游客情绪，帮助照看其家人和随身物品。

⑥ 发现有游客进入非参观区（如员工通道、办公区等），及时劝阻并为游客指引正确的参观路线。

⑦ 接待游客投诉，及时记录、汇报并移交给游客接待室处理。

⑧ 为游客提供其他相应服务。

⑨ 为有哺乳需求的游客提供哺乳室使用服务。

3.3　游客咨询服务

① 为游客提供电话或现场咨询服务。

② 电话应答应及时、准确，语言规范，答复问题应耐心、细致。

③ 现场回答咨询时，应集中精力，双目注视对方；谈话时语气温和，面带笑容，态度友好；若不能立即提供服务时，应采用敬语安慰游客。

④ 游客提出的咨询内容与水族馆无关时，应保持亲和态度，提供所知线索，避免提供错误信息。

3.4　寻人广播服务

① 为在馆内与家人走散的游客提供广播寻人服务。

② 做寻人广播时，要口齿清晰，语速适中，使用普通话。

3.5　物品寄存服务

① 为游客提供大件物品寄存服务。寄存物品包括大型行李箱、儿童车、轮椅，不包括贵重物品、易碎品、食品和现金等。

② 寄存物品时，将同号码寄存牌中的一个固定在寄存物上，另一个交给游客，提示游客妥善保存。告知游客取寄存物时，需凭寄存牌领取。

③ 游客领取寄存物品时，应核对游客出示的寄存牌与寄存物上的寄存牌号码是否相符。确认无误后，将寄存物上的寄存牌取下，将寄存物交给游客。

3.6　出租服务

① 为游客提供轮椅、儿童车、拐杖、老花镜出租服务。

② 向游客说明轮椅、儿童车、拐杖、老花镜的使用规定，告知游客出租物品仅限在馆内使用。

③ 告知游客出租以上物品不收取使用费，需交付一定金额押金及租借者本人有效证件一张。

④ 收取押金及有效证件并进行检验，检验无误后，为游客开具收据，请

游客签字确认，并提示游客妥善保存收据，告知游客退还出租物品时，应凭此收据及出租物品领取押金及有效证件。

⑤ 游客退还出租物品时，请游客出示收据，核对收据与存根、押金款、证件是否相符；检查出租物品是否完好。确认无误后，将押金款及证件退还给游客。

3.7 入馆数据统计

① 负责每日、每小时入馆人数的统计和记录，包括散客人数、团队人数、1.2 米以下儿童人数。

② 负责每日入馆与销售统计分析表的填写。

③ 向部门提报每周例会所需入馆数据的统计、对比、分析材料。

④ 负责提报月度、季度、年度入馆数据的统计、对比、分析材料。

⑤ 负责其他入馆数据的统计、上报工作。

3.8 哺乳室服务

① 首先向游客说明，此服务间只做临时性哺乳使用，不做休息室使用。

② 哺乳室只限哺乳游客及婴儿进入，游客家属应在大堂等候。

③ 游客应在服务人员（限女性）的陪同下使用哺乳室。

④ 游客哺乳完毕，服务人员应提醒游客离开。

⑤ 服务人员负责哺乳室的清洁，应保持环境整洁及空气清新。

⑥ 如果哺乳室因施工或其他原因不能正常使用，应向游客说明情况，并引导游客到接待室寻求帮助。

⑦ 游客哺乳期间，服务员应全程陪同，不得随意离开。应确保哺乳室的物品安全。

4 检查和考核

① 游客中心服务人员应认真执行本规范，自觉遵守各项管理制度。

② 游客中心负责人每天依据本规范检查服务工作，对查出的问题进行处理和改进并做好记录。

③ 服务保卫部依据本规范对游客中心服务人员进行检查和考核，对查出的问题按部门员工考核规定进行处理，对改进情况进行跟踪验证。

5 工作记录

入馆与销售统计分析表由游客服务中心负责填报。

二、展区服务规范

展区服务规范

1　范围

本规范规定了展区服务的职责，上岗前后的工作内容，服务、讲解和安全疏导的要求。

2　工作职责

展区服务人员负责馆内展区各项服务工作，兼顾简单讲解服务和安全疏导工作。

3　工作要求

3.1　基本要求

① 仪容、仪表等应遵守相关规范。

② 工作时使用礼貌用语示例："您好！""请您往这边走！""请您稍等！""对不起！""谢谢！""不客气！""再见！""观看表演的游客，请您往这边走！"

③ 服务态度：服务时，态度热情诚恳；说话语调亲切，发音清晰，音量、语速适中，可加入适当的动作以便于游客理解；解答游客提问时，应做到耐心、准确。

④ 服务人员应熟悉：开闭馆时间、各种表演时间、展区位置、参观路线、特色活动、餐饮售卖区、安全门及消防器材位置、洗手间位置等。

⑤ 为游客提供服务时应准确、快捷。

3.2　岗前工作准备

① 领取上岗所需设备及用品，同时检验其完好性，如有问题应及时上报并更换，并由本人确认。

② 到岗后，协助相关部门检查周围的环境卫生及展示设施的情况，发现问题及时向上级领导报告。

3.3　服务工作

① 为游客指引参观方向，重点注意游客易走错路位置，做到主动、及时地帮助、指引。

② 及时解答游客的各种问题，若不能立即提供服务，应采用敬语安慰游客。

③ 提醒游客注意安全。对在海底环游展区电梯内滞留、逆行的游客进行劝阻，提示其注意安全。

④ 游客与家人走散时，应安抚游客情绪，通知游客中心做寻人广播，同时帮助其寻找家人。

⑤ 在展区内发现行动不便的游客（如老人、儿童及残障人士等）上下台阶，应提示其小心脚下，或引导游客走无障碍通道。

⑥ 在展区内发现在楼梯、台阶上抬童车、轮椅的游客，应主动询问，热情地帮助或引导游客走无障碍通道。

⑦ 为丢失或捡拾物品的游客提供帮助，指引游客接待室的位置。

⑧ 为发生意外的游客（如生病、受伤等）提供帮助，及时上报给上级领导，并通知游客接待室，同时安抚游客情绪。

⑨ 发现游客给鱼投喂自带食物，或在非投喂区投喂时，及时进行劝阻，告知游客可以购买专用鱼食在指定地点进行投喂，并指引游客购买鱼食地点。

⑩ 帮助物品掉入展缸内的游客联系水族维生设备部工作人员，讲清物品掉落位置及物品情况等，请水族维生设备部工作人员到场提供服务。

⑪ 在展区内发现有游客进入非参观区（如员工通道、消防通道、工作间等），及时劝阻，并为游客指引正确的参观路线。

⑫ 发现游客在展区内吸烟，立即进行劝阻，说明情况。

⑬ 提示保洁人员做好展区内卫生工作。

3.4 讲解工作
① 根据公司要求提供讲解服务。

② 根据游客要求进行简单讲解。对游客的讲解要生动细致，内容准确。

3.5 安全疏导
① 熟知展区内安全门及消防设施位置，掌握报警及消防器材的使用方法。

② 配合警卫人员维持展区秩序，进行安全、疏导工作。

③ 发现展区内鱼类、展缸、模型等展品及灯光、音响、电梯等设施出现异常时，及时通知上级领导。

④ 展区内发生突发事件时（如发现可疑人、可疑物、游客受伤、突发急病、游客之间发生纠纷或突然停电等），保持镇静，立即上报给上级领导，通知警卫人员，并协助警卫人员控制现场，疏导游客，避免围观拥堵。

⑤ 发现游客攀爬、拍打展窗或对展区设施进行损坏时，及时制止，提醒

其注意安全，以确保良好的参观环境。

⑥ 重点注意本岗位内易拥堵位置，重点注意展区内游客易攀爬位置，做到及时疏导，有效劝阻。

3.6　结束工作

① 闭馆前配合警卫人员进行清馆工作。告知游客闭馆时间，请游客到没有参观的展区进行参观，并为出馆游客指引出馆方向。

② 展区内没有游客后，集体离馆，交接上岗设备及用品，同时检验其完好性，如有问题应及时上报并更换和确认。

4　检查和考核

展区服务负责人每天依据本规范检查服务工作，对查出的问题进行处理和改进并做好记录。部门依据本规范，对服务人员进行检查和考核。对查出的问题按部门员工考核规定进行处理，对改进情况进行跟踪验证。

三、保洁服务工作规范

保洁服务工作规范

1　范围

本规范规定了保洁员工作职责、行为要求、责任区域、作业时间和保洁要求。

2　工作职责

为游客提供干净、整洁、卫生的参观、浏览、休息环境。为馆内办公提供良好的环境。

3　行为要求

① 严格遵守水族馆所规定的工作时间，不迟到，不早退，坚持上下班打卡。

② 工作中认真负责，确保完成所分管的保洁工作，随时保持区域内的卫生清洁，不得擅离职守。

③ 员工进场后，做到着工装，服装整洁，形象端庄大方，保持良好的精

神面貌。

④ 工作中必须遵守纪律，服从管理，保质保量地完成水族馆所交给的各项保洁任务。

⑤ 讲文明、讲礼貌，不得大声喧哗，不得扎堆聊天，不得在馆内吸烟。在与游客沟通时，耐心解答游客提出的问题。使用文明用语，尊重领导，尊重水族馆的每一位员工及游客。在与他人同行或出入门时礼让他人先行，并与之打招呼。

⑥ 保洁组所有员工必须做到品行端正，不动他人及游客的任何物品。捡拾物品必须马上交到游客接待室。

⑦ 在工作中各岗位要团结协作、不分你我，遇事不得相互争论、指责，要互相帮助、互相爱护，共同完成水族馆的保洁工作。

⑧ 保洁员在工作中如遇跑、冒、滴、漏或其他故障的设施、设备要及时处理解决。如不能自我排除的，要及时报修，不得看而不管。

⑨ 保洁员所在区域如发现安全问题或隐患，应立即向有关主管或部门汇报，不得隐瞒和拖延。

⑩ 保洁组所有员工不得将与工作无关的陌生人私自带入馆内。

⑪ 在工作中要随时注意节水、节电，使用物料时杜绝浪费。

⑫ 工作中每位员工必须将安全工作放在第一位，如遇节假日游客较多时应主动提示、及时疏导游客。

4 责任区域（略）

5 作业时间（略）

6 保洁要求

6.1 入口区域

① 地面：光亮，无灰尘、污渍、垃圾，不堆放影响观瞻的物品。

② 地毯：无沙尘、污物，定期吸尘，随时保持干净。

③ 护栏：光亮，无灰尘、污渍。

④ 卫生间：地面、台面、坐便器、小便池干净；墙面干净、光亮，无污渍、异味、水迹。

⑤ 水房：台面、地面干净，地面无污渍、水渍，台面池内无污渍、异味，

垃圾随时清理。

6.2　各展区

① 展窗、玻璃隔离墙保持明亮，无手印。

② 假山、假绿植内无垃圾、杂物，勤清理，勤查看，使假绿植叶面光亮，随时保持形态美观。垃圾箱随时保持整洁、干净，无污迹，清理及时，无异味。

③ 标识、广告牌：洁净、光亮，无污渍。

④ 地面：干净，无灰尘、渣子、污迹。

⑤ 电梯、平梯缝隙内不得有颗粒灰尘、杂物、口香糖，随时保持清洁，两侧扶手无灰尘、油渍，立面墙板干净、光亮，无污物。

⑥ 灭火箱：内外干净，不放置与消防器材无关的任何物品，箱体无灰尘、污渍。

⑦ 座椅、标识牌、广告牌、隔离墩随时保持干净、光亮，无污渍。

⑧ 垃圾桶内外干净，清理及时，无异味，无蚊蝇。

⑨ 垃圾箱清理及时，箱内垃圾高度不得超过三分之二；箱体外部干净整洁，无灰尘、污渍、异味。

6.3　卫生间

① 地面：光亮、不湿滑，无污渍、污物、异味、水印。

② 镜面、瓷砖、墙面：光亮，无擦痕、污渍、水印。

③ 台面、洗手盒、水龙头：洁净光亮，无油渍、水印。

④ 坐便器、蹲坑、小便池：内外光亮，无污物、水印、异味。

⑤ 纸篓：内外干净，无异味，厕纸不高于三分之二，清理及时。

⑥ 卫生纸、洗手液：供应充足。

⑦ 隔断门、板：干净、光滑，无污渍、痰迹。

⑧ 整个卫生间内不放置任何有碍观瞻的物品。

⑨ 卫生间每清理完毕必须将保洁用品及工具放置于规定的地方，不得将影响观瞻的物品放置于明显处。

6.4　餐饮区

① 地面：光亮，无杂物、污物、污渍，反复擦尘，反复推尘。

② 垃圾通道：不堆放杂物，干净无污物和汤水，及时清理、运输。

③ 垃圾桶：内外干净，无油渍、污物、异味，桶内垃圾不得高于三分之二，清理及时。

④ 假绿植内无果皮、垃圾，勤巡视，勤清理，定期擦洗。

⑤ 卫生间：

● 地面光亮，无污物、污渍、水迹、异味，防滑垫清洁、干净，无杂物、毛发。

● 瓷砖、墙面、镜面：光亮，无污渍、手印、擦痕、水印。

● 坐便器、蹲坑、小便池内外：光亮，无污物、水印、异味。

● 纸篓内外干净、无异味，厕纸不高于三分之二，清理及时。

● 卫生纸盒、洗手液：干净、光亮，无污渍、水印。

● 隔断门、板：干净、光滑，无污渍、痰迹、水印。

● 防滑标识牌放置于明显处，时刻提醒游客注意安全。标识牌干净、明亮。

6.5 表演剧场

① 观众台：无垃圾、污物，坐台安全牢固。

② 地面：光亮、干净，无污物、污渍、水迹。

③ 出入口台阶、消防通道台阶：干净、明亮，无水迹、污渍、口香糖、烟头、烟灰、小孩尿迹。

④ 看台扶手、防护玻璃、看台防护栏扶手、玻璃墩：干净、光亮，无擦痕、水渍、污渍。

⑤ 垃圾箱：内外干净，无污渍、痰迹，箱内垃圾不高于三分之二，及时清理、运输。

6.6 水族馆出口

① 门外护栏：光亮，无污渍、痰迹。

② 地面：无杂物、烟头、污物、污渍。

③ 大门玻璃：3 米以下无手印、污渍、水印。

④ 脚垫：干净，无杂物、毛发、口香糖。

⑤ 厅内地面：干净光亮，无杂物、灰尘、污渍、污物，反复擦尘，反复推尘，不放置有碍观瞻的物品。

⑥ 垃圾箱：干净，外部无污渍、痰迹、油渍、污物，箱内垃圾高度不得超过三分之二，清理及时。

7　检查和考核

服务保卫部根据本标准的要求，对保洁人员进行检查和考核。

四、游客投诉处理程序

游客投诉处理程序

1 范围

本程序规定了游客投诉的处理程序及管理要求。

2 工作职责

① 服务保卫部统一负责游客投诉的管理工作与检核工作，接受公司监督检查。

② 游客接待室负责受理投诉并及时处理，反馈结果，报告情况；文字报告存档，按月上报给行政办公室；重大投诉，及时将投诉内容及处理结果上报给行政办公室。

3 投诉受理程序

3.1 电话投诉受理程序

① 接收：水族馆投诉电话为：_____。投诉电话由游客接待室专人负责接听。

② 登记：填写游客意见表，如表 4-1 所示。专人接听电话后，要根据投诉的具体事件及涉及的部门分别进行详细的记录。

③ 即时处理：接到投诉后，由游客接待室专人负责解决投诉问题。

④ 转递：如投诉涉及相关部门，要由游客接待室专人将填写好的游客意见表交由相关部门负责人阅知并作出事件经过及部门处理意见的书面反馈。

⑤ 跟踪：电话投诉将由游客接待室专人负责跟踪。对一般性的投诉，当天要处理完毕；对于重要投诉，三天内要给予处理，并立即向上级呈报。

⑥ 答复：由服务保卫部服务经理（或服务主管）负责答复电话投诉，同时将游客意见及答复内容进行登记。

⑦ 归档：投诉事件处理后要由涉及部门的主管到游客接待室对该事件情况及部门处理结果进行详细登记，由游客接待室专人负责将相关材料整理归档。

3.2 信函投诉受理程序

① 查收：由游客接待室专人每日对投诉信函进行查收。

表 4-1 游客意见表

编号：

您好，欢迎您对水族馆提出意见、建议。为使您提出的意见能够更有效地予以落实，改善我们的工作，进一步提高我们的服务质量，恳请您按照表格中的内容留下您的详细资料，并将填好的表格投入意见箱中，或请与游客接待室联系，联系电话：_____。我们会将处理结果尽快反馈给您，谢谢！

日　期	年　　月　　日		时　间		形　式	
姓　名		性　别		职　业	联系电话	
现住址			邮政编码		移动电话	

请您在此留下宝贵意见：

受理人员处理意见及结果：

受理人员签字：

部门处理结果：

部门经理签字：

游客意见反馈情况：

经办人签字：

审核：　　　　　　　　　　　　　　　　　　　存档：

② 登记：将投诉信函的内容或建议分部门、分类型由游客接待室专人进行详细登记。

③ 转递：将投诉内容报给相关部门负责人。

④ 反馈：接到投诉的部门要及时将解决办法反馈到游客接待室。

⑤ 答复：涉及需要答复游客或行业主管部门（市、区旅游局）的意见，要呈报上级主管领导。

⑥ 归档：要将投诉意见及处理结果整理归档。

3.3　直接投诉受理程序

① 在馆内遇游客投诉，由相关部门主管人员（或工作人员）将游客带离参观区域，到游客接待室接待。

② 接待人员了解情况时，将投诉中的重要信息记录清楚，准确理解游客意图，了解游客投诉所要求解决的问题。

③ 填写游客意见表：

● 接待人员倾听游客投诉情况后，应请游客填写游客意见表，写清"姓名、联系方式、事由"各项。

● 游客填写完游客意见表后，接待人员应对内容进行核对，确保游客口头与书面投诉内容相一致。

④ 核实情况：

● 接待人员依据游客投诉内容，与投诉相关部门主管核实投诉内容。

● 如游客在馆内受伤，接待人员负责填写游客受伤事故调查报告，如表4-2所示，同时，填写游客损伤调查表，如表4-3所示。如果确认游客受伤是本馆责任且需要到医院就医治疗，由服务保卫部服务经理（或服务主管）派人陪同。

● 游客投诉相关部门，接待人员应与相关部门负责人联系并根据情况配合相关部门了解、核实情况，帮助解决问题。

⑤ 解决投诉：

● 接待人员了解核实投诉内容后，依相关政策并结合具体情况提出解决投诉的建议和方法，并将解决方案向客人解释。

● 如客人同意解决投诉的建议和方法，应尽快为客人解决；如客人不同意，接待人员应及时向本部门上级汇报，由上级处理；如不能当时处理或需要履行相关手续，要与投诉人商定答复日期。

表 4-2　游客受伤事故调查报告

每次事故无论轻重都应当调查清楚，目的是防止再发生。只有通过调查、会见受伤者、到现场查看、与目击者谈话，才能找到真正的原因。

说明损伤的最初情况：

_____

原因：

_____

有什么其他方法防止事故再发生?

_____

证明人：

_____

详细证明材料

_____

调查人员签字　　　　　　　　　　　日期

_____　　　　_____

管理人员签字　　　　　　　　　　　日期

_____　　　　_____

表 4-3　游客损伤调查表

姓名_____性别_____年龄_____婚姻状况_____联系电话_____

家庭住址_____

受损日期_____报告损伤日期_____

详细写明发生事故地点

_____

详细事故经过

_____

游客签名　　　　　　　　　　日期

投诉受理人员签名　　　　　　日期

身体损伤部位

□眼睛　□头　□颈　□胸　□背　□臂　□手指　□腿　□脚趾　□其他

损伤类型

□破伤　□擦伤　□砸伤　□咬伤　□刺伤　□跌伤　□骨折　□扭伤　□其他

损伤界定

☐触摸鱼类　☐攀爬类　☐间接行为类　☐意外事故类　☐其他

游客签名	投诉受理人员签名	服务主管签名	经理签名
日期	日期	日期	日期

⑥ 回复游客：游客投诉得到解决，接待人员应及时将处理结果等情况回复投诉游客，力求游客满意。

⑦ 反馈相关部门：

● 游客投诉解决后，接待人员将投诉内容、解决结果反馈给相关部门，由相关部门分析投诉原因，填写整改意见或建议，避免类似事件再次发生。

● 督促被投诉部门落实纠正措施，并对落实整改情况、效果进行跟踪验证。

3.4　市、区旅游委转达的投诉

① 行政办公室负责向服务保卫部转发市、区旅游委转达的投诉书面资料。

② 服务保卫部负责告知被投诉部门并深入了解事件经过。

③ 被投诉部门在三日内向服务保卫部书面反馈事件经过及处理意见。

④ 服务保卫部负责根据公司相关规定与被投诉部门协商确定最终处理意见并上报给行政办公室。

⑤ 处理意见经行政办公室同意后，由行政办公室向市、区旅游委进行投诉反馈。

⑥ 服务保卫部负责将相关处理投诉的资料及反馈文档存档。

4　汇总上报

① 接待人员将解决投诉过程、状况、方法、结果用文字记录并保存。

② 接待人员每月将各种投诉整理分类，上报给行政办公室。

5 检查和考核

部门根据本程序对负责游客投诉的工作人员进行检查和考核。

第三节 商餐服务

一、商品陈列规范

商品陈列规范

1 范围

本规范规定了商品陈列工作中的陈列前准备、商品分类、陈列标准等的要求。

2 工作职责

二次消费部营运主管负责商品陈列，把具有促进商品销售机能的产品摆放到适当的地方，创造更多的销售机会，从而提升销售业绩。

3 工作要求

3.1 陈列前准备

① 检查商品质量，有无破损，标签是否粘贴。检查无误后将商品码放整齐。

② 保证陈列柜体整洁卫生，每日开馆前进行擦拭，做到柜体表面无尘。

③ 保证陈列安全。商品应在柜体摆放稳定，不易掉落。

④ 保证陈列后游客挑选商品时易取出、易放回。

3.2 按商品类别进行陈列

① 毛绒商品陈列：将毛绒商品按种类在货架上摆放，货架顶端放置大型毛绒玩具，利用货架层板间的空间，放置中小型毛绒玩具。当货架上1/3商品销售完毕，进行该货架商品补充。

② 塑胶类商品陈列：利用陈列筐或陈列花车进行大面积陈列，将1～3种商品堆满整个陈列筐或陈列车。当商品销售1/3时需要进行陈列补充。

③ 日用品陈列：日用品种类很多，可以利用货架进行摆放，也可以进行

挂钩陈列。

④ 玻璃制品陈列：玻璃制品需要陈列在货架上，首先要保证玻璃制品表面光洁，无手印，摆放在货架上易拿取、易放回的位置。

⑤ 贵重物品陈列：贵重物品应陈列在玻璃柜展架中；应保证展架照明；展架应无尘，无手印；每3日对展架中水杯进行换水工作，保证水质清洁。

3.3 商品陈列

① 商品在货架上的陈列必须符合商品的分类。

② 商品陈列的位置必须有正确的价格标志。

③ 货架上不得出现任何超过保质期或破损的商品。

④ 每日下班前，将货架商品补充丰满。如发现残次品，应马上下架。

3.4 检查和考核

商品陈列检查：商品的陈列标准是否正确；有无违反有关规定越权定价、调价和处理商品的现象。

部门依据本规范，对员工进行检查和考核。对查出的问题按部门员工考核规定进行处理，对改进情况跟踪验证。

二、在售商品管理规范

在售商品管理规范

1 范围

本规范规定了在售商品工作中的营业准备、商品补充、商品出售、商品安全和差错事故处理的要求。

2 工作职责

二次消费部负责对货场在售商品的日常管理，负责商品补充、陈列出售及商品安全的日常管理，促进商品销售，保持货架丰富适度，美化卖场布局景观。

3 工作要求

3.1 营业准备

① 搞好柜台、货架、橱窗、售货车等设施及现场卫生，检查灯光、照明及冰箱、冰柜等设施，发现故障及时报修。

② 整理柜台、货架的商品，检查价签是否对位，及时清扫有积尘的商品，必要时调换陈列商品。

③ 备齐、备好营业用品，如包装商品用的包装纸、袋绳等。

④ 按规定手续领取备用金。

3.2　商品补充

根据缺货及经营情况，填写备货单，写清所要商品的编号、品名、规格等项，保管员按要求上货和补充新到商品后，营业员按上述各项逐一核对所要商品与出库单是否一致，准确无误后，收货人在出库单上签名。然后按商品分类及编号顺序将商品摆进柜台，陈列美观，并对价格标签进行检查，做到有货有签，货价相符，货签对位。

3.3　商品出售

营业员必须以饱满的精神、端庄的姿态、自然的微笑面对每一位顾客，主动展示、介绍商品，当好顾客的参谋。在顾客较多的情况下，售货员必须做到"一接迎二联系三不得冷落顾客"。

销售结账：销售结账根据销售地点的不同分为两种方式，一种为设立收款台，集中收款；另一种为售货员即卖即收。

① 款台结账：款台结账有两方式，一种为游人自取商品后拿着商品到款台结账，收款员按商品价格收钱后将收银机打出的单据交给游客；另一种为售货员要给游客开具交款小票，写清商品编号、单价、金额，顾客凭票交款，客人交款后持收银小票领取商品，售货员必须认真核对品名及收银小票号码，无误后，方可将商品和凭证交给游客。

② 售货工作人员结账：即每一笔买卖成交后由售货员即时结款，售货工作人员结款时必须做到"唱收唱付"，并保证结款及时准确。

日销售账目结清：在非款台收款的柜组，下班前售货员应将商品进行当日盘点，结算当日销售数据，并将销售金额上交收款台；交款后售货员应留存交款单据进行账务处理。

3.4　商品安全

售货工作人员在销售过程中要提高警惕，确保商品安全，防止丢失，同时要配合协助顾客照看好随身携带的物品，每日营业终了，必须仔细检查柜台货场有无异物，检查电源是否全部关掉，把门锁好，注意防火、防盗。

3.5　差错事故的处理

① 售货工作人员在商品销售过程中，因工作疏忽造成商品损坏或变质而

不能出售或必须降价出售时，所造成的经济损失，按公司有关规定处理。有责任人的由责任人支付，无责任人的由柜组成员共同支付（其损失金额按商品零售价计算）。

② 售货工作人员在商品销售过程中造成商品丢失、商品缺少时均应按商品零售价赔偿，有责任人的由责任人赔偿，无责任人的由柜组成员共同赔偿。

4　检查和考核

① 售货工作人员认真执行本规范，自觉遵守各项管理制度。

② 售货工作人员依据本规范检查各项工作，对查出的问题进行处理和改进，并做好记录。

③ 部门依本规范，对售货员进行检查和考核。对查出的问题按部门员工考核规定进行处理，并对改进情况跟踪验证。

5　工作记录

备货单和出库单应认真填写。

三、导购销售服务规范

导购销售服务规范

1　范围

本规范规定了商品销售导购员工的服务仪容仪表、行为举止、服务礼仪等的要求。

2　工作职责

商品销售部门负责规范销售人员的仪容仪表，培训销售人员的行为用语，为顾客提供优良的导购销售服务。

3　工作要求

3.1　仪容仪表

① 工作时按照规定穿着工服，保持工服的整洁与干净，不能有油渍、污渍或异味，要保持袖口、领口和腰身部位的清洁。工服所有的纽扣扣好，拉链

拉好，不能挽袖、卷裤腿。按规定穿着工鞋，不能穿露脚趾的鞋（与水接触的岗位除外）。

② 上班时必须佩戴胸卡，将胸卡佩戴在左侧胸前，佩戴端正，不能歪斜；不允许把胸卡随意别在领子或裤子上。应认真爱护胸卡，凡破损、污染、折断、掉角、掉字的要及时更换。

③ 男女员工按企业相关规定着装、留发。

④ 举止庄重大方，走路姿态端正、轻快。行走过程中不说笑，不勾肩搭背，主动避让游客。

⑤ 注意个人卫生，经常更换工服，在大量流汗、接触灰尘之后，要及时洗手和洗脸，保持良好的个人形象。

⑥ 不要在游客面前剪指甲、剔牙、掏耳朵、挖鼻子、打哈欠、伸懒腰。

3.2 行为举止

3.2.1 站姿

在站立时应避免以下几种情况。

● 双手背后或插抱于胸前。

● 站立时，倚着墙壁、靠着货架或靠在桌、柜边，前趴后靠。

● 身体歪斜，头偏、肩斜、身歪、腿弯。

● 手臂挥来挥去，身体扭来扭去，腿脚抖来抖去。

3.2.2 手势

① 当为游客指路时，五指伸直并拢，手臂与手腕保持一个平面，手臂弯曲成 140° 左右，掌心斜向上方，手臂与地面成 45°。同时目视顾客，面带微笑，充分体现出友善与尊敬。

② 给游客指示物品或货物方位情况时，将手抬到与肩同高的位置，前臂伸直，用手掌指向游客要寻找的位置并配以简单的话语加以说明。待游客清楚后，可把手臂放下，然后轻轻退后。

③ 引导游客进入时，站在游客侧方，左手下垂，右手从腹部前抬起，向右横摆到身体右前方，微注视对方并说"请进"，待游客进去后再放下手臂。

3.3 服务礼仪

① 为游客提供服务时，要与游客目光相对，距离保持在一米左右，不应超过三米，如果超过此范围应主动拉近距离。

② 在注视游客时最好用正视或仰视的眼神，不能用扫视、盯视、眯视或

无视的眼光和游客交流。

③ 引导游客时，要注意侧身让游客先行，不可与游客抢道或跑步从后面超越游客。

④ 在引导游客时，一般身体都不能正对游客，应保持130°左右走在游客左前方，在转角处应稍停并以手势示意方向，再行引导。

⑤ 对游客提出的问题应以专业、愉悦的态度为之解答。不可以有不耐烦的情绪，不能一问三不知。切不可在游客后方以声音指示方向及路线。

⑥ 说话口齿清晰、音量适中，不得使用方言或土语。

⑦ 若在低处拿商品，切忌出现弯上身、翘臀部等不雅动作，此时可选择蹲下或屈膝的动作来完成。

⑧ 在与游客交易时，要一手交钱一手交货，当面点清。

⑨ 收款时要"唱收唱付"，找钱动作轻巧，不要把零钱随便乱掷乱丢。

⑩ 如游客不买东西，也要保持一贯亲切、真诚的态度。

⑪ 当游客产生抱怨时，虚心地听取他们的抱怨和建议，不能随意打断他们。

⑫ 服务时要语气平和，不急不躁。

3.4　标准服务用语

① 您好！欢迎光临水族馆！

② 有什么可以帮忙的？

③ 您需要什么？

④ 很高兴为您服务！欢迎您再次光临水族馆！

⑤ 谢谢！

⑥ 再见！

⑦ 对游客的尊称：先生、女士、小朋友；"您"是尊称，一定要多用。

4　检查和考核

部门负责人每天依据本规范检查工作，对查出的问题进行处理和改进并做好记录。同时，依据本规范对员工的导购销售服务进行检查和考核，对查出的问题按部门员工考核规定进行处理，并对改进情况进行跟踪验证。

四、餐饮服务规范

餐饮服务规范

1 范围

本规范规定了提供快餐服务的质量要求、服务提供方法和要求及服务质量控制的方法。

2 工作职责

餐饮部负责水族馆对外经营快餐服务店面的日常接待服务工作,快餐服务人员每日为就餐游客提供点餐、出餐等服务。

3 工作要求

3.1 服务标准

① 优质服务做到"五到位":态度到位、技能到位、方式到位、细节到位、效率到位。做到"五心":对待一般游客要热心;对待老、幼、伤、残、孕游客要关心;解答游客询问要耐心;为游客服务要诚心;让所有入馆的游客舒心。

② 做好上岗准备工作,更换工作服,戴好工作帽,佩戴工作牌。工作牌佩戴端正,位置在左上胸,不得遮挡、覆盖。

③ 男女员工按企业相关规定着装、留发。

④ 严格按照工商部门核准的经营范围经营,经营许可证、卫生许可证等在显著位置明示。

⑤ 服务人员每年接受体检,持健康合格证上岗。工作时严格执行相关规定。

⑥ 餐厅环境整洁,空气清新。就餐桌椅干净,完好。

⑦ 餐具、厨具随时清洗、消毒,不得混用。一次性餐具应符合环保要求。

⑧ 热情服务,诚信待客,明码标价。

3.2 服务提供标准

① 服务人员提前到岗,清扫责任区地面,擦拭整理就餐桌椅。食品制作人员清扫整理厨房、灶台、案板。

② 备好所需餐具及常用调料。

③ 有游客就餐时，服务人员应热情接待，主动向游客介绍餐厅经营的食物品种，询问游客的需求。

④ 所有菜品做到明码标价。游客点餐时，认真记录核实，收款找零"唱收唱付"。

⑤ 尽量满足游客进餐当中的特殊需求，达不到的要耐心解释。

⑥ 上餐时稳拿轻放，提醒游客注意，防止泼洒。

⑦ 游客走后，迅速整理就餐桌椅，检查有无游客遗失的物品，如果发现立即交还给游客。无法追送时，及时上交给领导妥善处理。

⑧ 随时保持餐厅清洁。

⑨ 食品制作人员应保持个人卫生整洁。

⑩ 每日营业前进行安全检查，结束后应关闭火源、气源、电源等。

⑪ 清运垃圾时，不得出现遗落等情况。

4　检查和考核

① 餐饮部负责人带领服务人员和食品制作人员，严格执行餐饮服务规范，自觉遵守各项管理制度，保证为游客提供安全的食品。

② 部门依据本规范检查快餐服务，对查出的问题进行处理，对改进情况进行跟踪验证，做好记录。如出现游客投诉，按照就餐游客投诉处理流程执行。

③ 餐饮部办公环境卫生考核标准表应认真填写。

五、餐饮售卖人员岗位服务规范

餐饮售卖人员岗位服务规范

1　范围

本规范规定了餐饮部售卖人员服务管理的要求。

2　工作职责

餐饮部服务售卖人员负责按照工作流程做好食品售卖工作，为顾客提供优良精致的服务。

3　工作要求

3.1　岗前准备

上班前的准备和精神状态对餐饮服务员一天的工作相当重要。因此，餐饮服务员要提前到岗，预留充分的时间做一些准备工作，如更衣，整理头发，检查员工工牌是否戴正、衣帽是否得当等。

3.2　进入岗位

餐饮服务员一进入岗位，要主动向同事问好，做好以下检查工作：设备是否运转正常，电灯是否全亮；领取本岗位备用金并核对金额是否正确。

3.3　工作中的注意事项

3.3.1　餐饮服务人员在工作中要做到"五不"

不打私人电话，不扎堆聊天，不干私活，不随意改动工作规则，不离岗、串岗。

3.3.2　上级对下级布置工作时要做到"四清楚"

① 目标清楚：让下级知道工作的目的是什么。

② 程序清楚：让下级知道怎么做。

③ 结果清楚：不能光布置不检查，上级一定要检查结果，使下级知道是否已经完成任务，上级是否满意等。

④ 奖罚清楚：使下级明白完成任务将怎样奖，完不成将怎样罚。

3.3.3　遇到客人或同事时

餐饮服务员在餐厅工作过程中遇到客人或同事时应主动问好，做到面带笑容，两手自然垂直，声音柔和。在向客人问好时，不要太近或太远。以三步距离为宜。

3.3.4　行走中遇到客人或上级时

餐饮服务员在行走过程中遇到客人或上级时应主动问好，做到稍事停留，侧身让路，垂直站立。待客人或上级通过后再前行。切忌抢行、平行、穿行，或假装没看见擦身而过。

3.3.5　班后收尾工作

下班之前，必须做好以下工作：

① 核对账款及备用金，长款上交，短款补齐。

② 填好工作日志。

③ 做好交接工作，尤其不要忘记把重要事项介绍清楚。

④ 收拾好工作台上的工具或文具，将其放整齐，锁好自用的抽屉，关闭与自己相关的计算机或电源。

4　检查和考核

① 餐饮部售卖人员应严格执行相关规定，自觉遵守各项管理制度，保证售卖工作的顺利进行。

② 部门考核时对查出的问题按规定进行处理，要求及时改进并对改进情况进行跟踪验证。

六、餐饮卫生工作规范

餐饮卫生工作规范

1　范围

本规范规定了餐饮服务人员卫生、服务卫生、厨房卫生的工作要求。

2　工作要求

2.1　个人卫生

从事餐饮工作的员工，必须每年接受体检，持健康证上岗。如厕后必须洗手。

2.2　服务卫生

① 保持营业场所桌椅等的清洁卫生；做到门窗清洁。

② 保持工作场所的整洁。各类餐具柜、橱柜里摆放的各类物品整齐清洁，保持地面整洁无污渍。

③ 各类餐具、酒具、水杯、冰桶、瓷器等做好清洗消毒工作，防止二次污染，取用冰块用消毒过的冰夹，不能直接用手拿取。

④ 取送食品时，严禁挠头摸脸，或对着食品咳嗽、打喷嚏。

⑤ 保持餐厅各种辅助用品的清洁，做到无污渍，无油腻，无破损。

⑥ 餐厅的卫生要实行卫生责任制，专人负责，主管或领班负责本餐厅的整体卫生。

2.3　厨房卫生

① 厨房卫生实行卫生包干责任制，专人负责，厨师长或厨房领班负责本

厨房的整体卫生。

②　严格把好食品卫生关，认真执行《中华人民共和国食品卫生法》。

③　厨房每餐后均要清扫，保持干净整齐，地面无油垢积水。

④　刀、墩、案、盆、冰箱、橱柜、加工设备等每日清洗，定期消毒，专人负责。

⑤　进入冷菜间及饼房必须穿戴整洁的工作衣、帽，洗手消毒。厨房应配备紫外线消毒设施。

⑥　厨房不得存放杂物和私人物品。

⑦　冷盆餐前成品要加盖保鲜膜。

⑧　食品原料要求新鲜卫生，生熟分开。烧熟的食品冷却后必须用保鲜膜覆盖。

⑨　肉禽、水产品不着地堆放，荤素食品应分池清洗。

⑩　冰箱内食品应分类存放，做到生熟分开，荤素分开，成品与半成品分开，鱼、肉分开，先进先用。半成品进冰箱应盖保鲜膜，防止污染串味。

⑪　冰箱定期除霜、除尘。冰箱清洗后做到无油垢，无异味，无血水。

⑫　厨房内用具设备应保持清洁状态，橱柜、台面抽屉整齐无垃圾。

⑬　保持灶台清洁，无积垢，无残渣；工作台辅料、调料容器有盖。

⑭　做好卫生收尾工作，每餐结束后做到所有食品进冰箱或加遮盖物，调料容器上盖，垃圾桶倒清，用具容器放整齐。

3　检查和考核

员工必须认真贯彻执行本工作规范。部门依据本规范，对下属人员进行检查和考核，对查出的问题按部门员工考核规定进行处理，对改进情况进行跟踪验证。

第二章　岗位工作说明

第一节　票务服务岗位

一、收银员岗位说明

收银员岗位说明

1　范围

本说明规定了收银员的工作职责、工作内容和相关要求。

2　岗位

① 岗位名称：收银员。

② 所属部门：计划财务部。

③ 直接上级：收银领班。

④ 工时制度：综合工时制。

3　职责

① 在收银领班的领导下，负责所在收银岗位的日常收银及结账工作，保证收银、交款及结账工作的准确无误。

② 负责钱款，日常收银设备、设施的保管，日常用品的领用，并保证发票的安全使用。

4　工作内容和要求

① 岗前准备工作：

● 领取备用金，核实无误后签章确认；

● 视钱箱内的具体情况兑换零钱；

- 检查发票的使用情况，根据实际需要领换并签章；
- 打开收银台电源并登录收银机，检查收银机、验钞机等所需用具是否正常，如发现问题及时向领班报告；
- 负责收银台及附近的卫生，保持环境整洁，达到公司要求的标准；
- 管理好日常设备，做好设备的日常维护。

② 收款工作：

- 微笑服务，使用敬语"唱收唱付"，根据标准服务流程进行服务；
- 收取货款时，应放入验钞机中检验真伪，正反两面都要检验，并对 50 元以上的钱币进行磁点的检验；
- 根据公司发票管理制度为顾客开具发票。

③ 结账工作：

- 准确打印账单，及时快捷地结算出当日的销售金额；
- 准确填写缴款单据，封存并签章；
- 清理款台并切断款台电源；
- 将每日钱款上交，填写销售日报表，所列金额应与缴款单一致；
- 将备用金放回保险柜。

④ 配合领班和主管完成各委员会、工会及团委指派的工作。

⑤ 完成领导交办的其他工作。

⑥ 接受间接领导的临时性工作指令，并向直接领导报告。

5 工作权限

① 有权拒收客人支付的假币。

② 有权根据实际情况换取备用金。

③ 有权拒绝开具不符合规定的发票。

6 任职资格

6.1 知识、技能和能力

① 具有识别假钞的能力，有一定的点钞速度。

② 熟练正确地使用收银机、验钞机等必备工具。

③ 熟练掌握商品编码、名称等相关信息。

④ 有一定的英语口语表达能力。

6.2　教育程度与工作经历要求

高中（职高）以上学历。

6.3　素质要求

6.3.1　身体素质

① 身体健康。

② 四肢灵活。

6.3.2　心理素质

① 能够和谐地与同事沟通，尊重上级，保持乐观向上的情绪，具有较强的心理承受能力。

② 爱岗敬业，有责任感和上进心，心态平和。

7　协调配合

① 水族馆内：与相关各经营部门配合完成收款工作，了解经营部门的需求，及时反映给上级主管。

② 水族馆外：无。

8　工作环境与设备

① 工作环境：水族馆内。

② 设备及工具：计算机、打印机、验钞机、POS机和监控设备。

9　记录

按要求做好各项工作的记录和报告，并按部门要求进行记录保存。

10　检查和考核

岗位说明所列的岗位职责、工作内容等履行情况，将由主管领导进行定期检查和考核。

二、检票员岗位说明

检票员岗位说明

1　范围

本说明规定了检票员的工作内容、工作要求。

2 岗位

① 岗位名称：检票员。

② 所属部门：服务保卫部。

③ 直接上级：服务主管。

④ 工时制度：综合工时制。

3 职责

负责散客及团队的检票、指引、解答咨询等服务工作。

4 工作内容和要求

4.1 散客检票服务工作

① 微笑服务，站姿标准，热情接待每一位游客。

② 主动进行问候，遇特殊节假日需加入特殊节假日问候语。

③ 为游客提供检票服务。

④ 游客出示优惠票时，对游客相关证件进行检验。

⑤ 对身高超过免票标准的未买票儿童，测量身高，指引补票地点。

⑥ 对不符合票务规定及提出优惠票价要求的游客，进行耐心解释。

⑦ 检验票无误后，引导游客入馆。

⑧ 帮助儿童、老人、残障人士及其他行动不便者通过闸口。

⑨ 提醒游客注意安全，注意台阶和地滑等。

⑩ 热情、耐心且简单明了地解答游客的各种提问和咨询。

⑪ 在不影响正常检票的情况下，热心地为客人提供其他服务。

⑫ 根据游客需要，为其提供最佳参观路线的建议。

⑬ 为走失的游客提供帮助。

⑭ 为寄存物品的游客指引游客中心位置。

⑮ 配合上级领导工作。

⑯ 为发生意外的游客（如生病、受伤等）提供帮助，及时上报给上级领导，并通知医务室。

⑰ 提示保洁人员做好区域内卫生工作。

4.2 团队检票服务工作

① 与导游确认团队人数，对团队票进行检票。

② 团队入馆时与导游一起清点核对团队人数，检查导游证件。

③ 清点核对无误后，将团队票汇总统计。

4.3　结束工作

① 对闸口、团队人数及团队票张数与财务人员进行签字交接。

② 整理闸机，数据清零。检查各种设备并将其收起，发现问题及时向上级领导报告。

③ 将闸机钥匙、游客中心钥匙、PDA 机存放柜钥匙与游客接待室工作人员签字交接。

4.4　其他工作

① 保证检票设备的正常使用，加强设备使用、维护管理工作。检票时如出现紧急情况也要保证检票流程不变。

② 对客流结构进行详细记录（如老人、军人、免票标准以下儿童人数，外宾人数等）。

③ 完成领导交办的其他工作。

5　任职资格

5.1　知识、技能和能力

① 具备一定的鱼类知识。

② 具备良好的沟通能力。

③ 具备良好的判断、应变能力。

④ 具备良好的语言表达能力。

⑤ 具备简单的英语、俄语、日语、手语会话能力。

5.2　教育程度与工作经历要求

① 教育程度：高中文化程度。

② 工作经历：1 年服务工作经验。

5.3　素质要求

5.3.1　身体素质

身体健康。

5.3.2　道德素养

爱岗敬业，具有良好的职业道德和品德修养，具有团队合作精神。

5.3.3　心理素质

有责任感和上进心，心态平和。

6 协调配合

水族馆内：配合警卫人员进行馆内疏导工作，维护馆内设施，以确保馆内正常参观秩序。

7 工作环境与设备（略）

8 记录

按要求做好各项工作的记录和报告，并按部门要求进行记录保存。

9 检查和考核

岗位说明所列的岗位职责、工作内容等履行情况，将由主管领导进行定期检查和考核。

三、游客接待与总机服务员岗位说明

游客接待与总机服务员岗位说明

1 范围

本说明规定了游客接待室、总机服务岗位的工作内容、工作要求。

2 岗位

① 岗位名称：游客接待室、电话总机服务员。
② 所属部门：服务保卫部。
③ 直接上级：服务主管。
④ 工时制度：综合工时制。

3 职责

负责游客接待室的日常接待；接转总机电话；解答游客咨询；游客投诉的接待、记录、保存；初级伤处理；捡拾、丢失物品的登记、领取、上交；游客购买、更换商品的联系；日常考勤的记录、上报；物资管理；协助上级领导工作等。

4　工作内容和要求

4.1　服务工作

① 微笑服务，站姿标准，热情接待入馆游客。

② 解答游客各类现场及电话咨询。

③ 接转总机电话。

④ 提醒游客注意安全。

⑤ 提醒游客表演时间。

⑥ 为与家人走散的游客联系游客中心提供寻人广播服务。

⑦ 接待游客投诉，及时予以解决，并及时上报给领导。超出职责范围的应及时上报给领导解决。

⑧ 为游客或工作人员做捡拾物品相关登记。

⑨ 为游客或工作人员做丢失物品相关登记。

⑩ 为游客或工作人员做领取物品相关登记。

⑪ 帮助需要购买或更换商品的游客联系二次消费部提供服务。

⑫ 为参加各类活动（如潜水，与海豚、海狮亲密接触等）的游客指引活动地点。

⑬ 为发生意外的游客（如生病、受伤等）提供帮助，进行初级伤处理，并及时上报给上级领导。

4.2　结束工作

① 整理游客接待室，关闭各种设备及门窗，关闭电源。

② 对门窗及电源等进行检查，确认无误后离开。

③ 将电话总机转接到消防中控室。

④ 与夜班值班室工作人员签字交接游客接待室大门钥匙。

4.3　其他工作

① 物资管理：接待室办公设施、物品等管理。

② 完成领导交办的其他工作。

5　任职资格

5.1　知识、技能和能力

① 具备一定的动物知识。

② 具备良好的沟通能力。

③ 具备良好的判断、应变能力。

④ 具备良好的语言表达能力。

⑤ 具备简单的英语、俄语、日语、手语会话能力。

5.2 教育程度与工作经历要求

① 教育程度：高中文化程度。

② 工作经历：1 年服务工作经验。

5.3 素质要求

5.3.1 身体素质

身体健康。

5.3.2 道德素养

爱岗敬业，具有良好的职业道德和品德修养，具有团队合作精神。

5.3.3 心理素质

有责任感和上进心，心态平和。

6 协调配合（略）

7 工作环境与设备

① 工作环境：水族馆内。

② 设备与工具：计算机、计算器、水族馆资料、发票机、轮椅、小药箱、诊疗床等。

8 记录

按要求做好各项工作的记录和报告，并按部门要求进行记录保存。

9 检查和考核

岗位说明所列的岗位职责、工作内容等履行情况，将由主管领导进行定期检查和考核。

第二节　游客参观服务岗位

一、展区服务员岗位说明

展区服务员岗位说明

1　范围

本说明规定了展区服务员的工作内容、工作要求。

2　岗位

① 岗位名称：展区服务员。

② 所属部门：服务保卫部。

③ 直接上级：服务主管。

④ 工时制度：综合工时制。

3　职责

负责做好馆内重点区域服务工作，根据游客需求进行讲解及协助安全疏导工作。

4　工作内容和要求

4.1　岗前准备工作

① 按公司标准着装，仪容仪表自检。

② 到游客接待室领取上岗所需设备及用品，同时检验其完好性，如有问题应及时上报并更换，并由本人签字确认。

③ 到岗后，协助相关部门检查本区域设备、设施及鱼类情况，发现问题及时向上级领导报告。

4.2　服务工作

① 微笑服务，站姿标准，热情接待入馆参观的游客。

② 解答游客各类咨询。

③ 为游客指引参观方向。

④ 提醒游客注意安全。

⑤ 游客与家人走散时，通知游客中心做寻人广播，同时通知各展区帮助寻找。

⑥ 在展区内发现行动不便的游客（如老人、残障人士等）上下台阶，主动搀扶，或引导游客走无障碍通道。

⑦ 有游客需使用轮椅升降台时，帮助通知警卫人员到场提供服务。

⑧ 为丢失或捡拾物品的游客指引游客接待室位置。

⑨ 为发生意外的游客（如生病、受伤等）提供帮助，及时上报给上级领导并通知医务室。

⑩ 发现游客投喂自带食物或在非投喂区投喂时进行劝阻，告知游客可以购买专用鱼食在指定地点进行投喂。

⑪ 提示保洁人员做好展区内卫生工作。

4.3 讲解工作

① 按照公司讲解标准，根据游客需求进行讲解服务。

② 根据公司要求进行定时定点讲解或 VIP 全程讲解服务。

③ 解答游客在参观中遇到的各类问题，尽量做到让游客满意。

4.4 安全工作

① 熟知馆内各安全门及消防设施位置，掌握报警及消防器材的使用方法。

② 配合保卫人员维持馆内秩序，进行安全疏导工作。

③ 发现馆内鱼类、展缸、模型等展品及灯光、音响、电梯等设施出现异常时，及时通知上级领导及相关岗位。

④ 展区内发生突发事件时（如发现可疑人、可疑物、游客受伤、突发急病、游客之间发生纠纷或突然停电等），及时上报给上级领导，同时应通知保卫人员并协助保卫人员疏导周围游客。

⑤ 发现游客攀爬、拍打展窗或对展区设施进行破坏时，及时制止，提醒其注意安全，爱护设施以确保良好的参观环境。

4.5 结束工作

① 服务员闭馆前配合保卫人员完成疏导游客离馆的工作。

② 将上岗所需设备及用品交回游客接待室，与游客接待室工作人员签字交接。完成领导交办的其他工作。

5　任职资格

5.1　知识、技能和能力

① 具备一定的鱼类相关知识。

② 具备良好的沟通能力。

③ 具备良好的判断、应变能力。

④ 具备良好的语言表达能力。

⑤ 具备简单的英语、俄语、日语、手语会话能力。

5.2　教育程度与工作经历要求

① 教育程度：高中文化程度。

② 工作经历：1年服务工作经验。

5.3　素质要求

5.3.1　身体素质

身体健康。

5.3.2　道德素养

爱岗敬业，具有良好的职业道德和品德修养，具有团队合作精神。

5.3.3　心理素质

有责任感和上进心，心态平和。

6　协调配合

配合保卫人员进行馆内疏导工作，维护馆内设施，以确保馆内参观秩序正常。

7　工作环境与设备

设备与工具：对讲机、轮椅、升降机、广播设备。

8　记录

按要求做好各项工作的记录和报告，并按部门要求进行记录保存。

9　检查和考核

岗位说明所列的岗位职责、工作内容等履行情况，将由主管领导进行定期检查和考核。

二、安保员服务岗位说明

安保员服务岗位说明

1 范围

本说明规定了服务保卫部安保人员的工作内容和工作要求。

2 岗位

① 岗位名称：安保员。
② 所属部门：服务保卫部。
③ 直接上级：警卫消防主管。
④ 工时制度：综合工时制。

3 职责

在直接领导的统一安排下，完成所分派的岗位工作，确保所管辖区域内的安全并完成承担的任务。

4 工作内容和要求

① 认真完成直接领导分配的值岗、值班、巡视任务。
② 观察进馆客人的动态，同时将发现的情况报告上级领导。
③ 在规定的时间内完成押送款任务。
④ 当班安保员检查所持通信器材有无损坏并做好交接班记录。
⑤ 严格遵守监控室的各项制度，熟练使用监控设备。
⑥ 能够处理馆内的一般突发事件和一般纠纷。
⑦ 按要求使用各种登记本，登记内容应全面。
⑧ 在做好安全工作的基础上，做好服务工作。
⑨ 完胜上级交派的其他工作。

5 任职资格

5.1 知识、技能和能力
具有一定消防知识及单独处理事件的能力。

5.2　教育程度与工作经历要求

高中或职高学历，1年服务行业工作经验。

5.3　素质要求

5.3.1　身体素质

身体健康。

5.3.2　道德素养

爱岗敬业，具有良好的职业道德和品德修养，具有团队合作精神。

5.3.3　心理素质

有责任感和上进心，心态平和。

6　协调配合

① 每日按规定换岗，与所属上级经常沟通，与中控室人员配合对全馆进行消防安检，开展消防工作。

② 与相关部门或班组进行配合，共同维护馆内各部及剧院安全秩序，如发现馆内设备出现问题时，及时与相关部门联系进行维修，对发现的不安全隐患及时上报给相关部门。

7　工作地点与设备

① 工作地点：场馆内各展区及消防中控室。
② 设备及工具：对讲机、监控设备。

8　记录

按要求做好各项工作的记录和报告，并按部门要求进行记录保存。

9　检查和考核

岗位说明所列的岗位职责、工作内容等履行情况，将由主管领导进行定期检查和考核。

三、保洁主管岗位说明

保洁主管岗位说明

1　范围

本说明规定了保洁主管的工作内容和工作要求。

2 岗位

① 岗位名称：保洁主管。
② 所属部门：服务保卫部。
③ 直接上级：服务保卫部经理。
④ 工时制度：不定时工时制。

3 职责

在服务保卫部经理的领导下，负责馆内外的卫生清洁和外围绿化的管理工作，负责所属外包保洁员工的日常管理与保洁质量监督工作。

4 工作内容和要求

① 制订工作计划、布置工作内容，检查所属员工各项岗前准备工作的完成情况。
② 监督检查各岗位工作状况，协调各环节的正常运行。
③ 确保馆内、外卫生环境良好，督促所属员工按要求完成所分配的工作。
④ 督导所属员工严格遵守正确操作规程，合理使用各类机械器材，不出现人为的机械损毁及任何意外事故。
⑤ 制定清洁剂的消耗标准，控制清洁剂的使用量，降低清洁成本。
⑥ 合理安排保洁人员的工作，降低人员成本。
⑦ 经常巡查馆内外的卫生和绿化情况，督促员工严格按照操作程序工作，保证达到规定的卫生标准。
⑧ 负责馆内灭蟑灭鼠工作。
⑨ 配合大型活动的组织部门完成活动的清洁工作。
⑩ 严格执行各项规章制度，协助领班解决工作中发生的各类问题，并对领班的工作定期进行评估。
⑪ 做好员工的培训工作。
⑫ 协助其他部门做好装饰、搬运等工作。
⑬ 检查外包工作质量。
⑭ 做好与政府部门的协调工作。
⑮ 完成直接领导交办的其他工作。

5 工作权限

① 对所属员工有管理权。

② 对下属员工的任免（或使用）有建议权。

③ 有权对保洁组各岗位进行调配。

④ 有权处理保洁组内出现的各类问题。

⑤ 对员工的奖惩有建议权。

6 任职资格

6.1 知识、技能和能力

① 具有相关的法律知识。

② 具有较强的管理能力。

③ 具有保洁工作知识。

④ 具有较强的语言表达和沟通能力、组织管理能力及应变能力。

⑤ 能够熟练操作现代化办公设备。

6.2 教育程度与工作经历要求

① 大学专科学历。

② 从事相关管理工作 3 年以上。

6.3 素质要求

6.3.1 身体素质

身体健康。

6.3.2 道德素养

爱岗敬业，具有良好的职业道德和品德修养，具有较强的服务意识和团队合作精神。

6.3.3 心理素质

① 能够和谐地与同事沟通，尊重上级，保持乐观向上的情绪，具有较强的心理承受能力。

② 具有敏捷的反应能力，对突发事件有控制和处理能力。

7 协调配合

① 水族馆内：部门协调配合。

② 水族馆外：

● 与街道办事处：绿化、卫生。

● 与外包物业公司：馆外绿化、卫生。

● 与杀虫公司：馆内灭蟑、灭鼠。

8 岗位监督

8.1 所施监督

- 所施直接监督：保洁领班。
- 所施间接监督：所属其他人员。

8.2 所受监督

所受直接监督：本部门总监和人力资源部。

9 记录

按要求做好各项工作的记录和报告，并按部门要求进行记录保存。

10 检查和考核

岗位说明所列的岗位职责、工作内容等履行情况，将由主管领导进行定期检查和考核。

四、警务主管岗位说明

警务主管岗位说明

1 范围

本说明规定了警务主管的工作职责、工作内容、工作要求。

2 岗位

① 岗位名称：警务主管。
② 所属部门：服务保卫部。
③ 直接上级：服务保卫部经理。
④ 工时制度：综合工时制。

3 岗位职责

在部门经理的领导下，做好公司内部治安防范、普法宣传，做好各项警务基础工作，监督检查各项安全制度落实，防患于未然。

4　工作内容和要求

4.1　业务计划

① 每周在部门工作例会上汇报上周工作完成情况及本周工作计划。

② 月底前，总结所属部门的工作情况，提出下月工作计划。

4.2　业务的实施与控制

① 开馆前，对警务巡逻车进行检查。

② 开馆前，按《警务巡查标准》对馆外各区域进行巡视，检查是否存在安全隐患。

③ 开馆后，在馆外进行全方位的巡查，对各工地进行安全、消防检查，发现问题及时解决，及时处理各种突发事件。

④ 认真填写巡查记录。

⑤ 负责服务纠纷的调解工作及接报警工作。配合公安民警及政府部门办案执法及综合治理。

⑥ 保持与各部门的沟通协作，对发生的案例每季度组织一次案例分析会。

⑦ 每个月底，组织驻点民警及巡防队员召开一次联勤联动工作会，对周边的综合治理工作进行沟通。

⑧ 组织完成押款工作，确保人员及公司财产的安全。

⑨ 负责法制法规常识宣传与普法工作。

⑩ 联手执法单位，在馆外围进行综合治理工作，保障场馆正常经营。

⑪ 配合做好保安队队伍建设工作。

4.3　业务改进

① 加强监控设备、设施建设，构建人防、技防警务工作协作平台，形成馆外围的防控体系。

② 每月向当地派出所及街道通报情况，寻求支持和配合，利用政府部门的力量做好区域综合治理工作。

5　工作权限

① 对所属员工有管理权。

② 对所属员工的任免有建议权。

6　任职资格

6.1　知识、技能和能力
① 具有相关法律知识。
② 具有较强的管理和专业知识。
③ 具有较强的语言表达和沟通能力、组织管理能力和应变能力。

6.2　教育程度与工作经历要求
① 大学本科以上学历。
② 从事相关管理工作 2 年以上。

6.3　素质要求

6.3.1　身体素质
身体健康。

6.3.2　道德素养
爱岗敬业，具有良好的职业道德和品德修养，具有较强的服务意识和团队合作精神。

6.3.3　心理素质
① 具有较强的心理承受能力。
② 具有敏捷的反应能力，对突发事件有控制和处理能力。

7　协调配合

7.1　水族馆内
配合内保主管开展工作。

7.2　水族馆外
与派出所等的工作联系。

8　工作环境与设备
① 工作环境：馆内外。
② 设备及工具：警务巡逻车、对讲机等。

9　岗位监督

9.1　所施监督
保安等人员。

9.2 所受监督

① 所受直接监督：服务保卫部经理。

② 所受间接监督：总经理、副总经理、总监。

10 记录

按要求做好各项工作的记录和报告，并按部门要求进行记录保存。

11 检查和考核

岗位说明所列的岗位职责、工作内容等履行情况，将由主管领导进行定期检查和考核。

五、消防主管岗位说明

消防主管岗位说明

1 范围

本说明规定了消防主管岗位职责、工作内容和工作要求。

2 岗位

① 岗位名称：消防主管。

② 所属部门：服务保卫部。

③ 直接上级：服务保卫部经理。

④ 工作时制：不定时工时制。

3 岗位职责

在服务保卫部总监、经理的领导下，负责公司的警卫组工作，负责消防的日常工作，负责所属员工的日常管理。

4 工作内容和要求

4.1 制订工作计划、部署工作内容，检查所属员工各项岗前准备工作的完成情况。

① 制订工作计划、部署工作内容，保持各区域的整洁。

② 做好每日的工作记录；监督下属员工按规定时间到岗就位，做好开馆前的准备工作。

③ 负责组织安排警卫组的日常工作，并督促下属做好各自的工作。

④ 监督、检查、指导警卫组员工执行规章制度情况，全面掌握岗位执勤情况；对所属部门的服务质量进行监督和控制。

⑤ 制订警卫组的工作计划，了解警卫组人员的思想动态，进行业务培训。

⑥ 配合相关部门做好各项安全检查工作、整改工作。

⑦ 对馆内进行全方位巡视工作，要及时对施工工地进行安全消防检查，发现问题及时解决，及时处理各种突发事件。

⑧ 配合相关部门的工作，共同维护公司的治安秩序，做好公司安全预防工作。

⑨ 工作实现制度化、规范化、程序化的管理体系。

⑩ 负责合作单位履行合同情况管理、检核，使消防工作达到公司标准；消防工作达到市政府规定标准，不发生消防事故。

⑪ 通过各项培训工作，提高全体员工的素质，建设一支稳定、有较高文化素养的骨干队伍。

4.2 日常工作

① 负责下属员工的日常管理，每日上岗前检查员工的着装、仪表是否符合公司规范，安排当天工作内容。

② 对下属员工的日常工作随时、随地进行检查、指导。

③ 做好每日的工作记录。

④ 监督检查馆内各岗位情况和馆内的不安全隐患，发现问题及时解决。

⑤ 表演剧场开场后查看表演时安全情况，散场时进行清场工作。

⑥ 监督日常使用设备的使用、管理和维护保养，发现故障及时报修。

⑦ 做好闭馆后的清馆工作，检查闭馆后的安全情况，统一将对讲机放置于消防中控室进行充电，并检查使用情况。

⑧ 监督每日当班人员填写清馆记录，与警卫夜班做好工作交接，双方签字确认。

⑨ 做好贵宾接待及专场活动的准备工作，保证活动的顺利进行。

⑩ 参加部门会议，组织下属员工召开工作会议，传达、落实会议精神。

⑪ 制订并实施各项培训计划，对所属员工和消防中控室人员进行思想和

业务培训，并定期进行检查。

⑫ 监督检查中控室设备运行情况，检查消防中控室值班情况及记录。

⑬ 每月对所属员工进行工作考核。

4.3 其他

完成直接领导交办的其他工作。

5 工作权限

① 对所属员工有管理权。

② 对下属员工的任免有建议权。

6 任职资格

6.1 知识、技能和能力

① 具有相关法律知识。

② 具有较强的管理和专业知识。

③ 具有较强的语言表达和沟通能力、组织管理能力和应变能力。

6.2 教育程度与工作经历要求

① 本科以上学历。

② 从事相关管理工作 2 年以上。

③ 具有消防上岗证。

6.3 素质要求

6.3.1 身体素质

身体健康。

6.3.2 道德修养

爱岗敬业，具有良好的职业道德和品德修养，有团队合作精神。

6.3.3 心理素质

能够与同事和下属良好地沟通，尊重上级，保持乐观向上的情绪，具有较强的心理承受能力。

7 协调配合

7.1 水族馆内

与其他部门做好协调配合与沟通工作。

7.2 水族馆外

与政府消防部门的工作联系。

8 工作地点与设备

① 工作地点：场馆内各展区及工作间、馆内外各种消防设备。
② 设备及工具：对讲机、电话、值班记录簿等。

9 岗位监督

9.1 所施监督

所施直接监督：对所属员工、消防中控室值班人员进行监督。

9.2 所受监督

所受直接监督：服务保卫部总监、经理。

10 记录

按要求做好各项工作的记录和报告，并按部门要求进行记录保存。

11 检查和考核

岗位说明所列的岗位职责、工作内容等履行情况，将由主管领导进行定期检查和考核。

六、服务保卫部经理岗位说明

服务保卫部经理岗位说明

1 范围

本说明规定了服务保卫部经理的工作职责、工作内容和工作要求。

2 岗位

① 岗位名称：服务保卫部经理。
② 所属部门：服务保卫部。
③ 直接上级：服务保卫部总监。
④ 工作时制：不定时工时制。

3　职责

在总经理和主管总监的领导下，负责游客服务的管理工作，负责馆内外保洁的管理工作，负责公司的治安、消防管理工作，负责本部门的管理工作。

4　工作内容

① 根据公司的总体计划，制订本部门的工作计划与实施方案，并组织实施。

② 负责完善游客接待服务管理制度，负责完善保洁管理制度。

③ 根据国家有关法律、法规和公司的安全工作要求，建立各项安全管理的规章制度。

④ 负责服务保卫部日常管理工作。

● 执行入口检票制度，组织做好相关工作。

● 对游客的讲解及其他服务管理工作。

● 总机话务服务管理工作。

● 馆内、外保洁、保养的管理工作。

● 公司专项活动及会务服务保障工作的管理。

⑤ 负责公司日常安全管理工作。

● 建立、健全公司内保管理体系，完善内保管理责任制，配合相关部门，做好公司保密工作的管理。

● 负责对警卫队和保安队工作的管理，保障公司日常经营管理活动的秩序与安全。

● 根据公司大型经营活动要求，制订相关的安全保障方案。

● 认真贯彻消防法规，负责对公司防火系统的安全管理，加强对合作、委托的消防单位工作的管理。

● 贯彻"预防为主"的保卫工作方针，负责全馆员工的治安、消防等方面的安全教育与培训。

⑥ 部门内部管理。

● 按照公司人员编制和人力资源管理规定，合理调配本部门的人力资源。

● 负责建立、健全部门岗位责任制。

● 督促员工严格执行公司规章制度，自觉遵章守纪。

● 负责部门的团队建设，充分调动员工的积极性，提高部门凝聚力。

● 加强员工培训，提高员工素质。

● 负责所属员工的绩效考核，并按照相关规定实施奖惩。

⑦ 与各部门密切配合，做好部门之间的协调。

⑧ 传达公司领导的指示精神，落实工作要求，汇报部门的工作情况。

⑨ 负责部门资产的管理。

⑩ 完成领导交办的其他工作。

5 工作权限

① 对企业安全具有管理权。

② 对本部门工作具有管理权。

③ 对本部门主管的任免有建议权。

④ 对本部门领班有任免权。

⑤ 对本部门各项费用有审核权。

⑥ 根据公司规定，对本部门员工有奖惩权。

6 任职资格

6.1 知识、技能和能力

① 具有较丰富的安全保卫知识和管理能力。

② 具有较强的学习和自我提高能力。

③ 具有良好的内外部协调能力。

④ 具有较强的处理突发事件的能力。

⑤ 能够熟练使用现代化办公设备。

6.2 教育程度与工作经历要求

① 大学本科学历。

② 有 3 年以上安全保卫管理工作经验。

6.3 素质要求

6.3.1 身体素质

身体健康。

6.3.2　心理素质

① 具有较强的安全意识和团队意识。

② 具有临危不乱的应变能力。

③ 具有良好的心理承受能力。

6.4　资格证书

保卫干部上岗证。

7　协调配合

7.1　水族馆内

与各部门协调沟通。

7.2　水族馆外

① 与街道办事处：绿化和卫生工作。

② 与杀虫公司：馆内外灭蟑、灭鼠工作。

③ 与物业公司：馆外保洁、绿化养护工作。

④ 与卫生防疫站：馆内外环境工作。

⑤ 与属地派出所：协作，防止发生治安事件。

⑥ 与公安局治安处：大型活动方案的申报工作。

⑦ 与消防局：馆内消防设施迎检。

⑧ 与旅游局保卫管理部门：日常旅游安全工作沟通。

⑨ 与其他政府相关部门：旅游活动安全通报或报批。

8　岗位监督

8.1　所施监督

① 所施直接监督：对本部门主管进行直接监督。

② 所施间接监督：对本部门其他人员工作进行间接监督。

8.2　所受监督

① 所受直接监督：受总经理、主管领导和人力资源部的直接监督。

② 所受间接监督：受公司其他领导和部门经理的间接监督。

9　记录

按要求做好各项工作的记录和报告，并按部门要求进行记录保存。

10 检查和考核

岗位说明所列的岗位职责、工作内容等履行情况，由主管领导进行定期检查和考核。

第三节 商餐服务岗位

一、营业员岗位说明

营业员岗位说明

1 范围

本说明规定了营业员的工作内容、工作要求和相关要求。

2 岗位

① 岗位名称：营业员。
② 所属部门：二次消费部。
③ 直接上级：领班。
④ 工时制度：综合工时制。

3 岗位职责

在领班的领导下，负责商品销售工作。按时完成部门下达的销售任务。

4 工作内容

① 售前准备工作：
● 检查所售货品，根据需要及时上、下货；
● 按规定要求合理摆放商品；
● 保证售场环境整洁卫生、商品清洁整齐；
● 备齐售货设备，放在指定位置，并按设备要求进行正确操作和维护，保证其良好运行。
② 售货工作：
● 使用规范用语主动招呼顾客、询问需求；

- 向顾客介绍和展示商品，重点突出商品特色；
- 安全、准确地拿放商品；
- 收款并按照规定使用验钞机识别假钞；
- 按照顾客的需要，快捷、牢固地包装商品；
- 工整、清晰、正确地填写各类票据，正确办理现金、支票的结算手续。

③ 下班前，点清当日货位商品数，安全封存商品。

④ 清理售货现场，清缴现金，整理相关票据并完成交接程序。

⑤ 完成领导交办的其他工作。

5　工作权限

① 有权根据需要安排对柜台的摆放。

② 有权拒收假币。

③ 所售商品在不影响二次销售的情况下给顾客退换。

④ 给商品补货，如发现残次品换残、退残，有建议权。

6　任职资格

6.1　知识、技能和能力

① 具有相关的法律知识。

② 熟悉所售商品的性能、特点、用途，具有一定的商品推销能力和销售心理学常识。

③ 经过培训具有商品销售设备维护能力。

④ 具有较强的语言表达、观察判断、计算能力。

⑤ 具有一定的布置设计和客流疏导能力。

6.2　教育程度与工作经历要求

① 高中、职高学历。

② 经过英语口语表达相关培训。

③ 从事小商品零售工作1年以上。

7　岗位监督

① 所受直接监督：受领班的直接监督和领导，执行其工作指令并接受其绩效考评。

② 所受间接监督：受经理、主管的间接领导。

8 记录

按要求做好各项工作的记录和报告，并按部门要求进行记录保存。

9 检查和考核

岗位说明所列的岗位职责、工作内容等履行情况，将由主管领导进行定期检查和考核。

二、餐饮服务员岗位说明

餐饮服务员岗位说明

1 范围

本说明规定了餐饮部服务员的工作职责、工作内容和相关要求。

2 岗位

① 岗位名称：服务员。

② 所属部门：餐饮部。

③ 直接上级：服务领班。

④ 工时制度：综合工时制。

3 职责

在领班的领导下，负责所属经营区域的销售和服务工作；完成所属区域的销售任务。

4 工作内容和要求

① 岗前准备：

● 视钱箱内具体情况兑换零钱；

● 检验收银机等设备是否正常；

● 清扫款台卫生，保持收款台的清洁；

● 准备好营业所需各种用具和各种餐具；

● 按卫生要求整理托盘，达到无菌，整洁，美观，安全；

● 每月对收银机进行两次保养工作。

② 接待服务工作：

- 微笑服务，耐心向顾客介绍食品，并将游客所选购食品输入收银机；
- 收款时，要使用验钞机识别真伪，正反两面都需检验，并对 50 元以上的钱币进行磁性检验；
- 根据餐厅情况，引导顾客到合适的餐桌就餐；
- 按照规范摆放食品，达到整齐合理，重量分布适宜；
- 顾客离开后，及时清扫餐桌和地面，保持卫生、清洁。

③ 结账工作。

准确打印当日收款清单，与销售款一并交于当班主管，双方确认无误后签字确认，出现长短款情况应立即报告给服务领班。

④ 每日下班前，打扫完周围卫生，切断电源，方可离开岗位。

5　工作权限

有权拒收假币。

6　任职资格

6.1　知识、技能和能力

① 了解食品卫生知识。

② 了解食品卫生质量的鉴别方法。

③ 具有食物污染、食品中毒和有关传染病的知识。

④ 了解食品卫生法律、法规。

6.2　学历、工作经验

① 高中、职业高中毕业。

② 具有一定的收款、服务经验。

6.3　有健康证

7　协调配合（略）

8　工作环境与设备

① 工作环境：水族馆内餐厅。

② 设备及工具：点餐设备、电话、常用办公用品。

9　岗位监督

所受直接监督：受领班的直接监督和领导，执行其工作指令并接受其绩效考评。受经理、主管的间接领导。

10　记录

按要求做好各项工作的记录和报告，并按部门要求进行记录保存。

11　检查和考核

岗位说明所列的岗位职责、工作内容等履行情况，将由主管领导进行定期检查和考核。

三、厨师岗位说明

厨师岗位说明

1　范围

本说明规定了餐饮厨师的工作职责、工作内容和相关要求。

2　岗位

① 岗位名称：厨师。
② 所属部门：餐饮部。
③ 直接上级：厨师领班。
④ 工时制度：综合工时制。

3　职责

在厨师长领导下保证正常的餐食供应并保证食品卫生安全；按照领班布置的工作计划开展工作。

4　工作内容和要求

① 上班时工作服干净整洁，做好制作准备。
② 检验各种原材料、辅料品种和质量是否符合制作标准，按照当日食谱计划完成制餐准备。
③ 刀工应符合菜品烹制要求。
④ 严格执行饮食操作规定，生熟食分开存放和制作，熟食用具每天消毒。
⑤ 食品制作中严格按要求操作，蒸、煮食品不得欠火。
⑥ 按照炒菜规定的要求小锅制作（部分菜肴大锅制作），争取菜品色、香、味完好。

⑦ 每日下午落实次日饭菜所需原材料的准备工作。

⑧ 完成操作间的卫生清洁及协助其他部位完成工作。

5　工作权限

① 有权拒绝使用不符合食品要求的原料、辅料。

② 有对饭菜品种的建议权。

③ 有权拒绝非相关人员进入操作间。

6　任职资格

6.1　知识、技能和能力

① 具有中餐菜系基本常识。

② 具有中餐调味品基本常识。

③ 具有食品卫生知识。

④ 具有饮食营养知识。

⑤ 具有饮食成本核算知识。

⑥ 具有安全生产知识。

6.2　教育程度与工作经历要求

① 高中、职高学历。

② 6个月以上中餐烹饪培训。

③ 不少于3年中餐制作经验。

④ 中级以上中餐厨师证书。

7　协调配合

水族馆外：接受卫生防疫站卫生检疫。

8　工作环境与设备

① 工作环境：厨房。

② 工作设备：炉灶、刀具等厨房设备。

9　岗位监督

受厨师领班的直接监督；受本部门经理的间接监督。

10 记录

按要求做好各项工作的记录和报告，并按部门要求进行记录保存。

11 检查和考核

岗位说明所列的岗位职责、工作内容等履行情况，将由主管领导进行定期检查和考核。

四、厨师长岗位说明

厨师长岗位说明

1 范围

本标准规定了厨师长的工作职责、工作内容和相关要求。

2 岗位

① 岗位名称：厨师长。
② 所属部门：餐饮部。
③ 直接上级：餐饮部经理。
④ 工时制度：不定时工时制。

3 职责

在部门经理的领导下，组织各级厨师完成各种餐品的制作；负责各种餐品的出品质量和产品成本控制；负责对厨师队伍的技术培训；加强成本核算，保证食品卫生安全；负责带领所属员工遵守相关规章制度并完成日常工作；完成对外经营和内部接待的中餐、宴会餐、自助餐、特色餐的接待和研发工作。

4 工作内容和要求

① 负责指导完成各种餐品的制作和供应。
● 按月制订工作计划，不断调节饭菜品种，合理营养配餐。
● 带领厨师长实施月度工作计划。
● 完成食品加工前检查原料、辅料到货质量及准备情况。

● 确保设备、工具的安全运转和使用。

② 负责日常管理工作。

● 加强成本核算，合理控制每日的餐品制作量，减少浪费。

● 熟悉所属员工的技术水平，合理分工。

● 负责对厨师长的管理、培训和考核。

● 负责所辖工作区域的整体安全管理工作。

③ 负责对外经营和内部接待的中餐、宴会餐、自助餐、特色餐的接待和研发工作。

④ 完成经理交办的其他工作。

5 工作权限

① 对下属厨师长的使用有建议权。

② 有权对原料、辅料的品种、数量、质量提出要求，并拒绝接受过期、变质等不符合要求的原料、辅料。

6 任职资格

6.1 知识、技能和能力

① 具有餐饮基本常识。

② 具有食品卫生知识。

③ 具有饮食营养知识。

④ 具有饮食成本核算知识。

⑤ 具有安全生产知识。

⑥ 具有烹饪实际操作技能。

⑦ 具有组织、协调能力。

6.2 教育程度与工作经历要求

取得国家职业资格证书一级。

7 协调配合

7.1 水族馆内

物资供应部门：检验与接收原料、辅料。

7.2 水族馆外

卫生防疫站：卫生检疫。

8 岗位监督

8.1 所施监督

监督所属员工的日常工作和行为规范。

8.2 所受监督

所受直接监督：受餐饮部经理的直接监督。

所受间接监督：受公司职能部门、委员会和其他部门经理的间接监督。

9 记录

按要求做好各项工作的记录和报告，并按部门要求进行记录保存。

10 检查和考核

岗位说明所列的岗位职责、工作内容等履行情况，将由主管领导进行定期检查和考核。

第四节　市场推广部岗位

一、销售主管岗位说明

销售主管岗位说明

1 范围

本说明规定了销售主管的工作职责、工作内容和相关要求。

2 岗位

① 岗位名称：销售主管。

② 所属部门：市场推广部。

③ 直接上级：市场推广部总监。

④ 工时制度：不定时工时制。

3　职责

在市场推广部总监的领导下，负责水族馆的团体销售工作，负责所属员工的管理。

4　工作内容和要求

① 根据公司和部门的经营计划制订团体销售计划和实施方案。

② 负责组织市场分析工作。

● 市场容量分析，市场占有率的分析。

● 水族馆销售率分析，销售潜量的分析。

● 销售资源与销售能力的分析。

● 提出市场分析报告。

③ 负责设置下属销售指标。

● 下属销售指标的设置与分配。

● 提出销售价格体系建议。

④ 负责制订销售策略。

● 制订渠道市场的经营销售策略。

● 销售策略实施指导及实施效果分析。

● 销售策略评估及销售策略调整与改进。

⑤ 负责销售客户管理和预定工作。

⑥ 所属人员管理。

● 负责下属员工业务知识的培训。

● 督促员工严格执行公司规章制度，自觉遵章守纪。

● 负责所属员工的团队建设，充分调动员工的积极性，提高团队凝聚力。

● 负责所属员工的绩效考核，并按照相关规定实施奖惩。

● 负责制定所属各岗位的工作规范和工作流程。

⑦ 完成领导交办的其他工作。

5　工作权限

① 对所属工作负有管理权。

② 对员工的聘用有建议权。

③ 根据公司和部门规定，对所属部门员工有奖惩权。

6 任职资格

6.1 知识、技能和能力

① 具有丰富的经营管理知识。

② 具有较丰富的市场预测与开拓能力。

③ 具有较强的学习和自我提高能力。

④ 具有良好的内外部协调能力。

⑤ 能够熟练使用现代化办公设备。

⑥ 具有独立开拓市场的能力。

6.2 教育程度与工作经历要求

① 大学本科学历。

② 有 3 年以上相关工作经验。

6.3 素质要求

6.3.1 身体素质

身体健康。

6.3.2 心理素质

① 具有良好的团队意识。

② 具有较好的应变能力。

③ 具有良好的心理承受能力。

7 协调配合

7.1 水族馆内

与馆内各部门的协调工作。

7.2 水族馆外

① 与各大企业的配合：保持良好的合作关系。

② 与各旅行社的协调：协调合作关系。

8 工作环境与设备

① 工作环境：水族馆内外。

② 设备及工具：计算机及常用办公用品。

9　岗位监督

9.1　所施监督

① 所施直接监督：所属员工。

② 所施间接监督：对本部门其他员工。

9.2　所受监督

① 所受直接监督：受市场部总监和人力资源部的直接监督。

② 所受间接监督：受公司其他领导和其他部门经理的间接监督。

10　记录

按要求做好各项工作的记录和报告，并按部门要求进行记录保存。

11　检查和考核

岗位说明所列的岗位职责、工作内容等履行情况，将由主管领导进行定期检查和考核。

二、品牌活动策划主管岗位说明

品牌活动策划主管岗位说明

1　范围

本说明规定了市场推广部品牌活动策划主管的工作职责、工作内容和相关要求。

2　岗位

① 岗位名称：品牌活动策划主管。

② 所属部门：市场推广部。

③ 直接上级：市场推广部总监。

④ 工时制度：不定时工时制。

3 职责

负责品牌策划、宣传推广、媒体支持、公共关系、客户维系，负责所属人员的日常管理。

4 工作内容和要求

① 品牌和市场营销策划工作：

● 根据公司年度工作计划，制订公司品牌和市场营销策划方案；

● 报公司议定并组织具体工作的实施；

● 策划、实施品牌推广活动，建立企业品牌形象。

② 宣传推广工作：

● 根据公司年度工作计划，制定市场推广方案报公司议定，并组织具体工作的实施；

● 推广企业核心产品及企业文化等。

③ 媒体支持工作：

● 根据公司批准的品牌策划方案和广告的费用计划，协助直接上级进行广告公司的选择、签约以及广告创意设计和广告投放、置换工作；

● 组织水族馆内外新闻传播，完成规定的媒体曝光率和对内的宣传工作；

● 组织水族馆宣传资料的编写、制作、摄影、摄像工作；

● 组织建立并维护与公司相适应的公共关系和媒体网络。

④ 与新闻媒体保持良好的关系以便于应付突发事件，负责处理危机公关。

⑤ 与其他部门密切配合，做好协调配合工作。

⑥ 完成领导交办的其他工作。

5 工作权限

① 对所属工作负有管理权。

② 对员工的聘用有建议权。

③ 根据公司和部门规定，对所属部门员工有奖惩权。

6 任职资格

6.1 知识、技能和能力

① 了解媒介运作知识及特性。

② 熟悉报刊、电视运作流程。

③ 有一定的文字编写能力；良好的团队协调能力。

④ 具有较强的语言表达和沟通能力、组织管理能力和应变能力。

⑤ 熟练使用现代化办公设备。

6.2　教育程度与工作经历要求

① 大学专科以上学历。

② 三年以上相关工作经验。

6.3　素质要求

6.3.1　身体素质

身体健康。

6.3.2　道德素养

爱岗敬业，具有良好的职业道德和品德修养，具有团队合作精神。

6.3.3　心理素质

① 能够和谐地与同事沟通，尊重上级，保持乐观向上的情绪，具有较强的心理承受能力。

② 具有敏捷的反应能力，对突发事件有控制和处理能力。

7　协调配合

7.1　水族馆内

与各部门的协调工作。

7.2　水族馆外

与合作机构、新闻媒体、文化公司的协调配合。

8　岗位监督

8.1　所施监督

① 所施直接监督：所属员工。

② 所施间接监督：本部门其他员工。

8.2　所受监督

① 所受直接监督：受市场推广部总监的直接监督。

② 所受间接监督：受公司其他领导和其他部门经理的间接监督。

9 记录

按要求做好各项工作的记录和报告，并按部门要求进行记录保存，表4-4为工作记录要求。

表4-4 工作记录要求

序号	项目	内 容
1	品牌推广	① 活动策划
2		② 软性宣传
3		③ 广告宣传
4	会员维系	会员活动策划：完成会员活动的策划
5	销售任务	完成散客销售任务
6	所属团队建设	① 根据所属团队需要提升的事项和公司重点工作，制订有针对性的培训计划，经部门批准后组织实施，达到预期效果
7		② 及时掌握所属员工的工作和思想状态，帮助员工提高思想认识、改进工作绩效
8		③ 及时对所属员工工作进行督导和检核，确保所属员工无工作失误或违纪问题
9		④ 对员工月度工作进行评价，须根据员工表现拉开档次，并对绩效差的员工提出帮导方法

10 检查和考核

岗位说明所列的岗位职责、工作内容等履行情况，将由主管领导进行定期检查和考核。

三、科普教育主管岗位说明

科普教育主管岗位说明

1 范围

本说明规定了科普教育主管的工作职责、工作内容和相关要求。

2　岗位

① 岗位名称：科普教育主管。
② 所属部门：市场推广部。
③ 直接上级：市场推广部总监。
④ 工时制度：不定时工时制。

3　职责

在市场推广部经理领导下，负责水族馆科普总体工作的策划、组织实施和市场推广。

4　工作内容和要求

① 根据公司的总体发展目标、部门的经营计划，制定系统的科普工作发展计划并组织实施。

② 科普教育渠道开发工作：

● 开发并确定潜在市场群体；
● 利用科普活动对潜在市场群体进行前期宣传和推广；
● 根据客户资料的分析，对符合拜访要求的重要客户安排拜访工作；
● 积极开发科普市场，完成本渠道的科普推广任务。

③ 客户关系管理工作：

● 记录并分类保存客户的相关资料；
● 制订和实施本渠道客户维护计划，减少原有客户的流失；
● 根据客户变动情况，及时更新客户资料；
● 做好科普资料的收集整理和归档工作。

④ 科普工作：

● 做好科普活动的策划和推广工作；
● 组织本部位人员策划、实施科普活动，完成科普产品的推广和开发；
● 利用馆内的资源推进科普工作的对外交流与推广合作；
● 负责科普工作各项管理规章制度的完善和建设；

⑤ 对所属员工的培训及考核。
⑥ 完成直接领导交办的其他工作。
⑦ 接受间接领导的临时性工作指令，并向直接领导报告。

5 工作权限

① 对所属人员的奖惩有建议权。

② 对所属员工有管理权。

6 任职资格

6.1 知识、技能和能力

① 具有相关的法律知识。

② 具有较强的管理和海洋科普专业知识。

③ 具有较强的语言表达和沟通能力、组织管理能力和应变能力。

④ 熟练使用计算机。

⑤ 具有良好的客户关系和渠道。

6.2 教育程度与工作经历要求

① 大学本科以上学历。

② 从事相关管理工作 2 年以上。

6.3 素质要求

6.3.1 身体素质

身体健康。

6.3.2 道德素养

爱岗敬业，具有良好的职业道德和品德修养，有团队合作精神。

6.3.3 心理素质

① 能够和谐地与同事和下属沟通，尊重上级，保持乐观向上的情绪，具有较强的心理承受能力。

② 具有敏捷的反应能力，对突发事件有控制和处理能力。

③ 能承受巨大的工作压力，敢于接受新的挑战。

7 协调配合

① 水族馆内：与各部门日常的协调工作。

② 水族馆外：与各区教委、学校等单位保持良好的合作关系。

8 工作环境与设备

① 工作环境：馆内工作，环境良好。

② 设备及工具：计算机及常用办公用品。

9　岗位监督

① 所施监督：所属员工。
② 所受监督：市场总监、人力资源部监督。

10　记录

按要求做好各项工作的记录和报告，并按部门要求进行记录保存。

11　检查和考核

岗位说明所列的岗位职责、工作内容等履行情况，将由主管领导进行定期检查和考核。

第五篇
综 合 保 障

第一章 工 作 规 范

第一节 行 政 管 理

一、公文管理规范

公文管理规范

1 范围

本规范规定了公司内部文件、外部发文以及公司外部收文的报送和审批程序等内容。

2 工作职责

各部门负责本部门上报文件的起草及呈报，公司办公室秘书处负责各部门呈报公文的审核及流转。

3 工作要求

3.1 文件类别

3.1.1 公司内部文件

呈文、工作函件或协调文、财务单据、传阅文件、总结计划和工作报告等用于公司内部的文件。

① 呈报公文：需要使用年度工作预算、追加年度预算、价格调整、制度制定与修订及涉及其他部门协作等的工作请示，须经公司总经理审批。

② 工作函件和协调文：凡需要相关部门协作的工作协调文件。

③ 传阅文件：凡公司领导要求相关部门或人员进行传阅的文件。

④ 总结计划：各部门按公司要求提报的月度总结、季度计划、年度总结计划等文件。

⑤ 工作报告：凡部门提报的与工作相关的报告、资料等，呈报公司审阅的文件。

3.1.2　公司外部发文

用章申请与用章文件、介绍信、合同与合同签订申报表、简报或至其他外单位公函等向外部发送的文件。

① 用章申请与用章文件：向外单位报送的公函、资料和报告或介绍信等需要印盖公司公章的文件或携带公司公章外出的文件。

② 简报：描述公司阶段性工作重点或项目，向指定的外部专业业务部门或上级单位发送的文件。

3.1.3　公司外部收文

外单位发来的公函、公告、通知、信件等文件。

3.2　公司内部文件报送与审批程序

3.2.1　呈报公文

① 申请部门正式行文，部门第一责任人签字，主管领导签字。

② 报送公司办公室秘处，秘书处对文件进行登录和初审，如需要相关部门的意见，则先转至相关部门责任人签批，签批后返回秘书处。

③ 最后呈报公司总经理审批，总经理审批后一个工作日内由秘书处通知相关部门秘书，同时将文件电子版上传至办公系统及文件柜指定位置，并同时抄送给相关部门。

凡涉及财务预算等须抄送至计划财务部。

凡涉及物资领用、采购、报废退库等须抄送至计划财务部和物资保障部。

凡涉及的部门均须抄送。

凡公司领导批示转至部门均须抄送。

凡与呈报工作相关部门均须抄送。

④ 秘书处负责收集和记录反馈信息和工作完成情况，同原件一并存档。

⑤ 部门呈文须打印文本，各责任人均须手写签字。

⑥ 申报部门所请示事项涉及多部门协调作业时，经公司批准后，须另行起草协调文发至相关部门。

⑦ 呈文文件编号方式为：年份+部门编号+流水序号。部分部门编号示例：公司办公室 BF、计划财务部 JF、人力资源部 RF、工程管理部 GF、二次消费部 SF、餐饮部 YF、服务保卫部 FF、物资保障部 HF、动物部 DF、水族维生设备部 TY、公司工会 GH、企业文化委员会 CW、科技委员会 KW、培训委员

会 PW、安全生产节能委员会 AW。

⑧ 部门呈文均须存入指定地点：文件柜—呈文与发文—部门文件夹—本年度。

3.2.2　工作函件和协调文

① 申请部门正确填写相应的财务单据，部门第一责任人签字，属于项目工作的须让项目责任人签字。

② 报到计划财务部，计划财务部第一责任人签字后，由计划财务部秘书统一报到公司办公室秘书处。

③ 公司办公室秘书处进行初步审核，报送给总经理签批。

④ 总经理签批后，秘书处统一转给计划财务部，由计划财务部进行落实。

⑤ 申请部门需要公司正式批准与此项工作有关的公文为前提。

⑥ 部门正式行文，部门第一责任人签字，主管领导签字。

⑦ 以电子版形式发至相关部门。

⑧ 文件编号与部门呈文编号相同，流水序号为本部门呈文和工作函的总排序。

⑨ 部门呈文均须存入指定地点：文件柜—呈文与发文—部门文件夹—本年度。

⑩ 财务凭据：凡涉及申请现金、支票的支出凭单、付款申请单和请购单等财务单据，须经公司总经理签批。

⑪ 申请部门应有公司正式批准与此项工作有关的公文。

3.2.3　传阅文件

① 公司办公室秘书处根据公司领导要求填写传阅单，附上传阅文件，分别转给需要阅件的人员或部门。

② 阅件人传阅时间为一个工作日，阅件完毕后在传阅单上签署意见和日期，交回公司办公室秘书处，由秘书处转给下一阅件人。如有特殊情况无法按时传回，阅件人或其部门秘书在当日下班前向秘书处反馈信息，办理延期并确定最后完成时间。

③ 传阅完毕后，秘书处将传阅单报送公司领导审阅后，按批示进行下一工作环节，并将传阅文件存档。

④ 传阅文件编号为 CY，编号方式为：（传）CY+年份+流水序号。

3.2.4 总结计划

① 部门正式行文，按时将文件存入公司文件柜指定地点。路径为：文件柜—总结计划—部门文件夹。

② 公司办公室秘书处按时将各部门提报的文件调入文件柜指定地点。路径为：文件柜—总结计划—总结汇总—具体文件夹。

③ 公司计划总结审阅小组到文件柜中调取阅读，如有问题，直接与部门进行沟通。部门修改后，通知公司办公室秘书处，并将部门修改后的文件在文件柜中，文件名后注（改）。

④ 经公司计划总结审阅小组会议确定后，各部门总结计划正式确认，公司办公室秘书处将其存入指定地点：文件柜—共享文件—具体文件夹。

3.2.5 工作报告

① 申报部门正确行文，部门第一责任人签字。

② 报到公司办公室秘书处，秘书处转送公司领导，并按照公司领导批示进行下一环节的工作。

③ 工作报告编号方式为部门名称+报告+流水序号，工作报告应单独设置首页页面，注明编号和工作报告主题。

3.3 公司外部发文报送与管理程序

3.3.1 用章申请

① 申请部门正式行文或准备好所需资料文件，正确填写用章申请，部门第一责任人、主管领导签字。

② 部门秘书将用章申请报到公司办公室秘书处进行登录，报送公司总经理审批。

③ 公司总经理审批同意后，由秘书处通知申请部门秘书到公司办公室办理相关手续。秘书处负责文件编号与存档。

④ 在使用公章的行文材料中需要总经理签字时，应在用章申请上注明，并在需要总经理签字的地方用铅笔画圈标注。

⑤ 需要携带公章外出时，须在用章申请上注明使用时间，经批准后，由公司办公室派人员一同外出办理。

⑥ 介绍信由公司办公室秘书处按统一格式开具。

⑦ 申请部门正式行文，部门第一责任人审阅后，经主管领导审阅。

⑧ 审阅完毕后，正确填写用章申请，部门第一责任人签字，将函件以电子版形式报送于公司办公室秘书处，秘书处报送给公司总经理签批。

⑨ 经总经理签批后，秘书处对文件进行格式化与编号，按要求加盖公章，返回申报部门。

⑩ 申报部门将文件向外发送，公司办公室秘书处负责将文件存档。存储路径：文件柜—呈文与发文—公司办公室—公司外部发文—年度文件夹。

⑪ 公函编号方式为：（略）。

⑫ 公函须用公司 LOGO 信头纸打印，落款为单位全称。

⑬ 以部门名义向外发送并且无须使用公司公章的外部发文为外部工作函件，部门第一责任人审核后，向外部发送。部门负责在文件柜上存储文件，并按照公司办公室秘书处统一要求报送公司档案室存档。

3.3.2　合同

凡需要使用公司合同章的文件，须经公司合同审批小组签字同意，按照《水族馆合同管理规定》执行。

3.3.3　简报

① 公司办公室负责编制简报，办公室主任审核，重要事项须呈送公司领导审阅。

② 经审核确认后，公司办公室负责以传真形式发至指定业务单位。

③ 简报发送单位包括：（略）。

④ 简报编号方式为：（略）。

⑤ 公司办公室秘书处负责以电子版和文字版方式存档。电子版简报存储路径：文件柜—公司办公室—外联组—公司简报—年度文件夹。

3.4　公司外部收文管理流程

① 凡是接收单位为公司名称或是接收人为公司总经理姓名的公函、信件、通知等函件均属公司外部收文范畴。

② 任何部门或个人收到公司外部收文均须转送给公司办公室秘书处，秘书处对收文进行分类和整理，转报给公司领导审阅。

③ 公司办公室秘书处按照公司领导意见转送给其他指定部门或存档。

④ 公司总经理批注的公司外部收文均作为重要文件进行登录与存档。

3.5　公文管理注意事项

3.5.1　文件行文标准

① 正确使用文件编号与文件格式。

② 各级责任人在签字时需注明日期。

③ 文件标题使用三号字加粗，内容使用小四号字，字体为宋体。

④ 文件行文流畅，无错字、病句，表述清晰。

3.5.2 文件报送

① 文件在一个审阅环节上的时限为一个工作日，秘书保持每个环节之间的联系，负责文件的报送和领取工作。

② 在部门第一责任人无法完成文件审阅流程时，部门第二责任人代为行使审批职责，或依据公司办公室秘书处意见先行进入下一个审批环节。

4 检查和考核

各部门文件管理出现不符合《公文管理规范》的情况时，公司办公室秘书处在工作记录表上记录，按季度进行整理与统计，列入公司绩效考评项目。

二、会议管理规范（略）

三、电子办公系统管理规范（略）

四、档案管理规范

档案管理规范

1 范围

本规范规定了水族馆档案的整理、分类、装订、保管和查阅的规范和要求。本规范适用于公司档案管理。

2 档案管理机构和职责

2.1 档案管理机构

根据档案工作实行统一领导、分级管理的原则，设立公司中心档案室，并由公司办公室秘书任档案管理员；工程管理部、计划财务部相应设立档案分室，并指定专人为档案管理员；其他各部门设兼职档案管理员，对各种门类和不限载体的档案，采取档案实体，由中心档案室和档案分室保管。

2.2 公司中心档案室档案管理员职责

① 制定和不断完善公司各项档案管理制度，创造良好的档案工作环境，逐步实现档案管理的制度化、规范化、科学化。

② 在统一领导、分级管理原则下，负责对公司各部门的档案管理进行业务指导和监督检查。

③ 承担公司中心档案室各类档案的保管，并切实做好档案室的保密、安全防患管理。

④ 及时为公司各项工作提供档案服务，为领导决策提供可靠数据。

⑤ 对档案定期进行统计、鉴定、销毁和移交工作。

3　档案分类、分级（略）

第二节　人力资源管理

一、员工行为规范

员工行为规范

1　范围

本规范规定了水族馆全体员工行为举止的要求。

2　要求

2.1　上岗前的准备
2.1.1　刷卡、更衣

上班：员工应在公司规定的上班时间前刷卡，并到更衣室更换工装，按照规定的上班时间准时到达工作岗位。

下班：员工在下班时间到达后，方可到更衣室更换个人服装及刷卡下班。

上、下班均不可由别人代替或代别人刷卡。

2.1.2　工装

应保持工装的清洁、平整，并按照规定及时洗涤。按照各类工装的穿着要求，规范着装；将员工牌端正地佩戴在工装左上方。工装作为工作制服，不得穿回家。

员工应按照工服房的规定及时间要求进行工服的洗涤和更换。

员工应按照公司要求着工装，秋冬装与夏装不能混穿。

工装内着便服时不得外露。工装不得披衣、敞怀、挽袖、卷裤腿、不得系扎围巾。

工帽不得歪戴。

女员工怀孕后体型发生显著变化的，可着样式简单、颜色庄重的服装。

2.1.3　仪容仪表

员工每日上岗前要做到"五整理"，具体内容如下。

（1）发型

员工应保持头发清洁，不留奇异发型，头发不染彩色。

男员工：应每日修面，头发前不遮眉，两侧不盖耳，后不压衣领。

女员工：头发梳理整齐，发型优雅、大方，头发前不过眉，过肩长发须用深色发卡或发带束扎盘结。

（2）化妆

女员工要淡雅清妆，不得浓妆艳抹，仅可涂无色指甲油，接触食品的员工禁止涂任何指甲油上岗。

（3）饰物

不允许佩戴任何头饰（用于盘头的发卡、发带除外），戒指允许佩戴一枚，耳钉（不能超出耳垂下缘）可佩戴一对，除此之外不允许佩戴其他饰物。与食品、动物、鱼类接触的人员不得佩戴任何饰物。

（4）鞋、袜

员工应穿着深色皮鞋或岗位规定的工装鞋上岗，式样朴素大方，保持洁净、光亮，严禁穿拖鞋、凉鞋及各种造型怪异的鞋上岗。女员工长筒袜应与肤色相近，男员工穿着皮鞋应穿深色袜子。

（5）卫生

员工应保持良好的个人卫生，鞋袜干净，口腔、身体无异味。指甲整齐，短于指端，并保持清洁。

各部门管理人员应每天对下属进行检查。

2.1.4　列队上岗

准备工作就绪后，应在管理人员的带领下列队上岗。

2.2　工作中的行为规范

① 员工通道及行走路线。

- 员工进出馆的出入口：水族馆入口。员工工作岗位在馆内的，上下班可从水族馆入口进出，并直接进入工作场所；营业时间内，要从距离工作场所最近的出入口出入。水族维生设备部人员及动物部人员从专用通道进出。

- 馆内各岗服务的员工，上下班出入水族馆，要走指定通道及行走路线。进馆时须刷卡，并接受有关人员的检查。
- 工作（营业）时间内，所有员工因工作需要进入馆内展区及馆外游览区时，两人以上（包括两人）须列纵队行走，不得并排，并主动避让游客。
- 工作（营业）时间内，所有员工不得从馆内穿行（因工作需要除外）；应从离办事地点最近的出入口出入，办理完毕要马上回到自己的工作岗位。
- 员工用餐不得从馆内穿行（在馆内服务的人员从距离岗位最近的出入口出入）。
- 员工不得携物从馆内穿行。
- 员工如携物出馆，必须接受保安人员的检查，按要求出示必要文件。

② 工作中的礼仪和礼貌。在公司内员工之间应相互问候，工作中要使用礼貌用语。

- 礼貌用语

  早晨好！你好！您请！你能帮我个忙吗？很抱歉！对不起！谢谢！再见！明天见！

  员工见到公司领导要主动问好，行走时应请领导先行。

- 礼貌称呼

  工作时间内同事之间应以姓名加职务相称，如：×总，×经理，×主管，×领班等。也可以姓名相称，如：×××。还可以岗位性质相称，如刘工程师、李师傅等。不得使用不规范称呼，如：×姐，×哥等。

- 礼貌动作及规范举止

  工作时间内不勾肩搭背，举止庄重大方，走路姿态端正、轻快，脚步不拖拉。

  标准站姿：两脚跟相靠，两脚尖45°左右站立，双腿并拢，右手搭左手于腹前，两肩放松，后背挺直，下颌微收，双目平视前方。

  标准坐姿：入座时要轻、稳，双肩平正放松，挺胸，立腰，上体自然挺直，身体重心垂直向下。两臂自然弯曲放于膝上，亦可放在椅子或沙发扶手上，掌心向下。注意以下几点。

不要把椅子坐满，应坐到椅子的三分之二处为宜。

女士入座时，若穿裙装，应用手将裙子下摆稍稍收拢，不要坐定后再起来整理衣服。

引导手势：作引导或介绍时，应手掌向上，手指伸直并拢，掌心向斜上方。以肘关节为轴，肘关节弯曲140°为宜。手掌与地面基本上形成45°。

递接物品：应双手递接，正面朝向对方。

拣拾物品：拣拾物品时，应下蹲，将腿靠紧，臀部向下，姿态自然优美、得体大方。

● 电话礼仪

接电话时，应首先说："您好！"再报上自己的部门名称；然后询问找什么人或有什么事。如需转接应告诉对方："请稍等！"若有关人员不在，告诉对方什么时候再打或转告。如对方留下电话，要将电话号码和姓名记录清楚，并及时告知有关人员。

③ 员工应虚心聆听游客的批评、建议，认真改正。

④ 员工不得议论、讥笑游客，严禁对游客不理不睬及与游客争吵。

⑤ 员工不得在游客面前做剪指甲、剔牙、掏耳、挖鼻、打哈欠、伸懒腰等动作。

⑥ 服务时，员工不应与游客过于亲近或与游客攀谈，应保持礼仪距离。

⑦ 当游客提问、咨询时，员工应主动、热情地解答；自己不知道时应积极帮助联系其他工作人员进行解答。

⑧ 当游客提问涉及公司机密方面的问题时，应有礼貌地婉言拒绝。

⑨ 服务岗位的员工对游客应实行站立服务，有问必答，敬老爱幼。

2.3 环境及安全卫生

① 员工应将私人汽车、自行车按照公司要求停放到指定地点，并停放整齐。

② 每位员工应随时注意保持自己工作环境的整洁。员工进入工作区域后，应整理办公环境，并为一天的工作做好充分的准备。办公区域或工作区域不得放置与工作无关的物品。

③ 各种工作物品、材料，如工具、工料、食品、商品、办公用品码放整齐有序。

④ 办公室人员下班前要将文件、资料及时归档，放置到安全的位置，不得任意摆放在办公桌上或其他不当的地方。

⑤ 员工应自觉维护水族馆环境卫生，保持周围环境的清洁、整齐。

⑥ 不随地吐痰、丢垃圾、杂物，不得随意乱写乱画，看到地上的杂物要主动捡起或招呼附近保洁员进行清扫。

⑦ 严禁在禁烟区吸烟。

⑧ 禁烟区：全馆。

⑨ 严禁私自挪动消防器材。馆内工作人员要做到人人会使用消防设施。

⑩ 办公室、更衣室不得存放个人贵重物品及大额现金。

2.4　劳动纪律

① 员工必须按照部门规定的班次上下班，不得迟到、早退、旷工。

② 如有急事或生病不能到岗，应由员工本人或家人在上班后的一小时内向部门经理或主管领导请假，事后及时补办手续。病假超过三天的，应在第二天前将病假证明交到部门，否则按旷工处理。

③ 员工上班应按部门规定提前到更衣室更换工服，准时到岗。

④ 员工应执行直接领导指派的任务，若有疑难和不满时应向直接领导陈述。未获答复前，必须执行被指派的任务。

⑤ 工作时间员工不得吸烟、饮酒、吃零食、打私人电话或做与工作无关的事。

⑥ 工作时间员工不许大声喧哗、追逐打闹、交头接耳、扎堆聊天。

⑦ 员工不准擅离职守。若因故离开岗位，必须事先征得直接领导的批准。

⑧ 员工不得无故进入其他部门或公共区域。因工作需要到其他部门办事，应速办速离，不得借机聊天。

⑨ 员工不允许在公司内用计算机玩游戏、看与工作无关的音像制品以及上网聊天，或浏览与工作无关的内容，不准在工作时间内看与本职工作无关的书籍、报刊。

⑩ 员工应严格遵守安全操作规程，正确使用防护用具，不违章冒险作业。

⑪ 员工应爱护公共财物，节约水、电、煤气等能源，节约办公用品等一切可以使用的公司财物。

⑫ 在工作时间，员工应根据公司规定、部门岗位要求合理佩戴手机。

⑬ 上班前和下班后，员工不得在馆内游荡、闲逛。下班后应尽快离开公司。

⑭ 员工当班不得陪伴亲友游览参观。休息时如参观须购票入馆。

⑮ 员工不得同时受雇于他人。

⑯ 上班时间不得打架、争吵，不说有碍同事关系、不利于团结的话，不做有碍同事关系、不利于团结的事。

⑰ 员工不得在当班时间内睡觉或在当班前、当班中饮用含有酒精的饮品。

⑱ 员工不得倒卖水族馆门票。

⑲ 员工不得私自拿用公家物品。

⑳ 在工作或营业区域捡拾物品应及时上交，不得以任何理由占为己有。

㉑ 员工不得利用职权谋取私利，给亲友提供方便，损害公司或游客的利益。

㉒ 员工未经许可，不得在上班时间内私会亲友。

㉓ 员工不得违反公司工资保密制度，打听或告知他人工资情况。

㉔ 在员工餐厅用餐时，员工须保持员工餐厅的秩序和环境卫生。不得浪费食物，不得把食物带出餐厅。

㉕ 公司员工要维护水族馆的荣誉，不发表或从事有损水族馆形象的言论或行为。

㉖ 各部门人员还应遵守所属部门制定的相关规章制度。

二、员工培训管理办法

员工培训管理办法

1 范围

本办法规定了水族馆员工培训的目标、宗旨、方针和原则，阐述了培训的内容与形式、培训的组织与管理及实施与评估的相关管理要求。

2 要求

2.1 总则

① 培训目标。培训工作以"培养学习型员工、打造学习型企业"为目标，在保证公司持续稳定发展的基础上，尊重员工个性与发展要求，通过多样化的培训不断提高员工的素质和工作技能，为公司提供各类合格的管理人才和专业技术人才。

② 培训宗旨。员工培训坚持"全员培训、终身学习"的培训宗旨。

③ 培训方针。员工培训坚持"自我培训与传授培训相结合、理论知识与岗位技能培训相结合、内部培训与外出培训相结合"的工作方针。

④ 培训原则。公司对员工的培训遵循系统性、主动性和效益性原则，坚持制度化和多样化原则。

- 系统性原则。员工培训是一项全员性、全方位、终身化的系统工程，贯穿员工职业生涯的始终。
- 主动性原则。强调受训员工全部积极参与，发挥主动性。
- 效益性原则。员工培训是企业人、财、物的投入过程，同时也是价值增值过程，培训工作应有助于公司整体业绩的提升。
- 制度化原则。建立和完善培训管理制度体系，通过培训工作制度化、例行化保证培训工作落实到位。
- 多样化原则。根据受训对象的层次、类型，实现培训内容和形式的多样性。

2.2　培训内容与形式

2.2.1　培训内容

培训内容包括知识培训、技能培训和素质培训。

（1）知识培训

通过对员工实施本专业及相关专业新知识的培训，使其具有完成本职工作所必需的系统知识，同时具有接受新任务所需的新知识。

（2）技能培训

对全体在岗职工实施岗位职责、操作流程和专业技能的培训，使其在掌握理论的基础上，能自由运用，独立操作，并能独立完成任务。

（3）素质培训

不断实施企业文化、心理学、价值观等培训，开展形式多样的团体训练，建立公司与员工之间的相互信任及员工之间的相互合作，满足员工自我实现的需要。

2.2.2　培训形式

培训形式分为内部培训、外派培训和员工自我培训。

2.2.2.1　内部培训

内容包括新员工入职培训、在岗职工岗位培训、转岗培训、继续教育培训、部门内部培训等。

2.2.2.2　外派培训

外派培训是指培训地点在公司以外的培训。包括上级业务指导部门组织的各种培训、公司组织的外训、学历（学位）进修培训等。

2.2.2.3　员工自我培训

公司鼓励职工利用业余时间参加各种提高自身素质和业务能力的对口专业培训学习。

2.3　培训组织与管理

① 公司培训体系由两层培训组织构成，第一层是公司培训督导委员会（简称培训委员会），第二层为部门培训督导员。

② 培训委员会全面负责公司教育培训工作，其主要职责如下。

- 负责培训政策、制度的制定与执行。
- 负责培训体系的建立和维护。
- 负责培训课程体系的开发与建设。
- 负责内部讲师推荐与管理。
- 负责培训需求分析、年度培训计划的制订。
- 负责推进公司高管人员、中层管理人员、基层人员的培训实施。
- 负责各类优秀人才、业务骨干培训。
- 负责培训档案数据系统的架构、培训档案数据库的维护管理。
- 协助部门开发专业培训课程，指导、部门制订培训流程和计划；检查和评估部门培训计划执行情况。
- 负责专业技术人员技术职务认定综合评审组织工作。
- 负责技术岗位技能等级认定复核组织工作。
- 负责新员工入职培训工作。
- 负责公司与高校之间校企合作办学等教育培训业务的对外联系与日常管理。
- 完成其他与员工培训有关的工作。

③ 各部门设培训督导员。其主要职责包括以下几点。

- 制定本部门培训制度和流程。
- 推动本部门培训需求分析工作，并向培训委员会反馈。
- 制订并执行本部门全年培训计划。
- 负责本部门内部讲师队伍的建设与管理。
- 负责本部门专业技术人员、技术工人的岗位培训。
- 负责本部门新员工加入公司之后的岗位基础知识、操作规程、工艺流程、安全规程及劳动纪律等培训。
- 负责本部门培训档案的建立和维护。

④ 为确保培训工作落到实处，各部门根据本部门实际情况，确定一名培训督导员。部门经理为该部门培训的第一责任人。部门培训完成情况作为年度责任考核内容。

部门培训第一责任人主要职责：

- 将本部门培训需求反馈至本公司培训委员会；
- 计划、安排、组织本部门员工完成岗位培训；
- 支持、组织、安排本部门员工参加公司组织的其他各类培训；
- 将培训后员工表现进行评估并反馈至公司培训委员会。

⑤ 公司支付费用的员工外出参加于本专业对口的业务培训或学习的，受训员工须与公司签订培训合同。

- 学费报销对象及范围：水族馆正式员工进行与自己所从事专业对口的业务学习。
- 报销比例：主管级以上人员学费 100% 报销；领班和基层员工按照学费的 50% 比例报销。
- 报销程序：需要进行专业学习的人员须经培训委员会批准，在取得毕业或结业证书后方可报销学费，学费报销后应签订培训协议。

⑥ 各部门培训责任人根据本部门的真实情况，将员工培训需求汇总，于每年十一月底前上报于本公司培训委员会，各部门根据本部门培训需求制订下年度培训计划。培训委员会结合各部门情况，制订公司下年度培训计划。

各部门根据公司年度培训计划制订本部门培训年度实施方案。实施方案包括培训负责人、培训对象、培训目标、培训内容、培训方式、培训教师以及培训经费的预算等，编制培训计划进度表。实施方案经公司主管领导审批同意后，以公司文件的形式下发到各部门遵照实行。

2.4　培训实施

① 培训实施过程原则上依据年度培训计划进行，如需调整，须经培训委员会审批实施。

② 内部培训期间，培训组织单位坚持"谁培训、谁负责"的原则，记录学员出勤等方面培训表现，并以此为依据对学员进行考核。

③ 培训组织单位负责对培训过程进行记录，保存过程资料，如电子文档、录音、录像、幻灯片等。培训结束后以此为依据建立公司培训资料档案。

2.5　培训评估

① 各部门培训第一责任人负责培训结束后的评估工作，以判断培训是否

取得预期效果。

② 培训评估包括测验式评估、演练式评估等多种定量和定性评估形式。

③ 培训结束后，培训委员会根据培训档案及培训评估结果，计入公司培训档案。

第三节 财 务 管 理

一、票务管理规范

票务管理规范

1 范围

本规范规定了有价票券的验收、保管、发放、盘存及安全管理规定。

2 工作职责

计划财务部负责水族馆全部有价票证的管理、印刷保管及日常核算工作，保证公司有价证券的管理安全有效。

3 工作要求

① 有价票证的范围包括水族馆门票、餐券、存车票等，计划财务部负责印刷保管及日常核算工作，其他部门和个人不得自行制作任何有价票证。

② 计划财务部设专门票库，管理所有在水族馆内有效的票证，以及与票务相关的票坯和票证，全部按照票面价值办理入库手续，并按照票的种类建立票务明细账，核算明细数量和金额。

③ 门票印刷：票库管理员根据库存数量和预计使用量向计财部负责人申请印刷门票和增量票券，由财务主管人员根据经营情况统一设计印刷门票及票券。

④ 水族馆门票及其他经营性票券属于企业自制发票范畴，印刷、使用严格执行地税局有关自印发票的管理制度，印前向税务机构申报审批，套印税务专用印章，保证门票的合法性有效性。

⑤ 收银主管负责票库明细账的管理，按照票券领用人员设立数量金额明

细核算，按照票券领用凭证和现金交款凭证逐笔登记账目。并与每个售票人员个人结存报表核对，保证账账相符。

⑥ 票库应为防盗安全门，由票库管理员负责日常维护，其他人员不得随意出入。票库管理人员应严格执行有关票库的管理规定，对入库票券的验收、保管、发放、盘存等严格管理，注意防水、防电、防盗、防火等安全防范工作，确保公司有价票券的安全完整。

⑦ 每月月末，所有持有价票券及票坯的人员上交实物盘点表，保证账实相符。对实际盘存与账务的差额查找原因，如因管理不善造成盈亏，须对相关责任者进行处罚，同时长票上交，短票按照票面价值补款。

⑧ 存车票的票根由车场专人负责管理，定期与计划财务部团售人员核对，无误后上交。所有有价票券的票根均由票管人员根据需要提出报废需求，由部门秘书发文，公司批准后统一由物资保障部负责销毁，销毁时票库管理人员应在场监报。

4 检查和考核

① 票房管理人员和收银主管应每日对各项有价证券管理情况进行检查，对查出的问题进行处理和改进，并做好记录。

② 计划财务部经理应依据本规定随时进行抽查，对查出的问题按部门员工考核规定进行处理，对改进情况进行跟踪验证。

5 工作记录

月度盘点表由票务组收银员、票管人员和各经营部门库管人员负责填报。

二、价格管理规范

价格管理规范

1 范围

本规范规定了价格的制定、实施、批准、变动的具体要求。

2 工作职责

计划财务部负责水族馆价格管理工作，并执行经公司批准的价格体系，各经营部门按照价格管理规定提出申请，报公司审批后执行。调价单如表5-1所示。

3　工作要求

3.1　价格管理范围

① 经营门票价格，包含各类散客、团队、专场活动及馆内外场地出租等的价格确定。

② 商品、餐饮等零售经营及批量经营的价格确定。

③ 报废物资处理、库存物资外卖、账外物资清理等的价格确定。

④ 其他合作经营和公司内外项目的价格认定。

3.2　原则及管理要求

① 水族馆经营项目价格确定，必须遵守国家的有关法律、法规，在充分市场调查研究的基础上，参考同行业同类项目价格，考虑我公司的经营效益及消费者的权益，合理定价，保证营销活动的进行。

② 严格按照《中华人民共和国价格法》等法律、法规执行价格公示，馆内售出的商品和提供的服务应实行明码标价。计费单位、收费标准、优惠办法等涉及涉外服务的，同时用中、外文标示。

③ 标价牌按照发改委统一规定的格式，应放在醒目的位置，内容清楚规范、字迹工整，收费标准一律使用阿拉伯数字标明人民币价格，商品、餐品要一货一签、货签对位，价格变动时应当及时调整货签。

④ 公司实行统一收款管理，全部收款行为由公司计财部统一管理，不允许擅自定价和私自收款，不允许私自截留营业款。在销售过程中应严格按照价格管理制度及价格体系执行，禁止私自降价、抬价、打折行为。

3.3　管理机构及批准

① 价格管理组织机构：各经营主管部门、计划财务部、总经理办公会。

② 门票价格执行公司批准的门票价格体系，市场部每年年底对下一年的门票价格体系提出修改意见，重新修订后上报给公司，经总经理办公会批准后实施新的票价体系。

③ 阶段性活动及专项活动价格，由经营部门上报给公司形成文件，经批准后执行，审批文件作为价格管理的备案记录。

3.4　商品与餐饮价格管理

① 商品与餐饮价格执行零售商品、餐饮物价管理制度。新品定价按照

规定，自营商品综合成本率不高于相应比例，水族馆自有品牌综合毛利率不低于相应比例，餐饮食品综合毛利率不低于相应比例。

② 餐饮宴会销售执行公司批准的宴会价格体系，餐饮部按照规定的销售标准范围营销，餐饮每年末对下一年的价格体系提出修改意见，上报于公司批准修改后执行。

③ 调整价格涉及多品种、大幅度时需要提出申请说明原因，报计划财务部审批和公司批准，特种商品价格和新增经营项目定价报给公司批准备案后实施。

④ 主题营销活动及节假日促销活动价格优惠，应有互动方案报告公司批准后实施。

4　检查和考核

① 计划财务部统一负责全馆的价格管理工作，统一收款管理。各部门涉及收银业务需要报告计财部，纳入计划财务部的统一收款管理。相关部门负责在各自的职责范围内进行有关的价格管理工作。

② 计划财务部在每日收入审核过程中监督、检查价格的执行情况，每年对公司价格标示牌的规范性进行检查不少于 4 次。

③ 水族馆员工应严格保守公司价格秘密，不得向他人及外部泄露未对外公示的价格体系和相关条款，违反者按公司相关规定处理。

④ 对于检查出的价格管理问题及违规违法行为，按照公司员工守则规定，对相关部门和人员予以行政处理。

表 5-1　调价单

年　月　日							
序号	编号	名称	单位	原售价	新售价	销售地点	调价原因

部门经理签字：　　　　　　　　　　定价人签字：

三、商品价格管理规范

商品价格管理规范

1　范围

本规范规定了在售商品价格管理和价格管理权限上的规范和要求。

2　工作职责

二次消费部负责对所经营的商品价格的初步制定，并根据营销需要对价格提出调整建议，根据公司价格管理制度规定对商品价格进行日常管理工作。

3　工作要求

3.1　价格管理的基本要求

① 价格制定的基本原则。商品价格制定执行水族馆价格管理制度，自营商品综合成本率不高于相应比例，水族馆自有品牌综合毛利率不低于相应比例，所销售商品（包括促销商品）不能低于该商品的含税进价。

② 制作价格台账。价格台账是企业审查价格，实行经济核算的重要依据，其范围包括：经营、兼营、批发。应做到有货有账，以账审价。

③ 商品价格的制定。商品价格制定按照上级供货商的进价，根据公司的成本核算制度进行售价制定，定价后由部门经理审批，报给计财部。

④ 凡柜台出售的商品都必须实行明码标价制度，并使用统一的商品标价签。

* 在商品同部位设置商品标价签，要做到"一货一签""货签对位"。

* 商品标价签应注明商品编号、品名、规格、单位、产地、等级、零售价，由物价员审核盖章后方能使用。

* 试销商品和处理商品应注明"试销"或"处理"字样。填写商品标价签应做到整齐、美观、准确、清楚，文字一律采用国家颁布的简化汉字，零售价格要盖阿拉伯数字戳。

⑤ 价格信息。二次消费部要组织业务员进行定期采价，主要对某类商品或一段时间内价格波动大、季节性强、销售火爆的商品等，进行类比分析，并做较详细的记录。记录内容包括：采价商品的名称、零售价、所到单位名称等。

⑥ 价格通知。价格通知是将二次消费部批准的价格，用通知单的形式，通知

各个执行价格的部组，包括新经营商品的价格通知、价格调整通知和错价更正通知。

⑦ 价格登记。价格登记是把本二次消费部经营的全部商品和价格进行系统的记录，将所经营的商品价格录入财务系统，做到及时、准确、完整，便于长期保存。

3.2 价格管理权限

① 商品价格调整由核算主管负责。

② 前台领班负责组织本岗位员工执行部门下达的物价调整通知。同时还应定期检查商品标价签是否完整，书写是否规范，摆放的位置是否明显。

③ 库房人员负责监督和检查商品价格政策执行情况。

3.3 检查和考核

① 价格检查标准：商品的零售价格及服务收费标准是否正确，有无违反有关规定。

② 二次消费部依本规范，对员工进行检查和考核。对查出的问题按部门员工考核规定进行处理，并对改进情况进行跟踪验证。

四、固定资产管理规范

固定资产管理规范

1 范围

本规范规定了水族馆固定资产管理的购买、使用、保管、折旧办法年限、报废及管理的方法和要求。

本规范适用于水族馆固定资产管理工作。

2 工作职责

2.1 管理职责

2.1.1 计划财务部的会计核算职责

计划财务部负责对固定资产账务进行核算管理。根据规定将符合固定资产条件的物品记入固定资产总账及分类明细账，按照资产类别建立固定资产三级账，掌握企业固定资产数量及金额。查核物资保障部传递的各种原始单据，完成每月的账务处理。负责定期与各使用或管理部门对账，做到账账相符；组织实物盘查工作，做到账实相符。

2.1.2 物资保障部的实物管理职责

物资保障部负责固定资产的实物管理，负责办理固定资产增加、减少的实物变动手续及固定资产的采购、验收手续；负责完成固定资产电子卡片的填制，履行签字手续，并及时将各类单据传递到计划财务部；负责完成固定资产卡片的建立，并于每季度次月 10 日前完成上季度新增资产标签的制作；负责新增固定资产的贴签及拍照工作。督促、检查各部门履行物资变更及报废手续，并负责全馆所有报废资产的处理。定期与计划财务部共同进行实物盘点，保证实物安全完整，标签完好无损。

2.1.3 固定资产的专业管理部门职责

① 设备工程部负责房屋及建筑物、机器设备的专业管理。

② 水族维生设备部负责维生系统设备、亚克力展窗、鱼缸等的专业管理。

③ 网络管理部门负责计算机、打印机、扫描仪、收银设备的专业管理。生物资产管理由财务部、水族维生设备部、动物部共同负责，包括：大型鱼类、海洋哺乳动物、陆生动物、水生植物等。

2.2 其他固定资产的管理

① 各部门负责本部门使用的固定资产的保管和管理，指定 1 名物资管理员负责固定资产管理，侧重实物形态的完好状态，并应积极配合物资保障部办理固定资产相关原始单据的增减手续。

② 物资管理员应依据固定资产卡片登记明细账，记录使用人员、存放地点等资料信息，了解和掌握资产的运行及完好状况，掌握资产变动情况。随时检查固定资产标签状况，发现丢失或脱落现象应及时补救或通知物资保障部处理。固定资产发生变动时，应及时办理变更手续。所属本部门使用的固定资产报废时，应办理固定资产报废的鉴定手续，并填写固定资产报废申请单。定期与计划财务部对账，做到账账相符；每月实物盘点，做到账实相符。

3 管理要求

3.1 固定资产确认范围

3.1.1 固定资产的含义

固定资产是指为生产商品、提供劳务、出租或经营管理而持有的，使用寿命超过 1 年的有形资产。

3.1.2 固定资产的分类

水族馆固定资产分为六大类：房屋建筑物类、维生系统类、机器设备类、运输设备类、办公设备类及其他设备类，符合确认条件的，作为固定资产进行管理。

3.1.3 固定资产价值的确定

- 购置的固定资产，按实际支付的买价、包装费、运输费、安装成本、交纳的有关税金等，作为入账价值；
- 自行建造的固定资产，按建造该项资产达到预定可使用状态前所发生的全部支出，作为入账价值；
- 股东投入的固定资产，按投资各方确认的价值，作为入账价值；
- 在原有固定资产基础上改、扩建的，按原固定资产账面价值，加上改、扩建过程中增加的支出，减去改、扩建过程中发生的变价收入，作为入账价值；
- 接受捐赠的固定资产，捐赠方提供了有关凭证的，按凭证上标明的金额加上相关的税费，作为入账价值；捐赠方未提供有关凭证的，按市场价估价，加上相关税费，作为入账价值；
- 盘盈的固定资产，按同类或类似固定资产的市场价格，减去按该项资产的新旧程度估计的价值损耗后的余额，作为入账价值。

3.1.4 固定资产的折旧

- 固定资产折旧方法：平均年限法

$$月折旧率＝（1-净残值率）/使用年限$$

$$月折旧额＝（月初原值-月初累计减值准备金额+月初累计转回准备金额）×月折旧率$$

- 净残值率：10%。
- 折旧年限：房屋、建筑物，20年；飞机、火车、轮船、机器、机械和其他生产设备，10年；与生产经营活动有关的器具、工具、家具等，5年；飞机、火车、轮船以外的运输工具，4年；电子设备，3年。
- 折旧的提取：折旧按月提取，当月增加的固定资产，当月不提折旧，从下月起计提折旧；当月减少的固定资产，当月照提折旧，从下月起不提折旧。固定资产提足折旧后，不论能否继续使用，均不再提折旧；提前报废的固定资产，也不再补提折旧。因扩充、更换、翻新和技术改造增加价值而调整原值的固定资产，应根据调整后的原价、已计提折旧、估计残值和尚可使用年限计提折旧。

3.1.5　固定资产增加

3.1.5.1　固定资产增加的处理方法

固定资产增加包含直接购入、自行建造、接受捐赠等。

3.1.5.2　直接购入的固定资产

专业管理的固定资产由专业部门提出采购申请,非专业部门管理的固定资产由使用部门提出申请报告,报总经理办公室,总经理批准购买后,专业部门会同物资保障部采购人员共同采购。新购固定资产,采购部门凭固定资产申购报告或购销合同、供应商提供的有效单据,由物资保障部负责审核验收,专业部门协助验收,并完成录入固定资产卡片等各项内容(代入库及领用单)。外购固定资产的成本,包括购买价款、相关税费、使固定资产达到预定可使用状态前所发生的可归属于该项资产的运输费、装卸费、安装费和专业人员服务费等。

3.1.5.3　自行建造的固定资产

自行建造或外包新建工程项目,应由项目管理部门提出预算报告或签署工程合同,经公司批准后实施。工程开工后,由负责工程项目的专业管理部门来监督、检查工程施工进度及质量。完工后,施工单位应出具工程建造决算详细清单,并由专业管理部门填写工程竣工验收单,物资保障部凭公司批准文件、决算清单、工程竣工验收单办理固定资产卡片建立手续。物资保障部应按决算全价计算固定资产的原值,增加固定资产卡片信息。自行建造或外包新建的固定资产,按建造该项资产达到预定可使用状态所发生的直接费用计算原值,包括工程用物资成本、人工成本等。

3.1.5.4　接受捐赠的固定资产

由负责使用或管理捐赠资产的部门,填写相关捐赠说明,到物资保障部办理相关验收手续,物资保障部填写固定资产卡片,入账价值按照相关规定执行。

3.1.6　固定资产变动的处理方法

3.1.6.1　改扩建或大修理类资产

固定资产在使用过程中发生的改扩建或大修理,属于重大改造支出的,应予以资本化,计入固定资产账面价值。项目申请、竣工验收、付款等操作流程同工程建造类固定资产,录入明细账时,如能找到与之完全对应的资产卡片,则填写变动单,按原值增加处理,部分固定资产后续支出可能涉及替换固定资产的某个组成部分,应将用于替换的部分计入固定资产账面价值,同时终止确认被替换部分的账面价值;如不能完全对应,则按增加固定资产卡片处理。

3.1.6.2　固定资产的转移

固定资产在部门之间转移时，由转出部门提出后，物资管理部进行部门转移调整，调整后打印部门转移单，双方部门签字确认。

3.1.6.3　盘盈的固定资产

由于公司固定资产明细账建立的特殊方式，可能在实物盘点中发现明细账中未列示的资产，应通过"待调整项"卡片做原值减少处理，同时，新增固定资产卡片。计划财务部负责固定资产管理的会计建立盘盈资产卡片前，先要计算该项资产的累计折旧，完成卡片变动的累计折旧调整。

3.1.7　固定资产减少

水族馆固定资产减少主要是报废处理，使用或管理部门应填写水族馆固定资产报废申请单。第一部分，固定资产基本信息内容，可向计划财务部或物资保障部查询；第二部分，文字描述资产减少的具体原因；第三部分，专业管理部门提供鉴定意见。所有资产报废均要由物资保障部和其主管领导签署意见；最后，报公司领导（监管期间报监管组和法院）审批。待批复后，计划财务部会计完成固定资产系统内资产减少信息录入，并作账务处理，水族馆固定资产报废申请单原件装订于会计凭证后，其他部门留存复印件。

3.1.8　固定资产盘点

核查各部门新添固定资产或发生变动应及时到物资保障部办理相关手续，并登记内部明细账，物资管理员应了解掌握资产的运行及完好状况，每月10日前，计划财务部会计与各部门物资管理员核对固定资产增减变化情况，保证账账相符。

① 固定资产实物盘点工作至少每年一次。由计划财务部负责组织，物资保障部、专业管理部门、资产使用部门共同进行，依据固定资产盘点表，相关部门协助逐一对资产的数量、保管完好程度、标签张贴等情况进行核对，并由盘查人员与部门第一责任人签字确认。

② 由于人为因素造成的固定资产的盘盈、盘亏、毁损，应查明原因，由使用和专业管理部门作出书面处理报告，并根据企业管理权限上报批准，各级固定资产管理部门根据批复办理增加和减少的手续。

4　检查和考核

计划财务部负责固定资产管理工作的检查和考核。

五、低值易耗品管理规范

低值易耗品管理规范

1 范围

本规范规定了对低值易耗品领用、调拨和报废进行管理的内容。

2 工作职责

计划财务部负责低值易耗品账务管理，物资保障部负责低值易耗品实物管理，专业部门负责相关器具检定。各部门负责本部门低值易耗品的保管、使用、调拨及更新。

3 工作要求

3.1 范围设置

低值易耗品是指不能作为固定资产的各种用具物品，包括家具用品类、办公设备类、棉织品类、工具类和其他可重复使用的器具，且反复使用在一年以上的器具。

3.2 账务设置

① 低值易耗品的核算由计划财务部依照《水族馆会计制度》采用一次摊销法计入部门相关费用，并对低值易耗品的管理予以跟踪核算。

② 物资保障部负责低值易耗品的管理，建立低值易耗品台账，按照分类、分部门建账的原则，做到核算清楚、数量准确，按月与各部门物资管理人员对账，做到账账相符。

③ 各部门物资管理员负责本部门的低值易耗品明细账，并随物资的增减及损耗变动及时办理相关手续和录入工作，按月与物资保障部对账，作到账账相符，按月盘点物资实物，做到账实相符。

④ 物资保障部负责低值易耗品明细账登记及实物管理，计划财务部负责审核检查。以现有账务管理软件为基础，以物资领出单据为依据，以部门为实物管理单位，分别建立低值易耗品台账。

⑤ 所有低值易耗品的采购必须办理入库手续，由物资保障部统一编码，各部门办理领用手续，并以领用单据登记入账，由计划财务部核查。

⑥ 各部门需要每月对低值易耗品进行盘点，物资管理员进行账目与实物的核对，对不相符的情况查找原因，及时办理相关手续，保证账实相符。

⑦ 每年 6 月和 12 月各部门低值易耗品就地盘点，将盘点表统一报至物资保障部主管。物资保障部将会同财务部进行盘点抽查。

3.3 更新

低值易耗品的添加和更新，可由部门物资管理员在月度物资领用计划中提出，经物资保障部根据部门的报损情况进行核实，核实后，由采购人员统一实施采购。经物资保障部验收后，开具领用单据，各级明细账凭领用单登记入账。

3.4 低值易耗品报废及调拨的审批程序（略）

3.5 盘盈、盘亏处理流程（略）

3.6 各工序审批时间

为保障物资入账及销账的及时性，确保物资数据真实，要求每个环节审批时间不超过 2 个工作日。

3.7 各类物资的维修鉴定权限

① 办公家具、机器设备、电器设备、工具等由工程部审批鉴定。

② 办公用品、计算机网络用品等由公司办公室审批鉴定。

③ 服装、日杂用品、潜水用品、潜服等由物资保障部审批鉴定。

④ 图书等培训资料由人事部门审批鉴定。

4 检查和考核

计划财务部负责低值易耗品管理工作的检查和考核。

六、统计管理规范

统计管理规范

1 范围

本规范规定了水族馆统计资料、统计人员的日常规范。

2 工作职责

计划财务部负责组织领导协调公司的统计工作，根据国家有关规定，按时对外向市、区统计部门等提供统计资料，并负责公司内部各类综合统计报表的编制，对公司战略执行情况和经营管理的效益进行统计分析和监督。

3 工作要求

3.1 统计管理的基本原则

① "统一领导，归口管理"的原则：统计管理工作由公司总经理统一领导，计划财务部具体组织实施。

② 统计管理的及时性原则：各部门应按相关要求，按时报送有关数据，计划财务部及时汇总、分析，形成公司统计汇总报表。

③ 统计分析管理的准确性原则：各相关部门在编制各类统计报表时应如实填报，数据准确，不得有虚报、瞒报的行为。

3.2 统计报表编制的工作要求

① 统计内容。

● 对内统计内容如下。

与收入相关的各类统计：收入报表、入馆人数报表、车场统计等。

与成本费用相关的各类统计：饵料统计、能源统计、人事统计等。

与部门业务有关的各类统计：动物健康相关统计，水质维生相关统计，能源使用相关统计，物资管理相关统计，商场、市场等渠道相关统计，重要客户及会员信息等。

● 对外统计内容如下。

与旅游信息相关的各类统计：节假日旅游信息统计，黄金周旅游信息通报。

与企业发展相关的各类统计：服务业法人单位基本活动情况，财务、信息化情况，劳动工资情况，能源和水消费情况，固定资产投资情况，非制造业采购经理调查情况等。

② 定期统计报表：月度统计报表于下月5日前编制完成，季度统计报表于下季度首月15日前编制完成，年度统计报表于下年度2月10日前编制完成，部门工作月报在每月5日前完成。

③ 对外报表的管理。由财务部负责，总经理审批，办公室、财务部存档保留。

④ 统计报表的分析。

根据公司需要，对各类报表进行必要的专题分析。

统计分析报告以报表为基础，各部门根据各项主要指标数据，对相关内容进行分析，包括但不限于与经营、成本费用支出及重点业务相关的工作。

各部门应对重点数据进行月度、季度和年度分析，并完成分析报告的上报工作。季度、年度的分析报告，应数据量化，使其更能表明各部门及公司现在运行的状况。

⑤ 各类统计报表及数据应按照公司重要文件相关管理办法的规定，定期上传到公司文件柜完成数据备份，根据数据的保密级别进行分类管理。部门不得私自留存各类数据，应严格实施公司与部门双备份。

⑥ 超过15年以上的各部门编制的台账和数据资料，如部门认为无保留价值，应由部门主管领导审批，公司核准后方可销毁或删除。

4　检查和考核

① 各部门从事统计工作的人员，应严格按照统计制度规定，提供真实、完整的统计资料，不许伪报、瞒报、迟报、拒报、篡改任何统计数据。

② 公司的各类统计资料是公司最高级别的保密信息，部门及公司均安排相关人员专业负责，严格保密，严防丢失，做好必要的留存和查阅等级制度，遵守公司的相关保密制度。

③ 公司各级实施统计监督，发现有违反规定者，视情况按相关规定处罚。

第四节　物　资　管　理

一、水族馆物资管理规范

水族馆物资管理规范

1　范围

本规范规定了物资申报、采购、验收、入库、存储、结算、报废等使用及管理要求。

2　物资管理流程

2.1　物资申报

① 依据物资的使用与分类，物资申报分计划物资采购申报、常备物资采购申报、特需物资采购申报。

② 为更有效地提报物资，规定每季度最后一个月的固定日，由物资使用部门物资员向物资保障部申报下月的工作计划及工作项目所需物资。物资计划申报表如表 5-2 所示。

③ 申报物资属低值易耗品的，新添置应写明原因及用途，如报废应先填写报废单，如表 5-3 所示。

④ 申报固定资产或工程项目，应由申报部门向公司报文审批。如属于更新资产，应先履行原资产报废手续。

⑤ 为更好地管理物资，同时能更及时地保障各部门的使用，依据物资的特性，重点推出两大类物资，即常备物资及采购周期较长的物资。对于列入常备物资的，库房常年留有备存，各部门依据使用需求进行申报与领用。对于采购周期较长的物资，物资保障部门将详细列示每种物资的采购周期，各部门依照需求时间，提前及时提报物资申购计划。

⑥ 鉴于物资用途的特殊性，对于特殊物资各部门如有需求，先向主管部门申报，由主管部门汇总后统一申报。

- 除维生设备外的工程维修配件，由工程管理部统一申报。
- 网络维修配件由公司办公室统一申报。
- 各类培训用书籍及用品由人力资源部统一申报。
- 各部门员工配装标准范围内工服、劳保用品由物资保障部统一申报，标准范围之外的工服及劳动保护用品由人事部门统一申报。
- 公司使用的属于员工福利的物资由人事部门统一申报。
- 除计算器、电话外的电子类办公用品由公司办公室统一申报。
- 公司车辆使用物资由物资保障部统一申报。

⑦ 由物资主管对各部门所报物资计划进行审核汇总，并依据汇总表和现有库存数量及使用部门的实际需求填写实购数量。

⑧ 每月 23 日下班前由物资主管将物资申购计划汇总，并通过办公系统发送至采购部门，由采购员进行询价。

⑨ 各部门如未按要求的时间向物资保障部申报月度物资领用计划，将视作当月无物资领用计划。逾期未提供样品的，此项物资申报无效。

2.2 物资采购

执行水族馆物资采购管理规范。

2.3 物资验收及入库

① 验收依据：经过公司领导审核批准的合同、发文、急购单、请购单是

库管人员验收的依据，同时要辅之以发票或送货票。

② 验收标准：采购的物资在物资标准范围内的，以标准内的品牌及型号为验收标准；若不在此标准范围内的，以满足使用部门要求为准。

③ 验收范围：除二次消费部自购物资由二次消费部自行验收、施工专用物资由施工部门验收外，公司其他实物资产物资均应通过物资保障部验收人员验收，包括购买、赠送、置换、盘盈等。验收物资的数量原则上不得超出请购数量，物资单价不得超出申购价格的相应比例。

④ 公司办公室应及时将有实物交易的批文、合同、急购单及请购单按照规定及时贴在公司文档管理处，物资保障部、二次消费部凭此依据进行验收，并办理验收入库手续，如物资未经物资保障部、二次消费部库管验收，验收人员有权拒绝办理入库手续。

⑤ 验收内容：物资的数量、规格、质量、品牌、单价、总价等。

⑥ 验收方法。

● 感官验收：眼看，看数量是否准确，是否与申购单、发票相符，看外包装是否完整无损，看物资的规格型号、质量、价格是否与申购单相符；手摸感觉有无异感；耳听有无异响；鼻闻有无异味；食品类物资，剩余保质期应不少于物品总保质期的相应比例。

● 相关资质检查：尤其是国家规定的食品、与餐饮有关的包装耗材、餐具等，均需要提供相关国家机关出具的检疫合格证明。

● 专业及仪器验收：即对专业技术要求较强的物资。要会同专业技术人员一起验收，对一些计量单位按重量标准的必须过磅验收。

● 特殊物资及设备的验收：由物资保障部门根据使用部门的具体要求会同专业部门、采购人员及供货商一同根据设备验收单要求验收、签字。

⑦ 对验收中发现数量、规格型号、质量、价格有问题的物资一律不得办理入库手续，并及时通知采购人员或供货商解决出现的问题。对发现问题的物资，必须及时通知使用部门说明该批物资不能发放的原因，以便使用部门采取其他补救措施。

⑧ 验收合格后的物资必须及时入库并办理入库手续，不得在库外存放。入库的物资原则上应分区、分类整齐码放，便于出入库作业。库存物资应填写物资卡片，以便识别。

⑨ 库管人员依据属于财务软件管理的采购物资录入的采购订单，制作物资入库单，如表5-4所示。

⑩ 库管人员对采购员采购的物资应从价格和品质上进行严格监督，每季度定期外出对采购员采购的非食品类物资从价格和品质上进行实地考察，每月对采购员采购的食品类物资进行市场调研。

2.4 库房存储及管理

① 库房物资按大类分类存储，设置进销卡片，并按照物资的存、领手续及时登记储物卡。

② 对于账内、退库物资，统一按照类别进行管理，以便更多地查询所存物资信息，最大化地保证物资正常使用。

③ 严禁易燃易爆及"三无"物资入库，危险物资要设专库保管，并要有安全防范措施，配备足够的消防器材。

④ 库房内电器设备、线路附近不准存放任何物资，保持通道畅通。

⑤ 仓库内严禁吸烟和动用明火，不得会客，无关人员禁止入内。离开库房时要切断一切电源，关窗锁门，检查无误后方可离开。

⑥ 自觉维护消防设备、设施及消防器材，不得随意挪动，保证正常使用。

⑦ 每日巡视库房，做好库房巡检记录，对库房内的安全隐患及时上报。

⑧ 保证库存物资的品质，无虫蛀、受潮、发霉或其他损毁。对有保质期的物资要在期限内使用，距期限三分之一时要对其采取措施，以免过期。

⑨ 保证库房及库存物资的清洁、整齐。

2.5 物资领用

① 物资出库要坚持先进先出的原则，有保质期的物资要先发接近保质期的。

② 物资出库必须办理出库手续，严格执行先入账后发货的作业程序。

③ 计算机、计算机耗材、打印机、传真机、复印机、电池、工具、工服、劳保用具等物资的领用应以旧换新。

④ 物资领用以部门申报的物资计划和实际需求为准。

⑤ 各部门日常使用物资由库管人员依据部门物资计划与部门协商后开具物资领用单，如表5-5所示；商品、餐饮销售用物资依据部门提出物资需求计划，由库管人员开具物资领用单。

⑥ 除工程物资、药品等特殊物资外，其他物资经使用部门负责人签字后领用。

⑦ 涉及二次消费部与物资保障部物资调拨情况，由调出部门出具物资调拨单，如表5-6所示。

2.6　物资结账

① 月结物资的结算：主要为常备物资及主要供货商供货物资，月末由部门结账人员统一汇总当月应结账物资，经与计划财务部、供货商核对无误后，通知供货商统一送交发票，并检查发票、入库单等单据是否完整与准确，无误后填写月度结账表，上报给部门经理、主管领导、财务经理、总经理审批后付款。

② 非月结物资的结算：包括货到后付款及提前付款两种，货到付款应持入库单、发票进行账款结算；提前付款应注明付款物资的采购依据。结算时，由采购人员填写付款申请单或支出凭单，经部门经理、主管领导、财务经理及总经理审批后付款。月末，结账部门将本月非月结物资按照不同付款方式进行统计，上报给主管领导。

③ 特殊物资采购的结算：饵料的结算参照饵料管理制度执行，大型设备的采购应按照合同付款或经供货商调试达到使用部门使用需求后申请付款，付款流程参照非月结物资结算。

2.7　物资盘点

① 每月最后一日打出盘点表的账面数，库管员以盘点表为准核对实物，并进行月结。

② 每月最后一日进行盘点，盘点日不入库、不领用。

③ 对核对账目时出现的不符之处，要查明原因，及时调整，做好对账记录。

④ 对盘点中发现的盈亏，要填写盈亏报告单。

⑤ 对盈亏物品，要查明原因，报物资保障部经理。属于自然损耗的，可做报废处理，属于管理不善造成的损失，由保管员照价赔偿。

2.8　物资退库及物资报废

固定资产、低值易耗品的退库及报废流程参照《水族馆低值易耗品管理规范》及《水族馆固定资产管理规范》，其他物资执行本规范。

2.8.1　物资退库

① 各部门使用的退库物资的范围：能重复使用的物资、特殊物品及危险品。

② 凡适合上述范围的物资，使用部门在不用的情况下可退回物资保障部统一调配，退库时应办理退库手续，并经部门经理签字批准。

③ 属于残品的销售物资：商品、餐饮部领用的属于残品的物资，统一退还给库房，由采购人员联系供货商更换。

2.8.2 物资遗失

固定资产、低值易耗品遗失按照对应制度执行，其他物资包括二级库物资、工服、劳保用具、总库物资等，如出现遗失情况，做以下处理。

① 二级库物资、工服、劳保用具自领用之日起 2 年以内的，由责任人照全价赔偿。自领用之日起 2 年以上的，由责任人照半价赔偿。

② 总库物资自购买之日起 2 年以内的，由责任人照全价赔偿；购买之日起 2 年以上的，由责任人照半价赔偿。

2.9 物资报废

① 报废物资由物资保障部统一管理或处理，固定资产、低值易耗品报废按照对应制度执行，由物资使用部门办理报废手续，并由专业部门鉴定此物资已无法维修和使用，签字后递交给物资保障部，由物资保障部核查签字。

② 办理报废手续后的物资，由物资保障部统一安排处理。

③ 对已无法再利用但可变价处理的物资，物资保障部会同计财部进行实地察看，经三方以上询价，填报物资报废申请单，经批准后进行处理，所得收入上交给财务部。

3 检查和考核

① 物资管理及使用人员应认真执行本制度，自觉遵守各项管理规定。

② 物资主管每周对直管物资的验收、存储及使用情况进行检查，每月对相关部门二级库进行检查，对查出的问题进行处理和改进，并做好记录。

物资保障部经理每月对物资的存储及使用情况进行检查，对查出的问题按部门员工考核规定进行处理，对改进情况进行跟踪验证。

表5–2　物资计划申报表

申请部门：　　　　　　　　　　　　　　　　　　填表日期：　　年　月　日

序号	物资编码	物资名称	品牌规格型号	单位	数量				用途说明			单价	金额	预算
					月	月	月	合计	本次使用地点	其他区域使用	预计使用时间	使用情况简述		

表 5–3 报废单

变更部门：　　　　　　　日期：　　年　月　日　　　　　　　　　编号：

物资编码	物资名称	单位	数量	单价/元	金额	启用日期	报废原因
合计							

表 5–4 物资入库单

入库单号：　　　　　　　入库日期：　　　　　　　　　　　仓库：

入库类别：　　　　　　　入库类别：　　　　　　　　　　　供货单位：

序号	存货编码	存货名称	规格型号	主计量单位	数量	本币单位	本币金额	原币含税单价	本币价税合计
1									
2									
3									
4									
5									
6									
7									
8									

业务员：　　　　　制单人：　　　　　审核人：　　　　　部门负责人：

表 5–5 物资领用单

出库单号：　　　　　　　出库日期：　　　　　　　　　　　仓库：

出库类别：　　　　　　　部门：　　　　　　　　　　　　　备注：

存货编码	存货名称	规格型号	主计量单位	数量	单价	金额	预算编码

部门负责人：　　　　　领用人：　　　　　发货人：　　　　　制单人：

表 5–6　物资调拨单

单据号：　　　转出仓库：　　　转入仓库：　　　出库类别：

日期：　　　　转入仓库：　　　转入部门：　　　入库类别：　　　备注：

序号	存货编码	存货名称	规格型号	数量	单价	金额	调入货位	调出货位
1								
2								
3								
4								
5								
6								
7								
8								

制单人：　　　调出经办人：　　　调入经办人：　　　调出部门负责人：　　　调入部门负责人：

二、物资采购管理规范

物资采购管理规范

1　范围

本规范规定了物资采购、验收、结算等工作的内容及要求。

2　工作职责

① 物资保障部采购部门负责水族馆内日常使用的各种物资、商品和餐饮销售用食品物资的采购。

② 二次消费部负责除食品物资以外的销售物资的采购。

③ 水族维生设备部负责鱼类、鱼类用品海盐、海水素、淡水鱼及部门饵料、办公用品的采购。

3　工作要求

3.1　物资采购要求

公司采购实行计划采购（季度计划和月度计划）、特需采购、公司批文及合同采购和部门自行采购 4 种形式。

① 计划采购：由物资保障部根据各部门需求及库存情况提报物资需求

表，采购部门根据物资需求表，填报物资请购单，于次月 5 日前上报给公司各级审批。

② 特需采购：特需采购适用于动物救治药物、工程、计算机维护等用品的紧急使用采购。部门需要紧急采购时，应提报特需采购单，经采购主管审核后，采购金额在××元以下的，由物资保障部经理审批；采购金额在××元以下的，由物资保障部主管领导审批；采购金额在××元以上的，由公司总经理审批。

③ 公司批文及合同采购：主要用于固定资产购买，依据公司批文或合同进行采购。

④ 部门自行采购：餐饮部、二次消费部和水族维生设备部自行采购根据部门采购制度执行。

⑤ 负责物资的询价、比价工作：物资采购员对需要采购的物资进行询价、比价工作。

⑥ 物资采购员负责按时、保质、保量地完成各项物资的采购工作。

⑦ 物资采购应严格遵守采购程序，未经审批的物资一律不得采购。

⑧ 物资采购严格执行货比三家的原则，同类产品比质量、同等质量比价格、同等价格比服务的原则，采购性价比高的物资。

⑨ 采购物资时应优先选择在本单位建立档案的供货商，每季度完成对供货商的评价工作。

⑩ 物资采购时必须严格按照采购原则、采购计划进行采购，做到不错订、不漏订，及时、准确地做好物资货源的落实工作。

⑪ 签订物资采购合同时，要严格执行合同法和公司合同管理制度，合同中要明确货物名称、规格型号、数量、单价、质量标准、交货期、交货地点、结算方式、运费承担、包装、验收方式、经济责任及其他需要说明的事项。按照公司标准合同文本签订合同，如有特殊情况，与公司律师顾问确认后再签订合同。

⑫ 采购人员每月 15 日之前在办公系统上公布上个月采购物品的价格。

3.2　物资验收要求

① 采购单据的保管及查询：经过公司审批的发文、合同原件由公司办公室统一保管，按照各部门需用情况设置不同的查询权限，物资请购单由物资保障部保管。

② 财务软件中单据的录入：依据物资员制定完成编码录入请购单及订单。

③ 物资到货后验收情况的跟踪与反馈。

● 采购员负责物资到货后对供货商送货物资的初步审核，并通知供货商将物资送到指定位置等待验收。

- 验收中出现的不合格物资，由采购人员及时与供货商沟通，进行退、换货处理。
- 验收合格的物资，由物资保障部门通知使用部门领用，并及时办理出库手续。

3.3 物资结算要求

① 月结物资的结算：月末由部门结账人员统一汇总当月应结账物资，经与计划财务部和供货商核对无误后，通知供货商统一送交发票，并检查发票、入库单等单据是否完整与准确，无误后填写月度结账表，上报给公司审批后付款。

② 非月结物资的结算：包括货到付款及提前付款 2 种。货到付款应持入库单、发票进行账款结算；提前付款应注明付款物资的采购依据。结算时，由采购人员填写"付款申请单"或"支出凭单"，报公司审批后付款。

③ 特殊物资采购的结算：饵料类物资的结算参照饵料管理制度执行，大型设备的采购应按照合同付款或经供货商调试达到使用部门使用需求后申请付款，付款流程参照非月结物资结算。

4 检查和考核

① 采购人员负责对日常采购物资价格的管控，并对价格变动物资做好相应的记录。

② 采购主管负责对采购人员的监督与管理。

③ 采购主管负责物资采购管理制度和物资采购人员岗位职责的制定。

④ 采购主管每月要对采购人员所采购的物资价格、质量进行抽检，对查出的问题进行处理和改进，并做好记录。

⑤ 部门负责人每月要对采购人员所采购物资的价格进行抽检（每月 30 种物资），对查出的问题按部门员工考核规定进行处理，对改进情况进行跟踪验证。

5 工作记录

采购员按工作要求填报采购申请单（计划内采购），如表 5-7 所示；特需采购单，如表 5-8 所示；付款登记表，如表 5-9 所示；月度物资价格询价记录，如表 5-10 所示；物资采购价格公示，如表 5-11 所示；季度供货商评级记录，如表 5-12 所示；并做好保存。

表 5-7　采购申请单（计划内采购）

申请部门：　　　　　填表日期：　　年　月　日　　　　　编号：

序号	物品编码	物品名称	品牌规格型号	单位	需求部门	需用日期	用途说明	供货商（简称）	数量	单价	金额	现库存	预算	备注
1														
2														
3														
合计														

物资保障部经理：　　　　　物资保障部主管领导：　　　　　计划财务部经理：

总经理：　　　　　领导意见：

制单人：　　　　　　　　　　　　　　　审核人：

表 5-8　特需采购单

申请部门：　　　　　填表日期：　　年　月　日　　　　　编号：

序号	物品编码	物品名称	品牌规格型号	单位	需求部门	需用日期	用途说明	供货商	数量	单价	金额	现库存	预算	备注
1														
2														
合计金额：	（小写）							（大写）						

部门经理：　　　　　物资保障部经理：　　　　　物资保障部主管领导：

计划财务部经理：　　　　　总经理：　　　　　领导建议：

备注：① 此表为购买总合计金额 2 000 元以上使用；
　　　② 此表只适用于药品类、工程类、网络维护及特殊物品。

制单人：　　　　　　　　　　　　　　　审核人：

表 5-9　付款登记表

序号	物资名称	请款单号	单位	数量	价格	总价	结款单位	备注

表 5-10　月度物资价格询价记录

序号	物资名称	规格型号	单位	数量	询价 1	询价 2
1						
2						
3						
4						
5						
6						
7						
8						

表 5-11　物资采购价格公示

序号	存货编码	物资名称	规格型号	单位	数量	单价	金额	供应商	业务员	联系方式	入库日期
1											
2											
3											
4											
5											
6											

表 5–12　季度供货商评级记录

序号	供货商	供货商电话	供货类型	供货金额	货品质量	供货价格	供货及时性	退换货率	评价结果	备注
1										
2										
3										
4										
5										
6										
7										
8										

三、饵料采购、使用管理规范

饵料采购、使用管理规范

1　范围

本规范规定了水族馆饵料购买、入库、存放、领用的工作要求。

2　工作职责

物资保障部负责饵料的请购、采购、保管及发放，动物部负责饵料的检验及使用。

3　工作要求

3.1　采购要求

① 饵料小组根据饵料需求，提前 1 个月向境外供货商了解相关饵料供应信息、价格及交易方式等。

② 根据饵料预计价格，考虑到汇率、运输、报关等因素，预计境外饵料到馆后的采购价格，在预算范围之内，可着手进行采购准备，如超出预算范围，

应向公司申报。

③ 签署采购合同，并支付采购费用。

④ 供货商装船前，将该批饵料的捕捞日期、规格、重量及初步检验结果发给公司，用于验货核对依据。

⑤ 饵料到岸后，由到岸港检疫局进行检验，合格后入库。

⑥ 库存饵料还有 40 日食量时，根据物资主管提报采购量及市场信息提报饵料请购单，报动物部经理及公司领导审批。

⑦ 通知供应商提供饵料样品 1～2 种，其中本市供应商限 3 日，外埠供应商限 10 日。

⑧ 经动物部对饵料样品进行初步物理检验合格后通知供货商送货。

3.2　检验入库流程要求

① 入库后 3 日内，由饵料小组进行物理、化学指标检验。物理检验由饵料小组人员按照检验表进行评分，化学检验由兽医送至指定的检验中心进行检验，合格后，库管人员办理入库手续。因境外采购饵料量大，使用期长，饵料小组视饵料使用情况决定是否再次进行化学指标检验，以检查因储存导致的饵料指标的变动状况，为以后的饵料采购作参考。

② 若饵料检验不符合水族馆食用标准，因此批饵料已通过水族馆官方检疫机构检疫，由饵料小组上报给公司，由公司提供方案进行处理。

③ 饵料小组进行物理检验，由饵料小组人员按照检验表进行评分。

④ 依据打分结果，通知供样打分结果最高的供应商送货，其中：本市供应商限 3 日，外埠供应商限 15 日，货到后动物部与物资保障部参与检样人员共同甄别货物与样品的一致性，确认一致方可卸货。

⑤ 饵料卸货入库 2 日内，动物部兽医随机自此批饵料中抽取样品 1 箱进行甄别，化学检验由兽医送至水族馆指定的检验中心进行检验，合格后，库管办理入库手续。

⑥ 若采购饵料不符合水族馆物理或化学检验标准，由采购小组通知饵料供应商退货，其中本市供应商限 3 日内，外埠供应商限 15 日内。

3.3　储存要求

① 饵料必须在冷库储存，库温不得高于−18 ℃。

② 饵料有效期时间要求不超过总保质期的 2/3。

③ 饵料在风冷冷库储存期不得超出一年，在水冷冷库存储在保质期内即可。

④ 因冷库资源有限，境外采购饵料需要租用其他冷库储存。由物资保障部联系条件较好的冷库，以水冷冷库为准，以保证饵料的质量。

3.4　结算要求

① 境外采购饵料结算：信用证或电汇模式结算。由公司在银行先开立信用证，待对方发货并将相关单据传递给公司后，公司通知银行付款（信用证付款或电汇付款）。

② 境内采购饵料结算：饵料检验合格 1 周后，采购可办理该批饵料的结算手续。

3.5　领用要求

① 动物部根据使用需求，每日通知物资保障部领用饵料，填写一式两份的月度饵料领用表，经双方签字确认。月末物资保障部将开具月度领用单，由动物部负责人或授权人在 2 日内签字返回物资保障部。

② 其他公司购买饵料，应经物资保障部第一责任人批准。如为长期使用，月度领用，半年结账；如为偶然性领用，款到发货。

③ 食用后出现的饵料残品，由动物部当日退还给物资保障部，物资保障部根据退库数量按月开具退库单。

④ 物资保障部根据库存残品量，酌期对残品进行处理，处理时向公司履行报废审批手续，根据公司的批准，将所得收入上交给计划财务部。

4　检查和考核

① 物资保障部库房管理员负责每日对饵料的存放、库温情况进行巡检，对查出的问题进行处理和改进，并做好记录。

② 物资保障部主管每周对现存饵料的存放及使用情况进行抽检，对查出的问题进行处理和改进，并做好记录。

③ 部门依据本规范，对工作人员进行检查和考核。对查出的问题按部门员工考核规定进行处理，对改进情况进行跟踪验证。

5　工作记录

物资管理员每日按工作要求填写饵料统计表，如表 5-13 所示；饵料领用表，如表 5-14 所示。

表 5-13　饵料统计表

日期	领出	单价	金额	入库	库存	使用天数	残品	报残	残品库存
年初库存									

表 5-14　饵料领用表

日期	鲱鱼/kg		柳叶鱼/kg		鱿鱼/kg		发货人	领用人	饵料情况
	领用	退废	领用	退废	领用	退废			

第二章　岗位工作说明

第一节　行　政　管　理

一、行政办公室主任岗位说明

行政办公室主任岗位说明

1　范围

本说明规定了公司行政办公室主任的工作职责、工作内容和相关要求。

2　岗位

① 岗位名称：行政办公室主任。
② 所属部门：公司行政办公室。
③ 直接上级：总经理。
④ 工时制度：不定时工时制。

3　职责

在总经理的领导下，负责公司行政办公室管理工作，负责公司的秘书、信息、档案、网络建设的管理工作，负责公司各部门之间的协调工作，负责公司对外的联络工作。

4　工作内容和要求

① 秘书管理工作。
● 负责起草公司年度工作总结、计划。
● 领导下属组织公司重要会议的会务工作，保证会议的顺利进行。
● 建设公司文员队伍。

- 管理公司印鉴、机要文件。
- 负责公司经营管理的保密管理工作。
- 传达公司会议精神和领导指示,组织协调相关部门贯彻执行并向公司领导反馈情况。
- 根据领导的指示,及时检查、督促对各部门工作情况。
- 负责行政办公室日常秘书性工作的协调、组织。

② 信息管理工作。

- 负责公司信息系统的建设和维护工作。
- 负责组织企业相关信息的搜集、整理、分析等工作并提供给领导和相关部门参考。

③ 档案管理工作。

- 建立、健全公司档案体系和管理制度。
- 组织公司档案资料的收集、整理和有效利用,指导检查各部门档案管理工作。
- 合同执行的动态跟踪管理工作。

④ 负责公司计算机网络系统管理工作。

⑤ 公司管理工作。

- 公司经营管理数据的统计管理工作。
- 搜集、整理、分析同行业相关经营信息。
- 健全公司管理制度体系的组织协调工作。
- 组织公司发展项目的调研工作。
- 参与公司重大经济项目谈判、合同起草、签订及组织实施工作。

⑥ 外联工作。

- 负责与政府部门联系、沟通,组织办理公司各种证照及各项评比等工作。
- 负责与业务相关单位的联系工作。
- 负责公司外事管理工作。

⑦ 管理游客投诉工作。

⑧ 部门内部管理。

- 按照公司人员编制和人力资源管理规定,合理调配本部门的人力资源。
- 建立、健全部门岗位责任制。
- 督促员工严格执行公司规章制度,自觉遵章守纪。
- 部门的团队建设,充分调动员工的积极性,提高部门凝聚力。

- 加强员工培训，提高员工素质。
- 负责所属员工的绩效考核，并按照相关规定实施奖惩。
- 协助公司人力资源部为本部门选择新员工。
⑨ 传达公司领导的指示精神，落实工作要求，汇报部门的工作情况。
⑩ 负责部门资产的管理。
⑪ 完成领导交办的其他工作。

5 工作权限

① 对本部门工作负有管理权。
② 对本部门主管的任免有建议权。
③ 对员工的聘用有建议权。
④ 对本部门各项费用有审核权。
⑤ 根据公司规定，对本部门员工有奖惩权。
⑥ 对各部门工作有督办权。

6 任职资格

6.1 知识、技能和能力
① 具有较丰富的经营管理知识和较强的行政管理能力。
② 具有较强的学习和自我提高能力。
③ 具有良好的内外部协调能力。
④ 能够熟练使用现代化办公设备。
⑤ 具有较强的书面和语言表达能力、理解分析能力和数字处理能力。
⑥ 具有计算机网络管理知识、信息组织知识和较高的英语水平。

6.2 教育程度与工作经历要求
① 大学本科以上学历。
② 具有两年以上行政管理工作经验。

6.3 素质要求

6.3.1 身体素质
身体健康。

6.3.2 心理素质
① 具有良好的团队意识；
② 具有较好的应变能力；

③ 具有良好的心理承受能力。

6.4 资格证书

取得中级以上职称证书或技术等级证书。

7 协调配合

7.1 水族馆内

① 与各部门：组织公司各种会议的召开，传达会议精神及各部门工作的督办和综合协调。

② 与各位总监：具体协调各项工作。

7.2 水族馆外

① 对政府部门：呈报公司对外参评各种奖项及各种刊物的报告和材料；接受政府部门的检查和工作指导。

② 对投诉游客：落实游客投诉的情况并将结果给予反馈。

③ 对董事会：授权范围内的信息通报和资料提供。

④ 对法律顾问：公司有关事件的法律意见征询与协调。

⑤ 对业务部门：有关业务的协调与沟通。

8 工作环境与设备

① 工作环境：水族馆内外。

② 设备及工具：计算机、电话、其他办公设备和办公用品。

9 岗位监督

9.1 所施监督

① 所施直接监督：对本部门各岗位的主管进行直接监督。

② 所施间接监督：对本部门各岗位的员工进行间接监督。

9.2 所受监督

① 所受直接监督：受总经理和人力资源部的直接监督。

② 所受间接监督：受公司其他领导和其他部门经理的间接监督。

10 记录

按要求做好各项工作的记录和报告，并按部门要求进行记录保存。

11　检查和考核

岗位说明所列的岗位职责、工作内容等履行情况，将由主管领导进行定期检查和考核。

二、行政主管岗位说明

行政主管岗位说明

1　范围

本说明规定了公司行政办公室行政主管的工作职责、工作内容和相关要求。

2　岗位

① 岗位名称：行政主管。
② 所属部门：公司行政办公室。
③ 直接上级：公司行政办公室主任。
④ 工时制度：不定时工时制。

3　职责

在公司行政办公室主任的领导下，负责公司行政办公室日常行政事务的管理，负责公司档案管理，负责与政府部门及关联单位联络沟通工作。

4　工作内容和要求

① 行政事务管理。
● 负责起草公司年度工作总结、计划。
● 负责公司重要会议的会务组织。
● 负责公司重要工作和领导交办事项的督促工作。
● 负责公司办公室办公设备、设施的日常保养及管理工作。
● 负责公司业务工作证及业务招待票的管理工作。
● 负责公司内刊的出版工作。
● 负责日常行政事务性工作的协调和办理。

● 负责公司日常公务接待工作。

② 档案管理工作。

● 负责建立、健全公司档案体系和管理制度。

● 负责公司档案管理系统的建设及维护。

● 负责组织公司档案资料的收集、整理和有效利用，指导检查各部门档案管理工作。

③ 负责公司签订的合同执行的动态跟踪管理工作。

④ 负责游客投诉管理工作。

⑤ 外联开发工作。

● 协助公司进口合同的签订及进口手续的办理。

● 负责组织办理公司各种证照。

● 负责与有关政府管理机构联络，组织公司参加各种评比。

● 负责与业务相关单位的联系工作，建立公司业务关系网。

● 负责公司外事交流的日常管理工作。

● 负责公司重大接待活动的方案制订及组织实施。

⑥ 负责制订所属岗位的工作规范和工作流程。

⑦ 负责督促下属员工严格执行公司规章制度，自觉遵章守纪。

⑧ 负责下属员工的业务培训和工作指导。

⑨ 负责参与公司重大合同文本起草、文字修订及组织审批工作。并负责合同的动态跟踪管理和统计。

⑩ 负责与外界联络，接受政府部门的检查和工作指导。

⑪ 完成领导交办的其他工作。

⑫ 接受间接领导的临时性工作指令，并向直接领导报告。

5 工作权限

① 对所属工作负有管理权。

② 对下属员工的聘用有建议权。

6 任职资格

6.1 知识、技能和能力

① 具有经营管理知识和较强的行政管理能力。

② 具有档案管理知识。

③ 良好的公关能力、协调沟通能力。

④ 熟悉相关法律、法规及政府部门的办事渠道和流程。

⑤ 良好的英语交流能力。

⑥ 良好的文字处理能力。

⑦ 熟练使用现代化办公设备和办公软件。

⑧ 具有较强的学习和自我提高能力。

6.2　教育程度与工作经历要求

① 大学本科学历。

② 具有两年以上管理工作经验。

6.3　素质要求

6.3.1　身体素质

身体健康。

6.3.2　心理素质

① 具有良好的团队意识。

② 具有较好的应变能力。

③ 具有良好的心理承受能力。

6.4　资格证书

取得初级职称证书或技术等级证书。

7　协调配合

7.1　水族馆内

与各部门：业务范围内的工作协调与沟通。

7.2　水族馆外

① 对政府部门：有关信息的获取与上报，有关批文和证照的审查、各种公务检查的接待性工作。

② 对法律顾问：公司有关事件的法律意见征询与协调。

③ 对业务部门：有关业务的协调与沟通。

8　岗位监督

8.1　所施监督

① 所施直接监督：所属人员。

② 所施间接监督：无。

8.2 所受监督

① 所受直接监督：公司行政办公室主任。

② 所受间接监督：总经理、副总经理、总监。

9 记录

按要求做好各项工作的记录和报告，并按部门要求进行记录保存。

10 检查和考核

岗位说明所列的岗位职责、工作内容等履行情况，将由主管领导进行定期检查和考核。

三、网络主管岗位说明

网络主管岗位说明

1 范围

本说明规定了公司行政办公室网络主管的工作职责、工作内容和相关要求。

2 岗位

① 岗位名称：网络主管。

② 所属部门：公司行政办公室。

③ 直接上级：公司行政办公室主任。

④ 工时制度：不定时工时制。

3 职责

在行政办公室主任的领导下，维护公司局域网的正常运行，为用户提供技术支持。根据公司要求，负责开发局域网的应用。

4 工作内容和要求

① 管理和维护计算机机房内服务器及其他附属设备。

② 公司各部分计算机网络设备、计算机设备及外部设备的安装和调试。

③ 公司各网络节点处设备的定期检查和记录。

④ 定期对服务器中的文件进行清理。

⑤ 定期、定时做好系统数据的备份。

⑥ 定期进行局域网内病毒防御软件的更新和病毒的查杀。

⑦ 随时接受网络用户的技术咨询，提供技术服务。

⑧ 对网络运行情况记录和统计。

⑨ 协助上级实施用户培训工作，并对培训工作完成情况进行记录。

⑩ 与市场部协作，组织公司对外部网站的规划和建设，以及后期维护的技术支持。

⑪ 与各部门协作，在公司内部推广办公软件的应用，并根据公司要求扩充新的应用。

⑫ 协助计算机网络设备的采购。

⑬ 配合其他岗位的工作并完成领导交办的其他工作。

5 工作权限

① 采用适当的方法解决计算机在使用过程中出现的问题。

② 采用适当的方法解决计算机网络在运行过程中出现的问题。

③ 有权删除客户端计算机中与工作无关的文件。

④ 检查计算机使用状况，并提出适当的更换建议。

6 任职资格

6.1 知识、技能和能力

① 有独自规划和建立计算机网络系统的经验，并且可以有效地实施管理。

② 熟悉微软系统操作系统的安装、维护及故障排除。

③ 熟悉网站的动态网页技术，有数据库的编程技能。

④ 熟悉网络内核，可以规划安全可靠的网络系统。

⑤ 熟悉微软办公软件的安装和使用。

⑥ 具有较强的自学能力，良好的资料管理能力。

⑦ 能够熟练使用各种办公设备，具有一定的沟通协调能力。

6.2 教育程度与工作经历要求

① 计算机相关专业本科学历。

② 具备中小型局域网维护经验。

③ 具备 2 年以上相关工作经验。

④ 具有中级以上技术职称。

6.3　素质要求

6.3.1　身体素质

身体健康。

6.3.2　道德素养

爱岗敬业，具有良好的职业道德和品德修养，具有团队合作精神。

6.3.3　心理素质

① 有责任感和上进心，心态平和。

② 有良好的保密意识。

③ 有较好的心理承受能力。

7　协调配合

7.1　水族馆内

① 在本部门：与部门主任协调，计划各个部门的计算机配备。

② 与市场部：共同推进外部网站的建设，进行对外宣传。

③ 与物资保障部：解决外围设备的维修问题。

④ 与其他部门：协调解决计算机使用上的问题。

7.2　水族馆外

① 与硬件供应商：保证硬件正常运行。

② 与软件供应商：解决各种软件问题。

8　岗位监督

8.1　所施监督

① 所施直接监督：所属人员。

② 所施间接监督：无。

8.2　所受监督

① 所受直接监督：受公司行政办公室主任的直接监督。

② 所受间接监督：受总经理、副总经理、总监和各部门经理的间接监督。

9　记录

按要求做好各项工作的记录和报告，并按部门要求进行记录保存。

10　检查和考核

岗位说明所列的岗位职责、工作内容等履行情况，将由主管领导进行定期检查和考核。

四、文员岗位说明

文员岗位说明

1　范围

本说明规定了公司行政办公室文员的工作职责、工作内容和相关要求。

2　岗位

① 岗位名称：文员。
② 所属部门：公司行政办公室。
③ 直接上级：行政主管。
④ 工时制度：综合工时制。

3　职责

在部门经理的领导下，从事部门行政性工作，协助处理部门日常事务性工作及本部门各项成本核算工作，完成本部门各项成本费用数据收集、整理、分析工作，负责货物进出口相关工作。

4　工作内容和要求

4.1　日常事务性工作

① 参加部门例会，做好会议前的准备、会议中的记录和会议决议的督办，保证会议的顺利进行和会议决议的落实。
② 为部门提供公司及社会的相关信息和资料，做好经理的助手。
③ 做好部门的文件起草、编写及收发工作。
④ 负责部门所需文件、资料、表格等的制作。
⑤ 做好部门文件和档案的管理，并按类存档，做到及时、清晰，便于查找利用。

⑥ 负责部门员工考勤记录及员工月考勤汇总上报。

⑦ 带领部门员工办理入职、离职手续。

⑧ 负责部门物资的申领、发放及控制。

⑨ 负责本部门合同的逐级报批，向公司办公室反馈合同执行情况。

⑩ 做好外联工作，协调好部门之间的关系。

⑪ 严格执行公司保密制度，保存好属于公司的各种资料。

4.2 成本核算工作

4.2.1 成本数据收集工作

① 对本部门各项工作所需要发生的费用进行初步审核、跟踪，及时进行数据的记录。

② 对本部门所发生的人工成本费用进行数据记录。

③ 对本部门办公用品、低值易耗品使用提出使用意见和建议，并对发生的相关费用进行记录。

④ 对本部门发生的各项能源费用进行数据记录。

4.2.2 数据整理工作

① 每周对本部门所发生的各项工作费用进行汇总，提报给部门经理。

② 每月对本部门发生的办公费用、人工成本费用进行汇总，提报给部门经理。

③ 负责本部门各项成本费用类相关单据的归集、保管、记录等。

4.2.3 数据分析

① 负责每月对本部门工作发生费用与工作预算进行对比分析。

② 负责每月对本部门发生的人工成本进行分析。

③ 负责每月对本部门发生的能源费用和办公费用进行分析，反馈至计划财务部成本项目小组。

4.2.4 预算跟踪

① 协助部门第一责任人完成本部门预算编制工作，负责对本部门预算执行情况进行跟踪，将异常情况及时提报给部门经理。

② 完成公司全成本管理及成本预算方面的其他工作，重点加强成本费用项目核算控制、能源费用、人力成本控制管理等。

③ 参与成本管理专题会议，提出成本管理工作建议，协助部门第一责任人改进部门成本管理工作。

4.3 其他工作

完成部门经理临时交办的其他各项工作。

5 工作权限

① 对本部门的日常工作有建议权。

② 对各部门文员有系统管理权及业务指导权。

6 任职资格

6.1 知识、技能和能力

① 具有公文写作知识。

② 具有行政管理知识。

③ 具有较强的语言表达能力。

④ 熟练使用计算操作办公软件。

6.2 教育程度与工作经历要求

① 大专以上学历。

② 一年以上秘书或相关专业经历。

6.3 素质要求

① 身体素质：身体健康。

② 道德素养：爱岗敬业，具有良好的职业道德和品德修养，具有团队合作精神。

③ 心理素质：有责任感和上进心，心态平和，能够承受一定的压力。

6.4 其他条件

有保密意识，严格执行公司保密制度，保存好属于公司的各种资料。

7 协调配合

7.1 公司内部

① 与公司办公室：传递文件及日常行政工作。

② 与人力资源部：办理入职、离职手续，考勤、考核等相关工作。

③ 与计划财务部：成本核算及日常费用单据的传递工作。

④ 与物资保障部：物资申报、领用等相关工作。

⑤ 与各部门文员：联系各项工作。

7.2 公司外部

与外单位：接待来电、来访。

8 工作环境与设备

① 工作环境：水族馆内外。

② 设备及工具：计算机、打印机、复印机、传真机、投影仪（机）。

9 岗位监督

受行政主管的直接监督；受公司其他领导和其他部门经理的间接监督。

10 记录

按要求做好各项工作的记录和报告，并按部门要求进行记录保存。

11 检查和考核

岗位说明所列的岗位职责、工作内容等履行情况，将由主管领导进行定期检查和考核。

第二节 人力资源管理

一、人力资源部经理岗位说明

人力资源部经理岗位说明

1 范围

本说明规定了人力资源部经理的工作职责、工作内容和相关要求。

2 岗位

① 岗位名称：经理。

② 所属部门：人力资源部。

③ 直接上级：总经理。

④ 工时制度：不定时工时制。

3　职责

在总经理的领导下，负责公司的人力资源管理工作，负责本部门的管理工作。

4　工作内容和要求

① 根据公司的发展战略，制订适合公司发展需要的人力资源开发规划。

② 根据公司的总体计划，制订本部门的工作计划与实施方案，并组织实施。

③ 根据公司经营管理需要，制订各部门组织结构和人员编制方案。

④ 负责制定与公司发展和人力资源开发相适应的各项人力资源政策与制度。

- 制定不同时期的人力资源政策。
- 制定公司人力资源相关制度。
- 制度的完善与更新。

⑤ 招聘与配置工作。

- 组织招聘方案的制订和实施。
- 监督招聘实施效果，保证招聘目标的实现。
- 合理配置各部门的人力资源。

⑥ 培训与开发工作。

- 培训、开发规划的制订和实施。
- 培训过程的监控，培训效果与质量的评估。
- 晋升、晋级方案的制订与实施。

⑦ 考核与评价工作。

- 组织公司员工的考核与评价工作。
- 组织实施公司主管以上员工的考核与评价工作。
- 组织对考核与评价结果的总结、分析和反馈。
- 根据考核结果，组织实施相应奖惩。

⑧ 薪酬福利管理工作。

- 及时了解、掌握与薪酬福利有关的法规政策。
- 组织员工薪酬、福利的发放工作。
- 组织员工社会保险费用的缴纳工作。

⑨ 劳动关系管理与协调工作。

- 监督劳动合同管理制度的执行。
- 负责处理员工管理中出现的突发事件，参与劳动争议的调解与仲裁。
- 根据劳动法律、法规，做好劳动保护和安全生产工作。

⑩ 组织和有效利用企业外部人力资源。

⑪ 部门内部管理。

- 合理调配本部门的人力资源。
- 负责建立、健全部门岗位责任制。
- 督促员工模范地执行公司规章制度。
- 负责部门的团队建设，充分调动员工的积极性，提高部门凝聚力。
- 做好本部门员工的培训、开发工作，提高其业务素质和管理水平。
- 负责所属员工的绩效考核，并按照相关规定实施奖惩。
- 参加公司例会，汇报部门工作，接受上级指示并组织实施。

⑫ 负责部门之间的协调配合。

⑬ 组织建立并不断完善公司人力资源信息数据库。

⑭ 负责部门资产的管理。

⑮ 负责公司员工工服的管理。

⑯ 完成领导交办的其他工作。

5 工作权限

① 对公司全体员工执行规章制度有监督权、检查权、处置权。

② 对公司主管以上管理人员有监督考核权。

③ 对公司各部门主管的任免有建议权和审核权。

④ 对员工的使用有建议权和调动权。

⑤ 对员工的薪酬福利待遇有建议权。

⑥ 对本部门工作有管理权。

⑦ 对本部门各项费用有审核权。

⑧ 根据公司规定，对本部门员工有奖惩权。

6 任职资格

6.1 知识、技能和能力

① 具有较丰富的经营管理知识和较强的经营管理能力。

② 具有丰富的人力资源管理知识和较强的业务领导能力。

③ 了解、熟悉国家和地方相关劳动政策和法律、法规知识。

④ 具有较强的学习和自我提高能力。

⑤ 具有良好的内外部协调能力。

⑥ 能够熟练使用现代化办公设备。

6.2　教育程度与工作经历要求

① 大学本科学历。

② 具有 5 年以上管理工作经验。

6.3　素质要求

6.3.1　身体素质

身体健康。

6.3.2　心理素质

① 具有良好的团队意识。

② 具有较好的应变能力。

③ 具有良好的心理承受能力。

6.4　资格证书

取得中级以上职称证书。

7　协调配合

7.1　水族馆内

与各部门进行协调配合。

7.2　水族馆外

① 与市、区人力资源和社会保障局：公司劳动用工方面的业务。

② 与统计局：劳资统计方面的业务。

③ 与人才交流中心：存档管理，联系推荐、招聘业务。

④ 与有关大学、中学：有关用人方面的联系。

8　工作环境与设备

① 工作环境：水族馆内外。

② 设备及工具：计算机和其他日常办公用品。

9　岗位监督

9.1　所施监督

① 所施直接监督：各部门助理级以上管理人员，本部门员工。

② 所施间接监督：各部门主管级员工，公司其他员工。

9.2 所受监督

① 所受直接监督：受总经理直接监督。

② 所受间接监督：受公司其他领导和其他部门经理的间接监督。

10 记录

按要求做好各项工作的记录和报告，并按部门要求进行记录保存。

11 检查和考核

岗位说明所列的岗位职责、工作内容等履行情况，将由主管领导进行定期检查和考核。

二、资源配置主管岗位说明

资源配置主管岗位说明

1 范围

本说明规定了人力资源部资源配置主管的工作职责、工作内容和相关要求。

2 岗位

① 岗位名称：资源配置主管。

② 所属部门：人力资源部。

③ 直接上级：人力资源部经理。

④ 工时制度：不定时工时制。

3 职责

在本部门经理的领导下，负责公司组织结构、人员结构的优化调整，公司新岗位设定及人员编制确定，劳动合同管理，合理进行人员调配，保证企业的人员使用需求。

4 工作内容和要求

① 根据公司经营发展战略和人力资源年度工作计划，制订人员配置和考

核年度工作计划，并按照计划实施。

②　人力资源配置工作。

- 制订部门人员配编计划与实施方案。
- 制订各部门人员素质结构调整计划。
- 制定人力资源配置相关的规章制度。
- 根据公司的年度经营计划和实际工作情况，进行人员调配。
- 每月初为领导提供上月公司人员分布状况表。

③　招聘工作。

- 根据公司年度人力资源需求计划，制订年度人员招聘计划和招聘实施方案，报人力资源部经理批准后组织实施。
- 负责公司招聘的组织工作与面试工作。

④　劳动合同管理。

- 完善公司劳动合同管理制度。
- 监督部门劳动合同管理制度的执行情况。
- 负责劳动合同的签订、续订、终止和解除工作。
- 劳动关系的协调与调解工作。
- 负责处理员工管理中出现的突发事件，参与劳动争议和仲裁中公司方的具体工作。
- 对员工申诉进行调查，将调查结果向上级反映。

⑤　人力资源开发。

- 建立、健全员工工作档案，了解员工的工作情况。
- 建立、健全公司各级管理人员和骨干员工的档案，掌握他们的工作能力、工作表现、个人特长等方面的情况。
- 建立后备干部储备制度，为公司实施对骨干员工的考察、培养、使用、轮岗提供支持。
- 实施各级管理人员变动（新聘、晋升、岗位调整）后的考核、跟踪管理。
- 职称管理：及时了解社会上各类职称考试、职称评定的政策、信息，并通知公司有关人员；为员工职称考试报名提供相关服务；为员工职称评定办理相关手续；掌握公司员工的职称评定情况；做好员工职称评定材料的收集、整理工作。

⑥　负责员工档案管理工作。

⑦ 完成直接领导交办的其他工作。

⑧ 接受间接领导的临时性工作指令，并向直接领导报告。

5　工作权限

① 对所属员工有管理权。

② 对下属员工的任免（或使用）有建议权。

③ 对员工人事档案有审查权。

④ 对员工的聘任、晋升、降职、岗位调动有审核权。

⑤ 对公司员工调配有建议权。

6　任职资格

6.1　知识、技能和能力

① 具有相关的法律知识。

② 具有较丰富的人力资源管理知识和较强的工作能力。

③ 具有较强的语言表达和沟通能力、组织管理能力和应变能力。

④ 熟练使用计算机。

6.2　教育程度与工作经历要求

① 大学本科学历。

② 从事人力资源管理工作 3 年以上。

6.3　素质要求

6.3.1　身体素质

身体健康。

6.3.2　道德素养

爱岗敬业，具有良好的职业道德和品德修养，有团队合作精神。

6.3.3　心理素质

① 能够和谐地与同事和下属沟通，尊重上级，保持乐观向上的情绪，具有较强的心理承受能力；

② 具有敏捷的反应能力，对突发事件有控制和处理能力。

6.4　资格证书

取得中级经济师（人力资源）职业资格证书。

7　协调配合

7.1　水族馆内

与各部门就用工、人员配置等进行沟通与协调。

7.2　水族馆外

① 与市、区人力资源和社会保障局：应届大中专毕业生的接收工作。

② 与统计局：各类统计报表的上报工作。

③ 与人才交流中心、职业介绍所：招聘工作。

④ 与有关职业学校、大中专院校：招聘工作。

8　岗位监督

8.1　所施监督

① 所施直接监督：各部门经理、助理、主管和本岗所属人员。

② 所施间接监督：各部门其他人员。

8.2　所受监督

① 所受直接监督：人力资源部经理。

② 所受间接监督：总经理、副总经理、总监。

9　记录

按要求做好各项工作的记录和报告，并按部门要求进行记录保存。

10　检查和考核

岗位说明所列的岗位职责、工作内容等履行情况，将由主管领导进行定期检查和考核。

三、绩效主管岗位说明

绩效主管岗位说明

1　范围

本说明规定了人力资源部绩效主管的工作职责、工作内容和相关要求。

2 岗位

① 岗位名称：绩效主管。
② 所属部门：人力资源部。
③ 直接上级：人力资源部经理。
④ 工时制度：不定时工时制。

3 职责

在部门经理的领导下，负责公司绩效管理日常工作的推进与实施。

4 工作内容和要求

① 负责公司绩效管理日常工作的推进与实施。

● 每季度第一个月 10 日前完成当季各部门绩效测评内容的收集与审核，并向部门第一责任人提报，提报内容符合部门第一责任人的要求。

● 每季度第一个月 6 日前完成上季度各部门绩效测评工作的组织与实施，工作中不出现失误。

② 公司年度绩效管理草案的编写。完成公司年度绩效管理草案，并向部门第一责任人提交，公司年度绩效管理草案符合部门第一责任人的要求。

③ 各部门季度绩效测评结果的统计与分析、各部门季度绩效测评结果反馈文件的编写。

④ 各部门管理人员月度绩效测评结果的抽检和分析，并与相关部门第一责任人进行有针对性的沟通。

5 工作权限

① 对公司员工绩效工作有建议权。
② 对各部门的绩效工作有检查监督权。
③ 对员工的绩效结果有评定权。

6　任职资格

6.1　知识、技能和能力

① 具有较丰富的人力资源专业知识。

② 具有较强的管理能力和协调能力。

③ 具有一定的法律知识。

④ 具有较强的语言表达能力和沟通能力。

⑤ 熟练使用计算机。

⑥ 具有一定的英语听、说、读、写能力。

6.2　教育程度与工作经历要求

① 大学本科以上学历。

② 从事人力资源管理工作 3 年以上。

6.3　素质要求

6.3.1　身体素质

身体健康。

6.3.2　道德素养

爱岗敬业，具有良好的职业道德和品德修养，具有团队合作精神。

6.3.3　心理素质

① 能够和谐地与同事和下属沟通，尊重上级，保持乐观向上的情绪，具有较强的心理承受能力；

② 具有敏捷的反应能力，对突发事件有控制和处理能力。

7　协调配合

① 水族馆内：配合开展各部门的绩效考核工作，了解员工的工作状态，检查绩效考核结果。

② 水族馆外：无。

8　岗位监督

8.1　所施监督

部门主管以上级管理人员进行监督、考核。

8.2 所受监督

① 所受直接监督：受本部门经理的直接监督。

② 所受间接监督：受总经理、副总经理、总监和各部门经理的间接监督。

9 记录

按要求做好各项工作的记录和报告，并按部门要求进行记录保存。

10 检查和考核

岗位说明所列的岗位职责、工作内容等履行情况，将由主管领导进行定期检查和考核。

第三节 财 务 管 理

一、财务经理岗位说明

财务经理岗位说明

1 范围

本说明规定了计划财务部经理的工作职责、工作内容和相关要求。

2 岗位

① 岗位名称：经理。

② 所属部门：计划财务部。

③ 直接上级：公司总经理。

④ 工时制度：不定时工时制。

3 职责

在公司总经理的领导下，负责公司财务日常管理工作，协助做好资金调动工作，负责公司有价票证的管理工作，负责本部门的管理工作。

4 工作内容和要求

① 根据公司年度总体计划，协助公司领导编制公司年度财务预算。

● 协助编制公司财务预算。

● 负责执行批准后的财务预算，监督各部门预算执行情况。

② 负责货币资金的日常使用和管理。

● 审核、控制资金的收入和支出。

● 掌握公司所有资金状况，并配合做好资金调度。

③ 负责组织公司全面会计核算工作。

● 资金使用、保管、结算的管理和控制。

● 成本费用的核算和控制。

● 财产物资的核算管理、检查监督。

● 提供真实、准确、完整的会计信息。

● 财务票据管理。

● 财务档案管理。

● 执行国家税收政策，照章纳税。

④ 负责财务分析工作。

● 根据财务报表对公司的经营损益情况进行分析，并提交给总经理。

● 按月提交各部门预算执行情况，进行差异分析，提出财务建议。

● 协助进行公司财务状况分析。

⑤ 负责公司有价票证的管理。

● 保证公司门票的正常使用、合理库存、票务安全。

● 严格执行公司的票务管理制度，保证票款回收。

⑥ 对公司各级会计人员进行业务指导、监督、管理。

⑦ 进行部门内部管理。

● 根据公司的总体计划，制订本部门的工作计划并组织实施。

● 按照公司人员编制和人力资源管理规定，合理调配本部门的人力资源；协助公司人力资源部为本部门选择新员工。

● 负责建立、健全部门岗位责任制。

● 督促员工严格执行公司规章制度，自觉遵章守纪。

● 负责部门的团队建设，充分调动员工的积极性，提高部门凝聚力。

- 负责员工培训，提高员工素质。

- 负责所属员工的绩效考核，并按照相关的规定实施奖惩。

⑧ 传达公司领导的指示精神，落实工作要求，汇报部门的工作情况。

⑨ 负责建立财务管理信息库。

⑩ 负责与各部门的协调、沟通和配合工作。

⑪ 负责部门资产的管理。

⑫ 完成领导交办的其他工作。

5 工作权限

① 对本部门工作负有管理权。

② 对公司各部门的经济核算有督导权。

③ 对公司各项经济业务有监督权。

④ 对公司各部门费用支出有审核权、控制权。

⑤ 对违反法律、法规的行为有制止权和报告权。

⑥ 对本部门主管的任免有建议权。

⑦ 对本部门领班有任免权。

⑧ 对员工的聘用有建议权。

⑨ 据公司规定，对本部门员工有奖惩权。

⑩ 对紧急事件有临机处置权。

6 任职资格

6.1 知识、技能和能力

① 具有丰富的财务管理知识和较强的经营管理能力。

② 有较高的政策理论水平，熟悉国家财经法律、法规。

③ 具有较强的学习和自我提高能力。

④ 具有良好的内外部协调能力。

⑤ 能够熟练地使用现代化办公设备。

6.2 教育程度与工作经历要求

① 大学本科学历。

② 取得会计师资格。

③ 具有 4 年以上财务管理工作经验。

6.3　素质要求

6.3.1　身体素质

身体健康。

6.3.2　心理素质

① 具有良好的团队意识。

② 具有较好的应变能力。

③ 具有良好的心理承受能力。

6.3.3　道德素质

① 爱岗敬业，具有良好的职业道德和品德修养，具有团队合作精神。

② 坚持准则，廉洁自律，忠于职守，保守公司商业秘密。

7　协调配合

7.1　水族馆内

① 与各部门：对各部门的经济活动事项进行协调配合。

② 与董事会：协调配合财务方面的工作。

7.2　水族馆外

① 与财政局：执行财经制度、接受检查监督。

② 与税务局：缴纳各项税费并接受检查监督。

③ 与统计局：上报统计报表、接受检查监督。

④ 与物价局：执行物价政策、接受检查监督。

⑤ 与工商局：执行各项法规、接受检查监督。

⑥ 与银行：协调资金进出业务。

⑦ 与会计师事务所：配合对公司财务的年度审计。

8　工作环境与设备

① 工作环境：水族馆内外。

② 设备及工具：计算机和常用办公用品。

9　岗位监督

9.1　所施监督

① 所施直接监督：对副经理及主管进行直接监督。

② 所施间接监督：对本部门其他人员的工作进行间接监督。

9.2 所受监督

① 所受直接监督。受总经理、主管领导和人力资源部直接监督。

② 所受间接监督。

● 所受内部间接监督：受公司其他领导和其他部门经理间接监督。

● 所受外部间接监督：受财政局、税务局、统计局、工商局、物价局和会计师事务所间接监督。

10 记录

按要求做好各项工作的记录和报告，并按部门要求进行记录保存。

11 检查和考核

岗位说明所列的岗位职责、工作内容等履行情况，将由主管领导进行定期检查和考核。

二、成本主管岗位说明

成本主管岗位说明

1 范围

本说明规定了计划财务部成本主管的工作职责、工作内容和相关要求。

2 岗位

① 岗位名称：成本主管。

② 所属部门：计划财务部。

③ 直接上级：计划财务部经理。

④ 工时制度：不定时工作制。

3 职责

协助部门第一责任人建立实施公司全成本核算管理体系，制定全成本控制措施，分析公司各项成本费用的预算执行情况，完成公司成本管理工作。

4　工作内容和要求

① 每月完成物资保障部入库单、出库单等各种流转单据的审核和记账工作，完成相关部门的成本结算及分配工作。

② 每月完成餐饮部入库单、出库单、调拨单等各种流转单据的审核和记账工作，完成相关部门的成本结算及分配工作。

③ 每月完成各部门成本管理相关表格的审核工作，对各部门成本管理工作中出现的问题进行反馈。

④ 完成对各部门成本管理工作的培训与指导工作，完成成本核算员队伍的建设工作。

⑤ 每季度完成对各部门成本管理工作的评价考核工作。

⑥ 完成公司预算编制工作。

⑦ 完成各部门预算执行情况的监督与分析工作。

⑧ 负责组织成本管理专题会议，完善成本管理工作。

⑨ 完成成本专项管理工作。

⑩ 完成其他成本管理的相关工作。

⑪ 完成领导交办的其他工作。

5　工作权限

① 对成本核算日常工作负有管理权。

② 对成本会计的聘用有建议权。

③ 对物资采购费用支出有审核权。

④ 对各部门成本管理工作有建议权。

6　任职资格

6.1　知识、技能和能力

① 具有较丰富的财会专业知识。

② 具有较强的组织能力和管理能力。

③ 具有较强的语言表达能力和沟通能力。

④ 熟练使用计算机。

⑤ 具有一定的英语听、说、读、写能力。

6.2 教育程度与工作经历要求

① 大学本科以上学历。

② 从事管理工作 2 年以上。

6.3 素质要求

6.3.1 身体素质

身体健康。

6.3.2 道德素养

爱岗敬业，具有良好的职业道德和品德修养，具有团队合作精神和奉献精神。

6.3.3 心理素质

① 能够和谐地与同事和下属沟通，尊重上级，保持乐观向上的情绪，具有较强的心理承受能力。

② 具有敏捷的反应能力，对突发事件有控制和处理能力。

7 协调配合

与相关各经营部门：开展成本管理工作，了解各部门的工作需求，监督各部门成本管理工作完成情况。

8 工作环境与设备

① 工作环境：水族馆内外。

② 设备及工具：计算机及有关办公用品。

9 岗位监督

9.1 所施监督

① 所施直接监督：对成本会计的日常工作行为及状态进行监督。

② 所施间接监督：对各部门成本核算人员相关成本管理工作进行监督。

9.2 所受监督

① 所受直接监督：受本部门经理的直接监督。

② 所受间接监督：受总经理、副总经理、总监的间接监督。

10　记录

按要求做好各项工作的记录和报告，并按部门要求进行记录保存。

11　检查和考核

岗位说明所列的岗位职责、工作内容等履行情况，将由主管领导进行定期检查和考核。

三、收入主管岗位说明

收入主管岗位说明

1　范围

本说明规定了计划财务部收入主管的工作职责、工作内容和相关要求。本说明适用于计划财务部收入主管岗位。

2　岗位

① 岗位名称：收入主管。
② 所属部门：计划财务部。
③ 直接上级：计划财务部经理。
④ 工时制度：标准工时制。

3　职责

在计划财务部经理的领导下，负责与营业收入相关的管理、审核工作；负责税务数据的申报工作；负责有价证券、资金安全保管入库管理，保证公司各项对外提供信息的准确、及时。

4　工作内容和要求

① 收入的管理、审核工作。
● 负责公司收入系统的设置、调整、审核工作，对各收入环节的流程进行制定和审核，保证收入环节规范合理。

- 审核收入报表数据正确性，审核销售业务是否符合销售政策。
- 负责收入凭证的审核，保证数据准确。
- 负责审核每月营业收入报表及明细表编制、修改及数据衔接是否完整正确，保证收入报表的编制正确。
- 完成与相关合作单位的当月票款结算工作。
- 完成网售、微信销售等核对工作。
- 核对银行卡、微信、支付宝月末应收金额是否正确。
- 月末核对签单旅行社往来款项是否正确。
- 月末核对预收往来账款余额是否正确。
- 完成月度销售入馆统计表编制。
- 完成销售相关分析工作。

② 税务工作。

- 负责每月与供应商结账后所取得的增值税专用发票的认证。
- 按期完成税务申报工作。
- 按期完成上缴税款预测。
- 负责公司的发票领用、管理工作，指导发票机使用人员正确操作。
- 负责办理门票印制的税务申请审批手续。
- 完成企业所得税的年审及汇算清缴工作。
- 负责公司税务软件、发票软件、抵扣软件等续费维护工作。

③ 系统的管理工作。

- 负责售票系统的管理，包括操作人员的增加、权限的配置、新门票的设置及数据调整，并保证系统的正常运行。
- 负责票务系统账套的管理，包括操作人员的增加、权限的配置、新门票的设置及数据调整，并保证系统的正常运行。
- 负责哆啦宝、银行卡等收款系统器具使用指导工作。
- 对参与收入工作的相关人员进行业务指导和业务监督检查。

④ 有价证券、资金管理工作。

- 监督有价证券入库、保管、领用、盘点工作。
- 监督资金使用及保管工作。
- 监督备用金盘点工作。
- 监督票务系统进销存情况。

- 完成收入资金的入库工作，保证公司的经营收入安全、及时、完整入库。
- 完成有价证券票样制定、备案、发放执行工作。
- 随时掌握门票库存量，负责国税自印发票门票的检查及新票的审批、印刷、入库及保管工作。

⑤ 完成所属人员的管理工作。

⑥ 完成直接领导交办的其他工作。

⑦ 接受间接领导的临时性工作指令，并向直接领导报告。

5　工作权限

① 对会计核算有建议权。

② 对财务制度执行情况有审核权、监督权。

③ 对收入核算税务申报有业务指导权。

④ 对员工的任免（或使用）有建议权。

6　任职资格

6.1　知识、技能和能力

① 具有相关的法律知识。

② 具有较强的管理和专业知识。

③ 具有较强的语言表达和沟通能力、组织管理能力和应变能力。

④ 熟练使用计算机。

6.2　教育程度与工作经历要求

① 大学专科以上学历。

② 从事会计工作 3 年以上。

6.3　素质要求

6.3.1　身体素质

身体健康。

6.3.2　道德素养

① 爱岗敬业，具有良好的职业道德和品德修养，具有团队合作精神。

② 坚持准则，廉洁自律，忠于职守，保守公司商业秘密。

6.3.3 心理素质

① 能够和谐地与同事沟通，尊重上级，保持乐观向上的情绪，具有较强的心理承受能力。

② 具有良好的团队意识。

③ 具有较好的应变能力。

6.4 资格证书

取得会计从业资格证书。

7 协调配合

7.1 水族馆内

① 与各部门：协调有关收入核算方面的工作内容。

② 与公司办公室：配合团体售票系统软件管理方面的工作。

7.2 水族馆外

① 与财务部的对外联系部门：业务协调。

② 与税务局：报送报表，联系工作业务，接受监督。

③ 与公司相关银行业务联系的单位，业务协调。

8 工作环境与设备

① 工作环境：海洋馆内外。

② 设备及工具：计算机及有关办公用品。

9 岗位监督

9.1 所施监督

① 所施直接监督：票务管理员、出纳。

② 所施间接监督：收银员、票务主管、会计。

9.2 所受监督

① 所受直接监督：本部门经理。

② 所受间接监督：总监。

10 记录

按要求做好各项工作的记录和报告，并按部门要求进行记录保存。

11　检查和考核

岗位说明所列的岗位职责、工作内容等履行情况，将由主管领导进行定期检查和考核。

四、票务主管岗位说明

票务主管岗位说明

1　范围

本说明规定了票务主管的工作职责、工作内容和相关要求。

本说明适用于计划财务部票务主管岗位。

2　岗位

① 岗位名称：票务主管。

② 所属部门：计划财务部。

③ 直接上级：计划财务部经理。

④ 工时制度：综合工时制。

3　职责

在部门经理的领导下，行使计划财务部票务主管的职责，负责公司的售票、票务的行政管理及收入的汇总报表编制工作。

4　工作内容和要求

① 负责公司售票及票务的行政管理工作。

● 负责公司收入报表的编制及初审工作，确保收入统计和公司各系统统计相符，如有不同应注明原因。

● 执行公司的各项价格体系、财务制度，确保各项政策、制度在收银工作中执行落实。

● 负责公司南北票房散客及团售处，确保售票及收银工作。

● 负责票务中心、车场日常收入款项、日常包场押金、租金等的收取工作，清点无误。

- 每日检查票务系统，进行账务核对，保证当天系统数据与收入报表一致性，发现问题及时解决。
- 负责票务中心日常及应急门票有价证券的领、用、存的管理及收入、售票审核。
- 负责所用有价证券的领、用、存的统计，每月按时提交有价证券盘点表。
- 负责每月完成票务系统月度售票统计及与系统核对工作，保证各系统数据的一致性，如有不同应注明原因。
- 负责所辖售票区域标牌等的检查及更换工作。
- 每日下班前完成馆内商品及餐饮结账与审核工作，为收入报表填制完整做好准备工作。
- 负责门票销售发票开具，确保合规用票。
- 完成黄金周假期收入统计工作，按要求上报给本部门及公司指定部门。
- 每月完成收入原始凭证的编制、装订及审核工作，保证财务资料完整安全。
- 负责各项经营活动的票务流程制定与监督管理工作，熟练掌握票务组业务工作流程，包括门票销售流程管理、收银流程管理、专项销售工作管理、发票管理、钱款收入管理（应收应付、刷卡消费、电子门票等）。

② 负责售票人员的日常行政管理、业务培训及绩效考评工作。

- 售票团队管理相关工作流程的制定和管理培训工作。
- 每月审核排班状况，协调人员安排到位，保证售票工作正常有序地进行。
- 完成各节假日人员安排、保安押款安排、员工工作流程等，保证节假日期间售票工作安全有序地完成。
- 每月 5 日之前上交考核表（需要提前完成，所有员工进行签字），并根据实际考核情况与相关员工进行谈话反馈。
- 每日查岗，对员工的工作进行监督、管理和培训，解决服务投诉工作等，指导员工完成风景线打造工作。

③ 日常的沟通协调工作：负责票务组与各部门之间的协调沟通工作，完成部门间工作流程的制定及对员工的相关培训工作。

④ 完成每月、每季度票务组的工作计划与反馈，并按工作计划完成各项工作。

⑤ 完成领导安排的各项工作，处理票务组各项临时事务，保证票务组工作的正常运行。

⑥ 负责公司票务培训工作。

⑦ 完成领导交办的其他工作。

⑧ 间接领导的临时性工作指令，并向直接领导报告。

5　工作权限

① 对票务组日常工作负有管理权。
② 对收银领班任免有建议权。
③ 对票务组员工的聘用有建议权。
④ 对票务组各项费用支出有审核权。
⑤ 根据公司规定，对票务组员工有奖惩权。

6　任职资格

6.1　知识、技能和能力
① 具有一定的财会专业知识。
② 具有较强的组织能力和管理能力。
③ 具有较强的语言表达能力和沟通能力。
④ 熟练使用计算机。
⑤ 具有一定的英语听、说、读、写能力。

6.2　教育程度与工作经历要求
① 大学专科以上学历。
② 从事收银管理工作 3 年以上。

6.3　素质要求

6.3.1　身体素质
身体健康。

6.3.2　道德素养
爱岗敬业，具有良好的职业道德和品德修养，具有团队合作精神和奉献精神。

6.3.3　心理素质
① 能够和谐地与同事和下属沟通，尊重上级，保持乐观向上的情绪，具有较强的心理承受能力。
② 具有敏捷的反应能力，对突发事件有控制和处理能力。

7　协调配合

在水族馆内与相关各经营部门开展收入管理工作，了解经营部门的需求，检查每日收入完成情况。

8 工作环境与设备

① 工作环境：水族馆内外。

② 设备及工具：计算机、打印机、验钞机、POS 机和监控设备。

9 岗位监督

9.1 所施监督

① 所施直接监督：收银领班。

② 所施间接监督：收银员。

9.2 所受监督

① 所受直接监督：受本部门经理及收入主管的直接监督。

② 所受间接监督：受总账主管及财务总监的间接监督。

10 记录

按要求做好各项工作的记录和报告，并按部门要求进行记录保存。

11 检查和考核

岗位说明所列的岗位职责、工作内容等履行情况，将由主管领导进行定期检查和考核。

第四节 物 资 管 理

一、物资保障部经理岗位说明

物资保障部经理岗位说明

1 范围

本说明规定了物资保障部保障经理的工作职责、工作内容和相关要求。

2 岗位

① 岗位名称：经理。

② 所属部门：物资保障部。

③ 直接上级：公司主管领导。

④ 工时制度：不定时工时制。

3 职责

在总经理和分管主管领导的领导下，负责物资保障部管理工作，负责物资采购供应和后勤保障工作。

4 工作内容和要求

根据公司的总体计划，制订本部门的工作计划与实施方案，并组织实施。

① 负责物资的采购与供应管理。

② 负责后勤保障管理。

③ 负责部门内部的管理。

④ 与各部门密切配合，做好部门之间的协调。

⑤ 负责公司物资管理信息数据库的建设。

⑥ 完成领导交办的其他工作。

5 工作权限

① 对本部门工作负有管理权。

② 对本部门主管的任免有建议权，对本部门领班有任免权。

③ 对员工的聘用有建议权。

④ 根据公司规定，对本部门员工有奖惩权。

⑤ 有对本部门各项费用的审核权。

⑥ 有对物资采购品种、数量、价格的审核权。

6 任职资格

6.1 知识、技能和能力

① 具有较丰富的经营管理知识。

② 具有较丰富的财务知识和物资管理知识。

③ 具有较强的业务领导能力。

④ 具有较强的学习和自我提高能力。

⑤ 具有良好的内外部协调能力。

⑥ 能够熟练使用现代化办公设备。

6.2 教育程度与工作经历要求

① 大学本科或以上学历。

② 具有 5 年以上管理工作经验。

6.3 素质要求

6.3.1 身体素质

身体健康。

6.3.2 心理素质

① 具有良好的团队意识。

② 具有较好的应变能力。

③ 具有良好的心理承受能力。

6.4 资格证书

取得中级以上职称证书或技术等级证书。

7 协调配合

7.1 水族馆内

与各部门：协调工作，保证物资供应。

7.2 水族馆外

与供货商：了解供货信息。

8 岗位监督

8.1 所施监督

① 所施直接监督：对主管、文员进行直接监督。

② 所施间接监督：对物资保障部其他人员的工作进行间接监督。

8.2 所受监督

① 所受直接监督：受总经理、主管总监和人力资源部直接监督。

② 所受间接监督：受副总经理、总监、计划财务部和有关部门的间接监督。

9 记录

按要求做好各项工作的记录和报告，并按部门要求进行记录保存。

10 检查和考核

岗位说明所列的岗位职责、工作内容等履行情况，将由主管领导进行定期检查和考核。

二、物资主管岗位说明

物资主管岗位说明

1 范围

本说明规定了物资主管的工作职责、工作内容和相关要求。

2 岗位

① 岗位名称：物资主管。

② 所属部门：物资保障部。

③ 直接上级：物资保障部经理。

④ 工时制度：不定时工时制。

3 职责

在物资保障部经理的直接领导下，负责公司物资保障部的物资验收、保管、供应的管理工作及所属员工的日常管理，完成本岗位各项成本费用数据收集、整理、分析工作。

4 工作内容与要求

4.1 物资管理工作

① 负责审核各部门填报的物资计划表，严格把控月度物资计划，有效利用库存物资，每月按时完成物资申购计划汇总表，确定购买数量。

② 负责监督并参与全馆物资的验收、入库及领出手续的办理，监督物资数量、质量管理情况，对出现的问题进行信息反馈及跟踪，每月 10 日之前向各部门发送物资信息。

③ 负责调配合理库存，不断货，不积压，加快物资周转，缩短存放时间，少占资金。

④ 严格要求库房保管员认真填写账卡，及时入账、登卡和销账、销卡，审核盘点表，监督账务工作。

⑤ 有效利用库存物资，严格审核报废手续，强化对全馆物资的管理及相关手续的完备。

⑥ 检查库房保管员账目、货卡的分类设置，账目、货卡记录是否及时、准确、完整、清晰。

⑦ 负责及时、准确、完整地统计物资及保障部位月度、年度发生数据，提供物资分析资料。

⑧ 调整现存库房结构，规划各库房存储类别，定期对公司二、三级库进行检查。

4.2 日常管理工作

① 给下属各岗位布置工作任务，随时听取工作反馈并进行改进。

② 带领和教育员工执行公司的规章制度，在坚持原则的基础上，对使用部门热情服务，满足各部门的物资需求。

③ 培训库管员熟悉储存物品的分类、性质、用途，做好验收和保管工作。

④ 经常检查库房卫生和个人卫生，保持工作区域内的清洁整齐，员工个人仪表整洁。

⑤ 检查下属工作并进行绩效考评。

⑥ 编写工作计划、小结、请示、报告等文书。

⑦ 负责库房的消防安全工作，对库管员进行督导，提高库管员的安全防范意识。

⑧ 完成直接领导交办的其他工作。

⑨ 接受间接领导的临时性工作指令，并向直接领导报告。

5 工作权限

① 对部门员工有管理权。

② 对部门员工的任免（或使用）有建议权。

③ 有对公司物资保障部门的日常管理权。

④ 有对库房物资储备量的建议权。

⑤ 有权拒绝不合要求的物资入库。

⑥ 有权提出废旧物资的报废建议。

⑦ 有权根据库存情况对各部门的物资需求进行修改。

6 任职资格

6.1 知识、技能和能力

① 具有相关的法律知识。

② 具有财务基础知识。

③ 具有物资保管知识。

④ 具有较强的管理和专业知识。

⑤ 熟练使用计算机。

⑥ 具有较强的语言表达和沟通能力、组织管理能力和应变能力。

6.2 教育程度与工作经历要求

① 大学本科以上学历。

② 从事相关管理工作3年以上。

6.3 素质要求

6.3.1 身体素质

① 身体健康。

② 视力、嗅觉等正常。

6.3.2 道德素养

爱岗敬业,具有良好的职业道德和品德修养,具有团队合作精神。

6.3.3 心理素质

① 能够和谐地与同事和下属沟通,尊重上级,保持乐观向上的情绪,具有较强的心理承受能力。

② 具有敏捷的反应能力,对突发事件有控制和处理能力。

6.4 资格证书

取得经济或财务类初级证书。

7 协调配合

7.1 水族馆内

① 与各部门:物资领用过程中的问题及解决。

② 与本部门采购岗位：采购物资的合格品入库及不合格品的退换。

③ 与计划财务部：每月盘点及日常工作的沟通。

7.2 水族馆外

与供应商：参与供货资格的评定和不合格品的退换。

8 岗位监督

8.1 所施监督

① 所施直接监督：对所属领班进行直接监督。

② 所施间接监督：对所属其他员工进行间接监督。

8.2 所受监督

① 所受直接监督：受本部门经理和人力资源部的监督。

② 所受间接监督：受总经理、副总经理、总监和人力资源部的监督。

9 记录

按要求做好各项工作的记录和报告，并按部门要求进行记录保存。

10 检查和考核

岗位说明所列的岗位职责、工作内容等履行情况，将由主管领导进行定期检查和考核。

三、采购领班岗位说明

采购领班岗位说明

1 范围

本说明规定了采购领班的工作职责、工作内容和相关要求。

2 岗位

① 岗位名称：采购领班。

② 所属部门：物资保障部。

③ 直接上级：高级主管。

④ 工时制度：综合工时制。

3 职责

在高级主管的直接领导下，协助主管做好公司物资采购工作。

4 工作内容和要求

4.1 采购工作

① 负责月度采购计划的询价、比价工作，有效指导并参与部门的采购工作，杜绝先斩后奏的采购行为，控制采购成本。

② 与物资保障部门及使用部门及时沟通，征询对所购物资的要求及反馈意见。

③ 开展市场的询价、比价及考察工作，积极拓展供货商渠道，对供货商进行充分考察，给予理性、准确的评价。

④ 参加物资采购的谈判，拟定采购合同。

⑤ 配合收货部门对采购物资严格把关，对不合要求的物资负责督促退换。

⑥ 每月结束前协助采购主管总结分析当月采购计划的完成情况，并提出解决方案（是否有漏项）。

⑦ 协助采购主管做好物资采购工作的资料管理统计工作，及时、准确、完整地统计采购部门月度、年度发生数据。

⑧ 完善物资信息库，定期进行价格公示，并汇总部门反馈意见。

4.2 日常管理

① 贯彻执行公司规章制度、质量方针，对下属进行监督并对其工作进行评定。

② 对采购人员进行日常专业培训，提高其业务素质。

③ 对采购人员的录用、提升、调动提出意见。

④ 解决存在问题，协调内部关系。

4.3 其他

完成主管交办的其他工作。

5 工作权限

① 有权对采购价格进行审核。

② 有权对供应商资质进行审核。

③ 有权否定不符合要求的供应商。

④ 有对下属的使用、奖惩的建议权。

6 任职资格

6.1 知识、技能和能力
① 掌握与物资采购相关的财务知识。
② 具有相关的法律知识及英语知识。
③ 掌握与物资采购相关的工程、机电、办公用品知识等。
④ 具有计算机基本使用知识。
⑤ 有机动车驾驶证。

6.2 教育程度与工作经历要求
① 大专以上学历。
② 3 年以上相关工作经验。

6.3 素质要求
6.3.1 身体素质
① 身体健康。
② 视觉、嗅觉、辨色力正常。

6.3.2 心理素质
具有较强的心理承受能力。

6.4 资格证书
取得经济或财务类初级证书。

7 协调配合

7.1 水族馆内
① 与全馆各部门：获取物资供应相关信息。
② 与计划财务部：申报采购计划，接受价格监督。

7.2 水族馆外
与各供应商：审核供货资格，收集物资及价格信息，确定供货商资格。

8 岗位监督

8.1 所施监督
对采购员实施领导，并对其进行绩效考核。

8.2 所受监督

① 所受直接监督：受高级主管的直接领导，接受和执行其工作指令，并接受其绩效考核。

② 所受间接监督：受计划财务部、部门经理的间接监督，并执行部门经理的临时性工作指令。

9 记录

按要求做好各项工作的记录和报告，并按部门要求进行记录保存。

10 检查和考核

岗位说明所列的岗位职责、工作内容等履行情况，将由主管领导进行定期检查和考核。